見る・知る・学ぶ

# ジオパーク・国立公園で ぐぐっとわかる 日本列島

Geoscience

JN110676

川上紳一 監修・解説

JTBパブリッシング

## はじめに

# 長い年月を経た自然の姿から読み解く 日本列島の歴史

私たちが生きている、この素晴らしい惑星「地球」は広大な宇宙のなかでも特別な存在です。青い空に白い雲が浮かび、海岸では海の波が白波をたてて大地を削り、地球のすみずみまで、多様な動植物が息づいています。日本列島には、こうした地球の素晴らしい景観を眺める景勝地が数多くあり、国立公園、世界自然遺産やジオパークに指定されています。

日本列島は、プレート運動による付加体という地質構造の形成、火山活動、水の働きによる大地の侵食や地層の堆積、さらに生物の活動などによって絶えず変化しています。こうした変化が長い年月の間働いて現在のような姿になりました。

私はこの素晴らしい世界を眺めるときの視点として、常に歴史性を意識しています。身の回りの事物現象すべてには、はじまりと歴史があり、その姿は時代とともに変化しています。現在の姿をみて、過去を探り、未来を展望するわけです。

雪解けとともに開花する福寿草や春の女神とされるギフチョウ、なぜかヒマラヤ山脈と日本列島にしかいないムカシトンボは氷河時代の生き残りとされ、スプリングエフェメラルと呼ばれています。美しい花やチョウの舞う姿をみて、かつて地球に氷河時代があったことを想像します。縞々の美しいチャート層は、中生代という地質代に降り積もった放散虫の遺骸が堆積したものです。また、日本の各地にある石灰岩体は、かつて大洋の真ん中にあった海山の山頂に発達した珊瑚礁の生物の遺骸を多く含んでいます。

地層や化石、岩石、地形を眺めながら、過去の出来事を読み取ることができると、景観や景色のもつ意味が大きく広がります。そのためには、科学者が提唱する学説を学び、地質時代の大陸の配置などに関する知見をちょっとばかり理解することも必要となります。逆にそうしたことを学ぶきっかけとして、景勝地を訪ねてまわり、自然の壮大さを実感することも役に立つのではないでしょうか。

本書をガイドにして日本各地を巡り、自然の景観から歴史を読み解くことの楽しさを体験していただけるのではないかと期待しています。

監修・解説　川上紳一

# 目次 Contents

凡例

| | |
|---|---|
| Keywords | 解説テーマの重要語句。本文内に目立つようにマーカーを引いています。 |
| 地質年代 | 紹介する時期が、「国際年代層序表」のどの地質年代に属するかを示しています。 |
| 世界では | 同じ地形や現象が見られる世界の代表例をあげています。 |
| Notes | 注釈(＊、＊＊)のほか、解説テーマや用語に関する理解がより深まる豆知識。 |

※解説ページのあとにジオスポットガイドページを掲載しています。

※ジオスポットガイドページについての詳細はP6を参照してください。

## ✳本書のジオスポットについて✳

本書では、ジオパークでよく使われる「ジオサイト」を含め、国立公園や国定公園内、また、どの公園に属していない場所にあっても、ジオサイトと同様の意味を持つ場所を「ジオスポット」として紹介しています。

ジオとはギリシャ語で「大地」や「地球」の意。ジオサイトとは、ジオパークにある見どころのことで、地球の活動がわかる地質や地形が見られる場所のことを意味しています。

日本各地に点在するジオスポットは、地球が歩んできた歴史を示す地質や地形だけでなく、それらを表す岩石や地層、化石産出地なども含み、日本列島の成り立ちを知る上では欠かせない場所といえるのです。

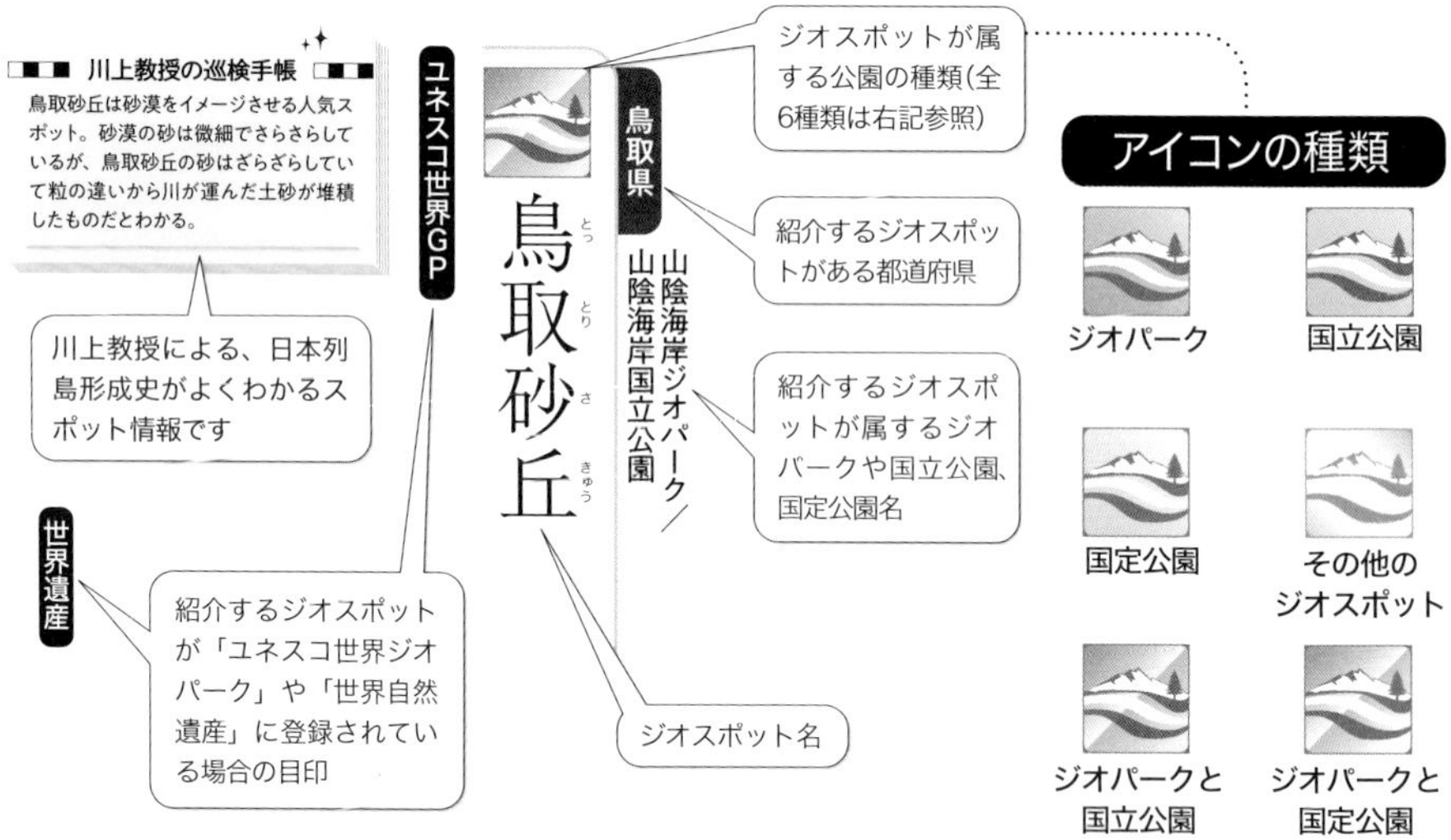
川上教授の巡検手帳
鳥取砂丘は砂漠をイメージさせる人気スポット。砂漠の砂は微細でさらさらしているが、鳥取砂丘の砂はざらざらしていて粒の違いから川が運んだ土砂が堆積したものだとわかる。
川上教授による、日本列島形成史がよくわかるスポット情報です
ユネスコ世界GP
世界遺産
紹介するジオスポットが「ユネスコ世界ジオパーク」や「世界自然遺産」に登録されている場合の目印
鳥《とっ》取《とり》砂《さ》丘《きゅう》
ジオスポット名
鳥取県
山陰海岸ジオパーク／山陰海岸国立公園
ジオスポットが属する公園の種類(全6種類は右記参照)
紹介するジオスポットがある都道府県
紹介するジオスポットが属するジオパークや国立公園、国定公園名
アイコンの種類
ジオパーク
国立公園
国定公園
その他のジオスポット
ジオパークと国立公園
ジオパークと国定公園

## ジオパーク／国立公園／国定公園とは？

**2024年4月現在、日本には46のジオパーク、34の国立公園、58の国定公園があります。これらには、ユネスコ世界ジオパークやユネスコ世界自然遺産に登録されているもの、国が保護すべき自然物としての天然記念物が含まれる場合もあります。**

### ジオパーク

ジオパークとは、地球の過去を知る上で意義のある地質や地形を有し、未来のために人々が保護すべきエリアのこと。そのうち国際的に価値ある地質遺産は、ユネスコ世界ジオパークに認定され、日本には10カ所が登録されています。

### 国立公園

世界に類のない日本を代表する自然景勝地で、美しい自然を未来に引き継ぐため、自然公園法に基づき、国が直接管理・保護する自然公園のこと。1934(昭和9)年に瀬戸内海、雲仙、霧島の3カ所が初の国立公園に指定されました。

### 国定公園

国立公園に準じる景勝地として、自然公園法に基づき、国が指定し、都道府県が管理・保護する自然公園のこと。自然性に関する条件が国立公園よりややゆるく、規模が国立公園の約3分の1でも指定される点が主な違いとなっています。

# 第1章 地球科学とは

地球は宇宙に誕生してから現在まで、多くの自然現象を生み出し、大陸や海洋、地形などがさまざまに変化してきた。

地球科学とは、地球にまつわるそれらすべての事物・現象が研究対象であり、誕生から46億年の地球の歴史を伝えてくれている。

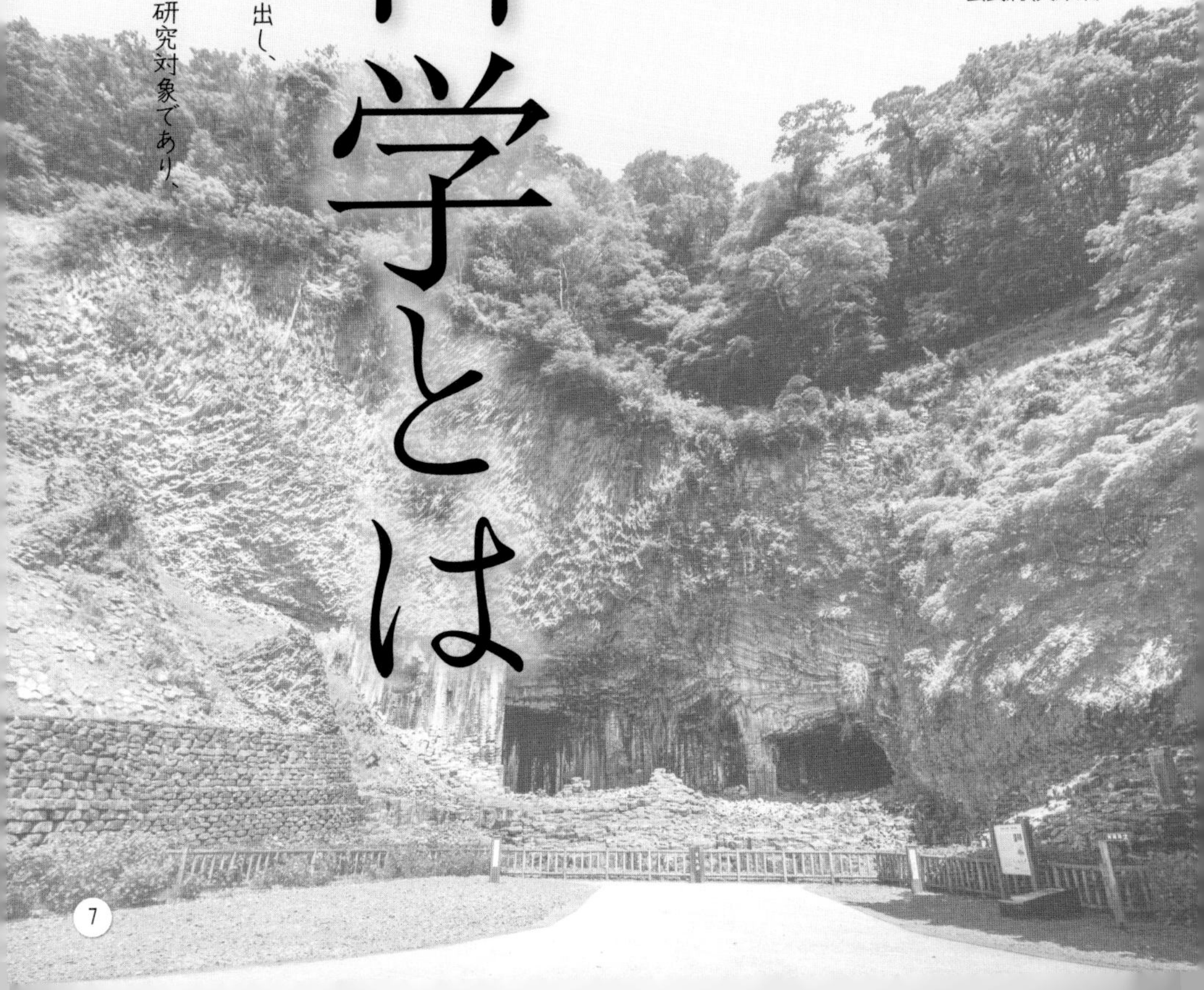

玄武洞（兵庫県）

# 宇宙誕生から地球誕生まで

## 天の川銀河に誕生した太陽系と地球

宇宙は１３８億年前のビッグバンで誕生した。「無」から小さな宇宙の種が生まれ、「インフレーション」という急激な膨張を起こしつつ、高温で高密度の状態から冷え、最初の物質「素粒子」に続き、やがて万物の元となる「原子」が誕生した。水素とヘリウムのガスが濃くなると、そこで最初の星が姿を現した。星は集まって銀河をつくり、太陽系は46億年前に天の川銀河の片隅で生まれた。このとき原始太陽をとりまく星雲のなかで地球が誕生した。日本が現在のような弧状の列島になったのは、およそ１５００万年前のことである。

### 原始地球の誕生　46億年前

微惑星同士の衝突が何度も何度も繰り返されるたびに成長して生まれたのが原始地球。地表は1200℃の「マグマオーシャン」ことマグマの海が渦を巻く、熱の塊だった。

### 現在の地球　1500万年前～

超大陸時代や氷の時代を経て、地球表層の環境は安定し、動植物が多様化した。大陸位置も変化し、日本列島が現在の位置に弧状列島になったのはおよそ1500万年前のこと。

# 地球誕生までの流れ

## 宇宙の誕生　138億年前

宇宙誕生の様子は未だに謎が多い。その中で有力視されているのが、物質や空間時間も存在しない「無」の中で宇宙の種が突然誕生したとするビッグバン理論である。

## 分子雲　46億年前

分子雲とは、宇宙空間にガスやちりが密に集まったところ。さらに密度の濃い分子雲コアは、自らの熱で発光する太陽などの恒星を生む母体となる。

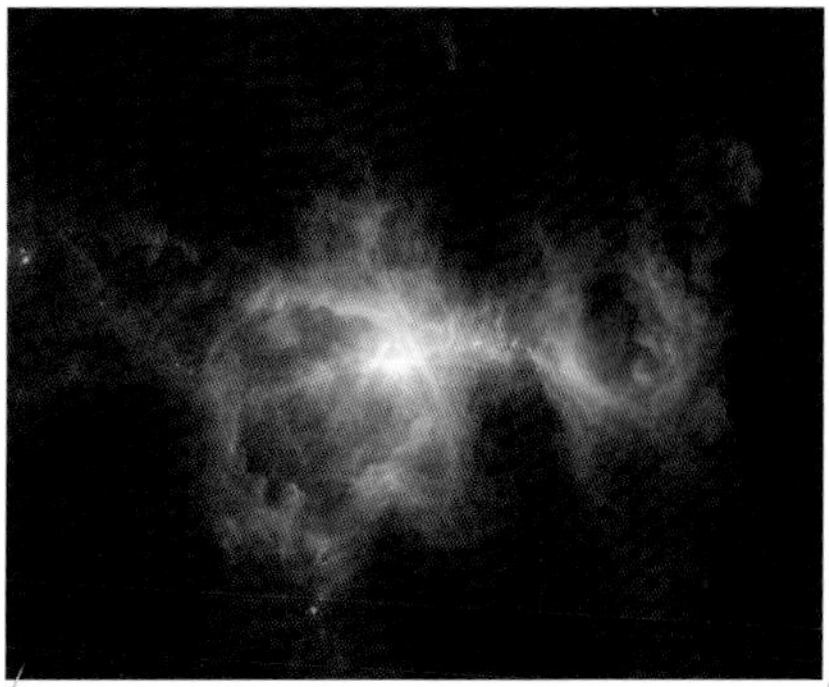

## 原始太陽と円盤　46億年前

分子雲コアはゆっくり回転しており、ガスの収縮につれて回転速度が上がり、中心に恒星である原始太陽が誕生、さらに周囲にガス円盤が形成された。

## 微惑星の形成　46億年前

しばらくすると、ガスに含まれていたチリ同士がぶつかって合体し、直径1～10㎞のかたまりである微惑星となり、それが無数に生まれた。

## 太陽系の誕生　46億年前

微惑星は衝突と合体を繰り返し、原始惑星へ。ガス円盤誕生から数百万年後、ガスが薄れ、原始惑星同士が衝突・合体して惑星となり太陽系が誕生。

※P20で地学用語の解説をしています

# 太陽系の第3惑星“地球”の特徴
# 太陽系と地球

Keywords
★太陽系
★惑星
★地球

## 太陽系の惑星比較で見える地球の特徴

銀河系に誕生した**太陽系**。その8つの**惑星**は個性が異なる。昼は430℃を超え、大気がない水星、大きさや重さが地球とほぼ同じだが、大気のほとんどが二酸化炭素で地表温度が460℃になる金星、大きさは地球の約半分で重さは10分の1、大気がほぼ二酸化炭素の火星。ガスと金属水素からなる木星、ガスの塊の土星、氷の核をもつ天王星と海王星。そんな中、酸素と水に恵まれ、強い磁場を持ち、地質的活動が活発な**地球**は、生命の星といわれる唯一の惑星なのだ。

## ★太陽系の惑星

太陽の周りを公転する惑星は、太陽から水星、金星、地球、火星、木星、土星、天王星、海王星の順で並ぶ。9番目の惑星とされた冥王星は、2006年に準惑星に分類された

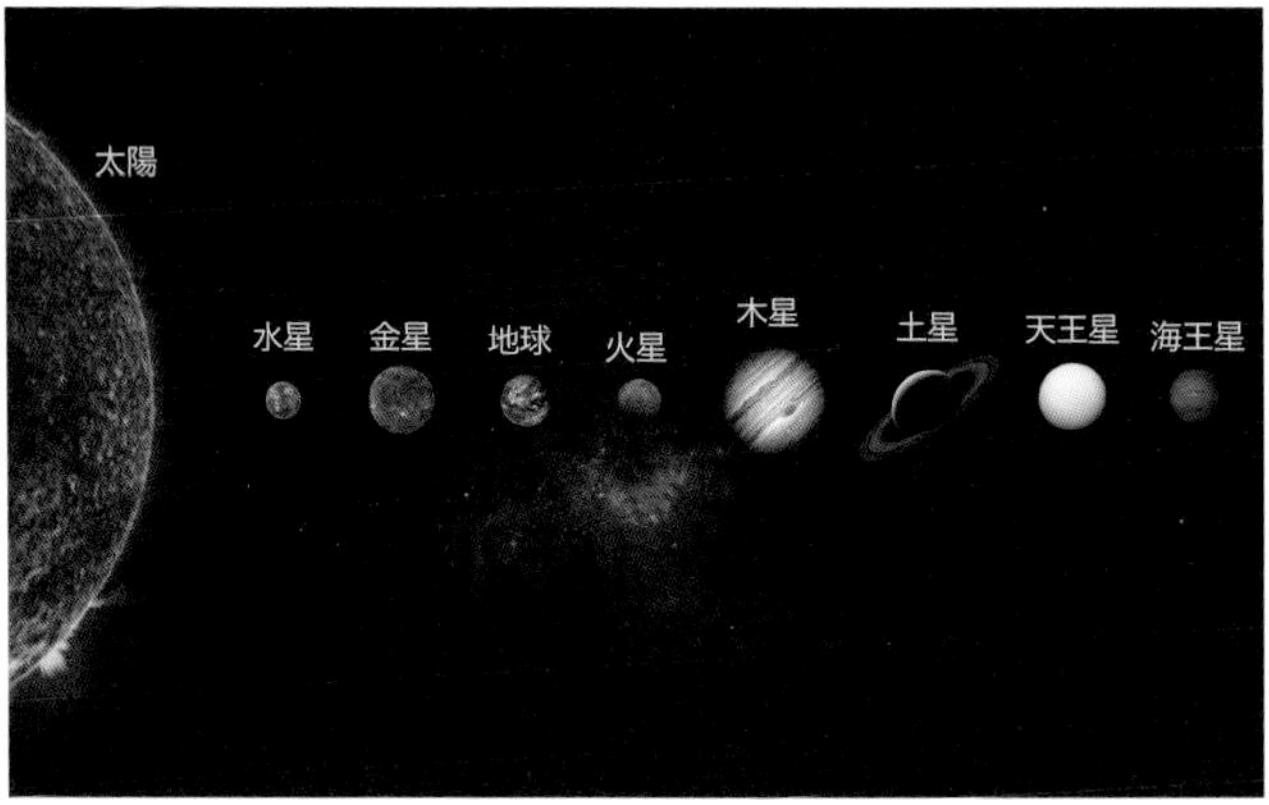


## ★地球の特徴

1. 豊かな海を持つ水の惑星
2. 酸素に富む大気を持つ惑星
3. 適度な大気圧と*温室効果ガスを含む大気を持つ
4. 地表の温度がほぼ一定
5. 生物を守るバリアーとしての地磁気(→P17)がある
6. **ハビタブルゾーンにある
7. プレートテクトニクス(→P14)が作用している惑星

## ★地球プロフィール

| | |
|---|---|
| 赤道直径 | 約1万2756km |
| 極直径 | 約1万2714km |
| 赤道周囲 | 約4万75km |
| 陸の面積 | 約1億3000万㎢ |
| 海の面積 | 約3億6000万㎢ |
| 海の深さ | 平均3800m（最も深いマリアナ海溝は1万920m） |
| 自転周期 | 約1700㎞（24時間） |
| 公転速度 | 時速11万㎞　秒速29.78㎞ |
| 公転周期 | 365.2564日 |
| 大気の体積比 | （容積比）窒素78.1%　酸素21% |

Notes
*温室効果ガスとは、大気中に含まれる二酸化炭素やメタンなどのガスの総称。太陽から放出される熱を地球に閉じ込め、地表を温める働きがある

# 惑星比較

## 大きさ比較　地球を1とした場合の他の惑星の大きさ

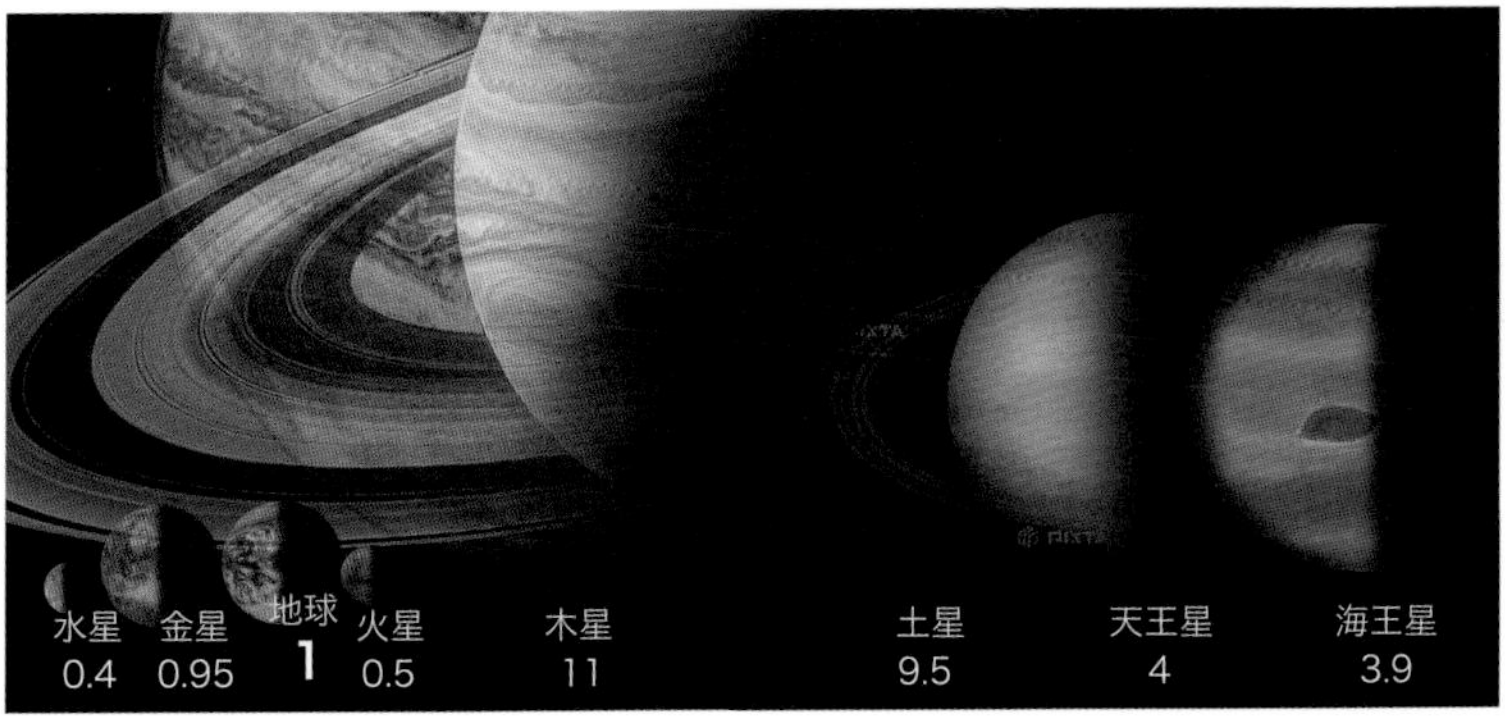


木星が地球の11倍で最大。ただし、木星はガスと金属水素から成り立っている。水星・金星・火星など岩石や金属鉄でできた「地球型惑星」の中では地球が最大

## 太陽からの距離比較　太陽と地球間を1とした場合の距離

太陽から地球までの距離は約1億4960万㎞。太陽から出た光は約8分後に地球に到達。最も離れた海王星までは約45億440万㎞で、太陽光の到達まで4.1時間かかる

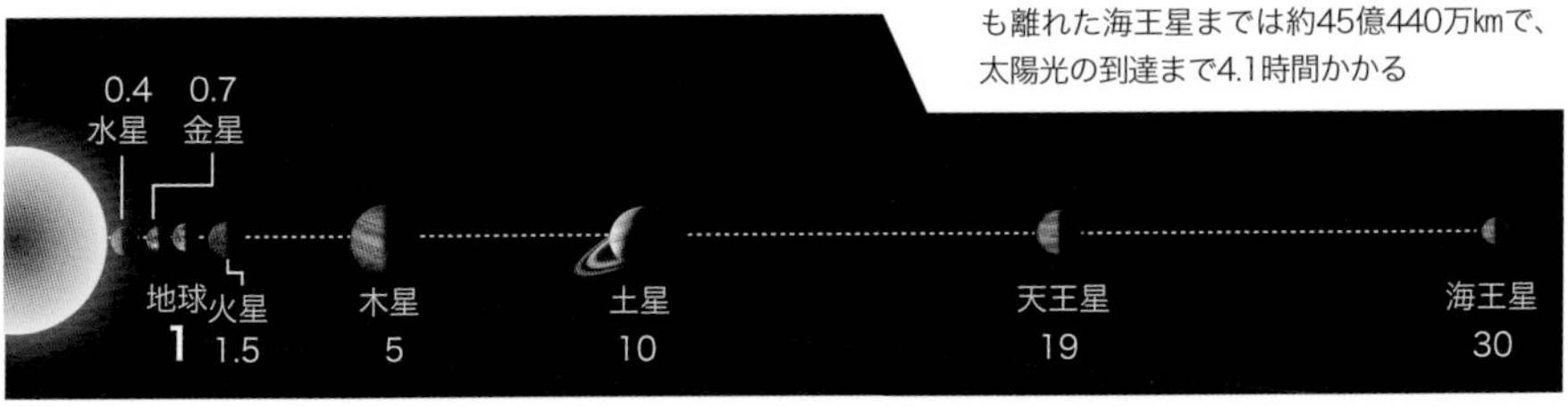


## 重量比較　地球の重さを1とした場合の他の惑星の重さ

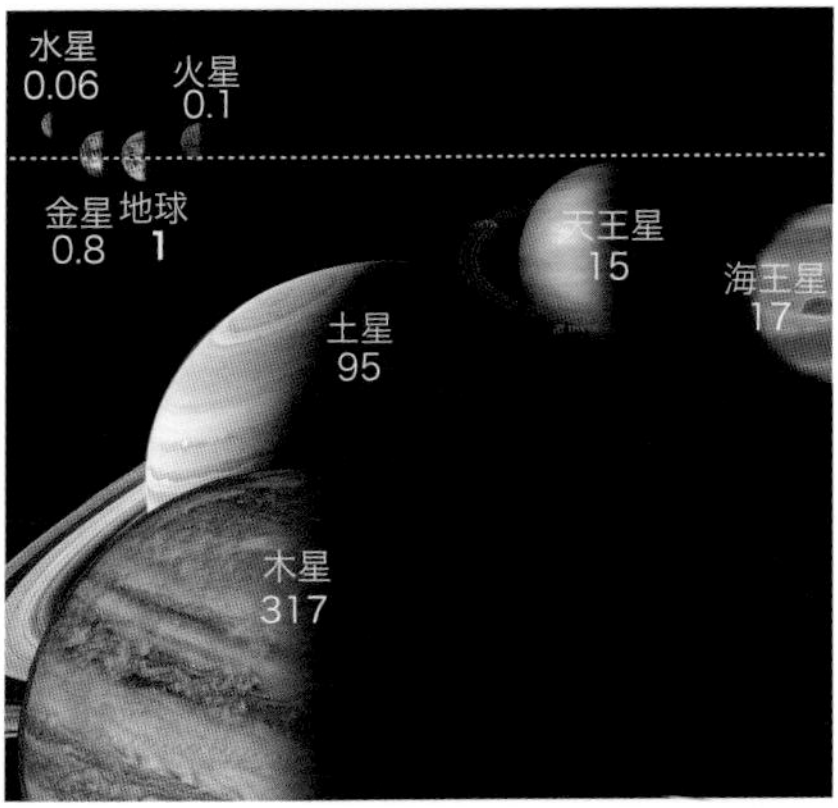


最も重い木星は、表面から深さ約2万㎞までは水素ガスでできているものの、高温な内部の厚さ約4万㎞が液体金属状の水素で、核も岩石のため重い。地球の9.5倍も大きいが、ガスでできた土星は水に浮くほどの軽さだ

## 衛星数比較　地球の衛星は月1つ。その他の惑星の衛星数は？

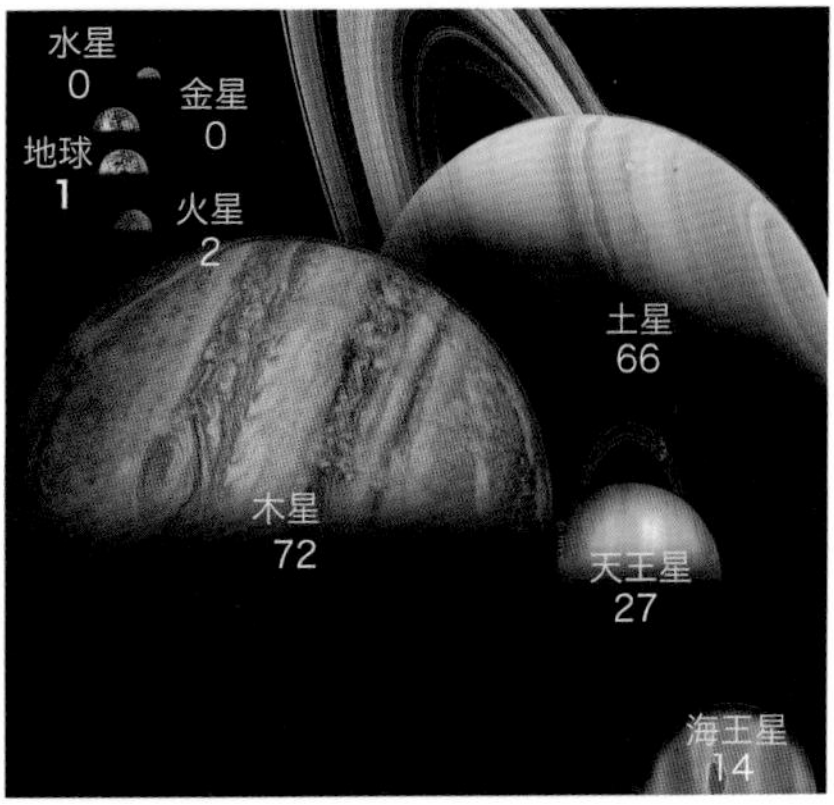


水星と金星以外、全惑星が衛星を持つが、数は惑星ごとに異なる。通常、母惑星に比べ直径は数十分の1〜数千分の1、質量も数千分の1以下だが、月は例外的に直径が地球の約4分の1、質量が81分の1もある



Notes　＊＊生物が生命を維持するために必要な適度な温度、酸素、水があるゾーンのこと

# 地殻変動を引き起こし、"生命の星"地球を支える

# 地球の内部構造

## 地球誕生から、地球内部が形成されるまで

太陽を回るチリやガスが微惑星となり、衝突を繰り返し、原始惑星を経て惑星となった。当初、衝突の影響で地表はドロドロに溶けたマグマで覆われ、マグマオーシャンと呼ばれる熱の塊に。最後の衝突でできたのが月。その頃、地球内部では、**核**(コア)が誕生した。液体の金属鉄でできた核は、やがて内部が冷えると中心が固化して**内核**となり、液体金属の**外核**、岩石層の**マントル**と**地殻**ができ、溶けた核の対流運動が地磁気を生み、生命の星、地球へと変化した。

Keywords
★核
★内核
★外核
★マントル
★地殻

## ★地球の核の形成

鉄や岩石が均等に混ざっていた微惑星はマグマオーシャンで溶け、その中で金属鉄など重い物質が地球の中心に沈み込み、核*となっていった。

### 核形成の流れ

核の形成には、形成時に中心まで溶けていたかどうかで2通りの説がある

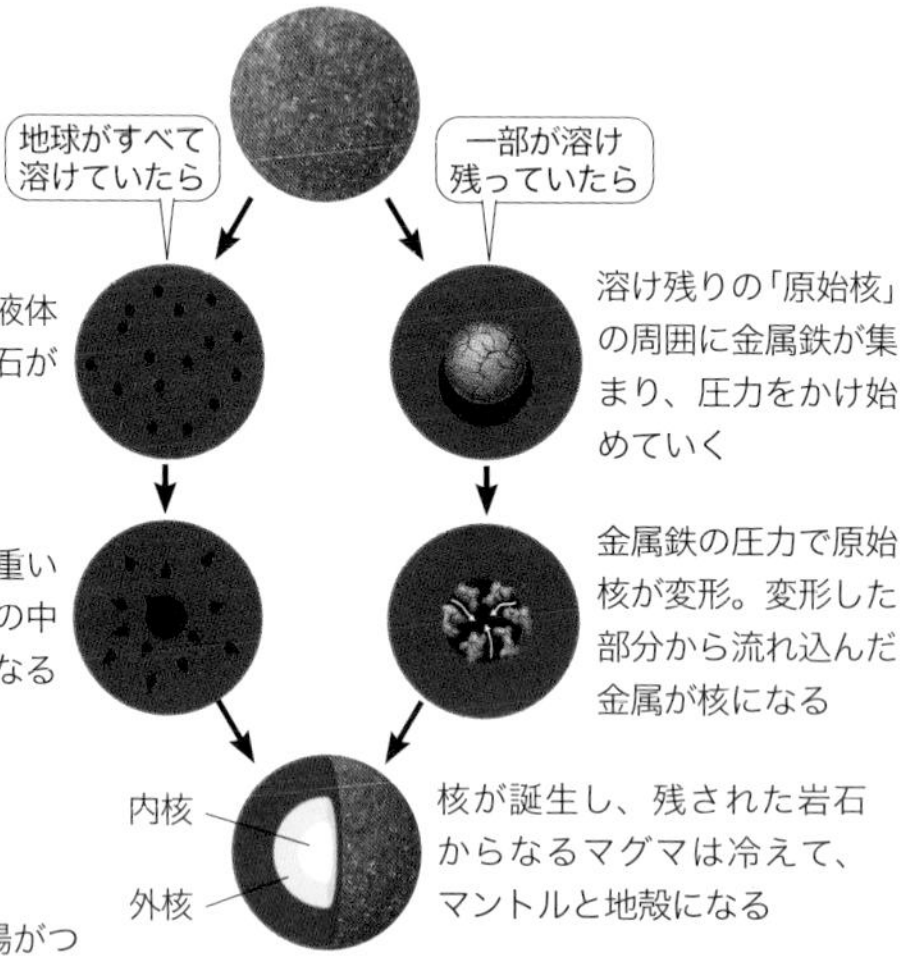

地球がすべて溶けていたら
一部が溶け残っていたら
マグマ内部で、液体状の金属鉄と岩石が分離し始める
溶け残りの「原始核」の周囲に金属鉄が集まり、圧力をかけ始めていく
周囲の岩石より重い金属鉄は、地球の中心に沈んで核となる
金属鉄の圧力で原始核が変形。変形した部分から流れ込んだ金属が核になる
内核
外核
核が誕生し、残された岩石からなるマグマは冷えて、マントルと地殻になる

### 核の役割

核が対流することで磁場がつくられ、太陽風や放射線から地球を守る役割を果たす。また、核の温度は約6000℃近いとされる

Close Up

## 月の誕生と地球と月の深い関係

**月**の誕生は44億6000万年前。その後、わずか1年で自転しながら地球を公転する衛星となった。地球では月の引力で潮の干満が起こり、引力のおかげで地球の自転軸が23度に保たれている。**

### ジャイアントインパクトから月の誕生まで

地球が現在の約9割の大きさだった原始地球時代、火星ほどの大きさの原始惑星が衝突

衝突の衝撃で宇宙空間に飛び散った大量の破片は地球の重力に引き寄せられ、土星のリングのように回転を始めた

衝突から約1年後、地球から約2万kmの場所で月が完成。現在の距離は約38万kmで大きさは同じ

Notes
＊地球に核が存在することが確認されたのは、1906年のこと。さらに内核の大きさや密度などが正確にわかったのは1980年代になってから。まだ半世紀も経っていない

## ★地球の内部構造

**地球内部は、中心から核、マントル、地殻の3層で成り立っている。それぞれの特徴を見てみよう。**

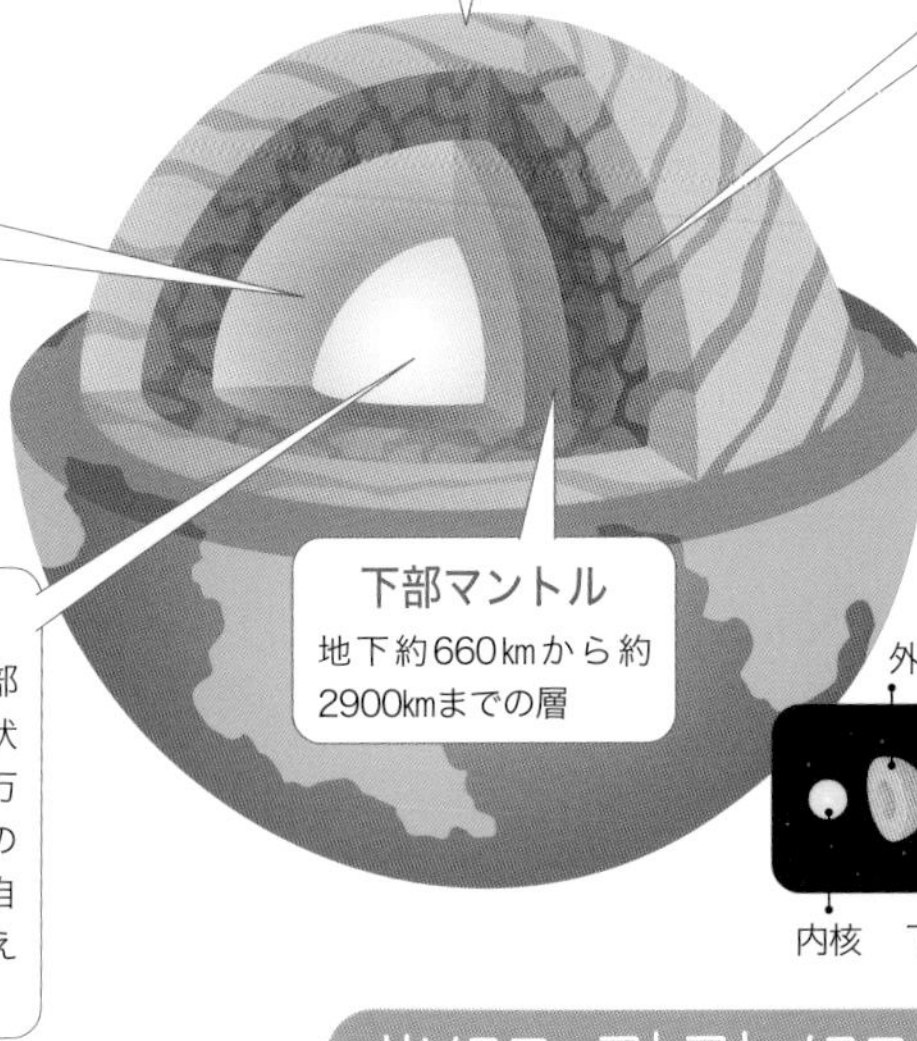
地殻
大陸や海底の下にあたる、地球の外側の層。花崗岩や安山岩、玄武岩などで構成され、大陸地殻の厚さは約30〜60km、海洋地殻は約6kmと推定されている
上部マントル
地殻とマントルの境界面から地下約660kmまでの層
外核
地下約2900〜5000kmの間にある核の外側部分。液体状の鉄やニッケル、ケイ素や硫黄などからなる層で、流体であるため磁場がつくられる
マントル
核を取り巻く厚い岩石層。主成分はかんらん岩で、マントル内部の対流は、地球内部の熱を地表へと運び、上昇流地域では火山活動を引き起こしている
内核
地下5000kmより深い部分で、主成分は固体状の鉄。地球の直径約1万2756kmに対し、内核の直径は約2400km。独自に回転していると考えられている


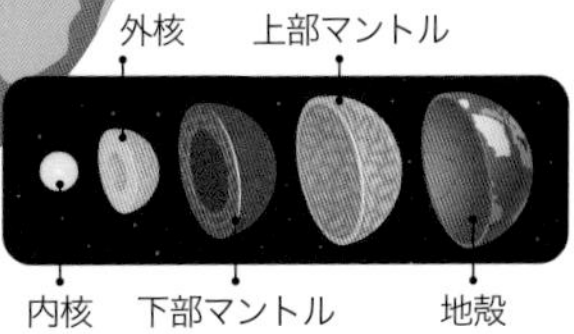


## ★リソスフェアとアセノスフェア

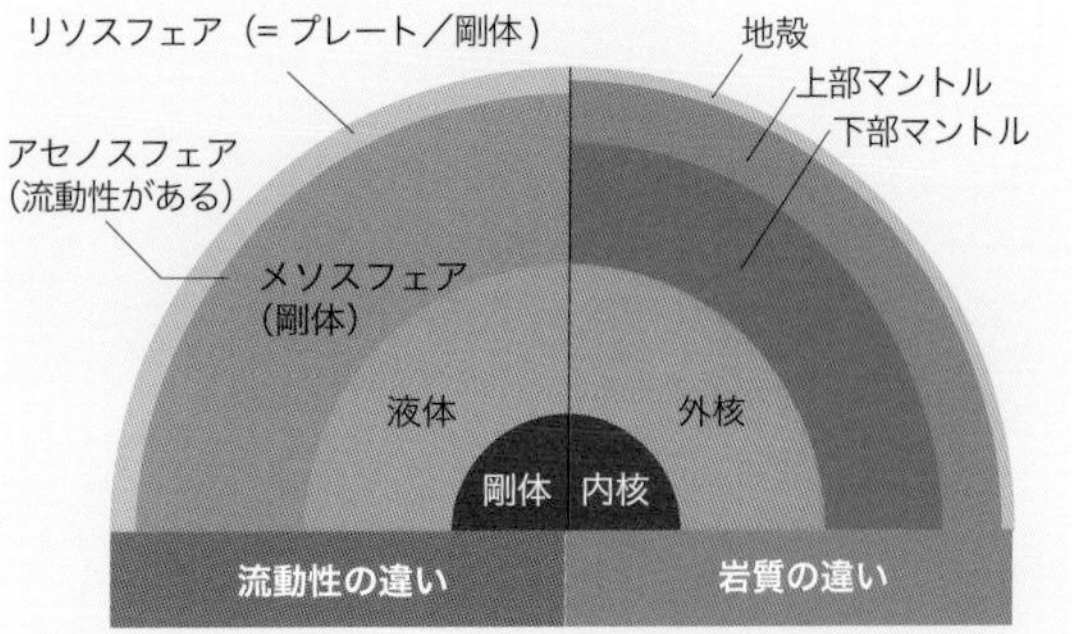


地球内部を物質の違いで分けると、地表から深さ6〜数十kmが地殻、約660kmまでが上部マントル、約2900kmまでが下部マントル。流動性で分けるとリソスフェアとアセノスフェアになり、柔らかく流動的なアセノスフェアの上を剛体のプレートであるリソスフェアが流動している

## ★地球内部と表層の構造

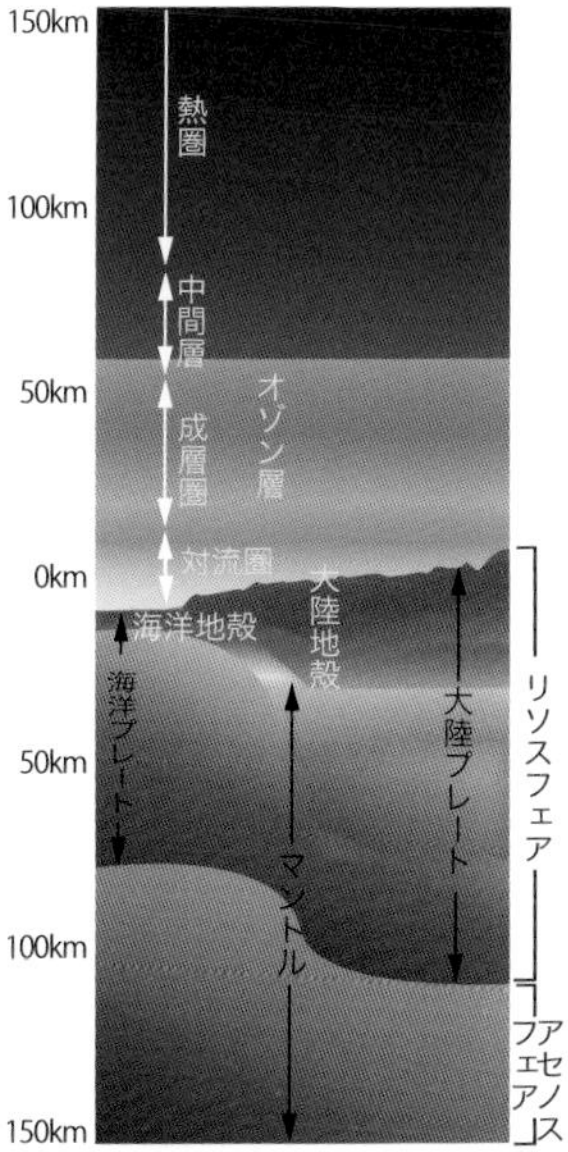

（出典：地質調査総合センター「地球の構造」）

陸地と海洋では、地球内部の岩石の種類も構造も異なる。大陸地殻の上部は主に花崗岩質、大陸地殻下部と海洋地殻は主に玄武岩質の岩石でできており、厚さは陸では厚く、海では薄いとされる。大気圏は対流圏、成層圏、中間圏、熱圏に分かれるが、世界中どこでも同じ

**Notes** ＊＊2023年に、アポロ17号が1972年に持ち帰った粉塵を新たに解析した結果、原始惑星が地球に衝突して月が誕生した時期が判明した。地球から月までの距離は約38万km

# 地球表面で起こるさまざまな変動の原動力となる プレートテクトニクス

## 現在も人知れず動き続ける地球の表層を覆う岩板

地球上の大陸は、超大陸*の分裂に見るように、何度かの集合や分裂、離散を繰り返して現在の配置になった。その根拠となるのが**プレートテクトニクス理論****。地球の表層は十数枚のプレートで覆われており、これらのプレートがマントルの対流によって移動し、それに合わせて大陸も移動するという理論だ。各プレートの動く方向は一定ではなく、境界ではプレートの衝突や分離、ずれなどが生じ、それに応じて山脈や火山、地震などの多彩な地質現象が起こる。

Keywords
★プレートテクトニクス理論

### 狭まる境界

沈み込み型

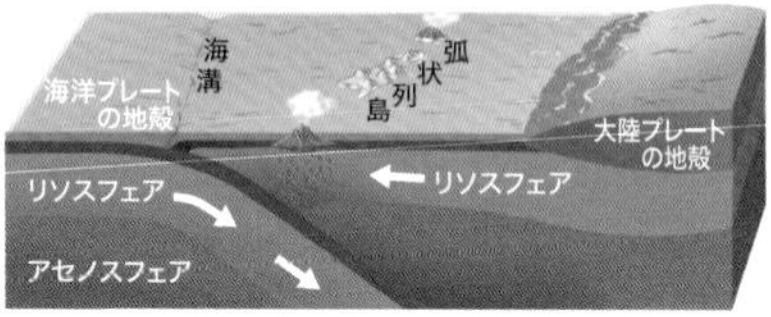


海洋プレートが沈み込むところに海溝ができる。上盤側のプレートには海溝と平行に島弧が形成される

衝突型

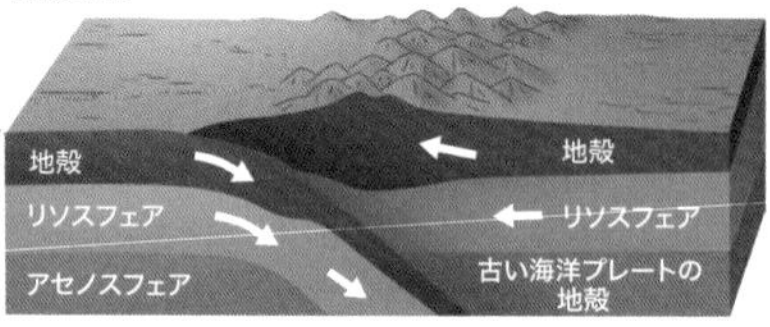


大陸プレート同士が衝突して造山山脈ができる。ヒマラヤ山脈はユーラシアプレートとインドプレートの衝突でつくられた

### ★ウェゲナーの大陸移動説

プレートテクトニクス理論の基となったのが、ドイツの地球物理学者ウェゲナーが1912年に唱えた大陸移動説だ。彼は、アフリカ大陸の西岸と南米大陸の東岸の海岸線が類似することなどから、大陸移動説を提唱した

**約2億5000万年前**

太古の地球には北のローラシア大陸と南のゴンドワナ大陸からなる超大陸パンゲアがあり、約2億年前から南北アメリカ大陸が分裂を開始

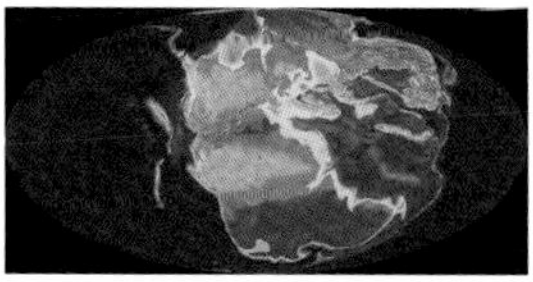

**現在**

約2億年の年月をかけ、現在の大陸配置になったというのがウェゲナーの大陸移動説。彼は大陸移動は現在も進行中であると主張した

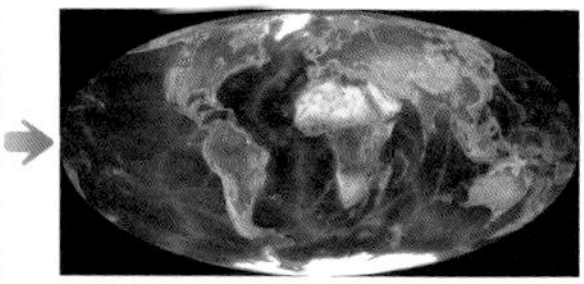

Notes ＊大陸が集合して超大陸ができた例としては、ヌーナ大陸(約19億年前)、ロディニア大陸(約13億〜7億年前)、ゴンドワナ大陸(約5億5000年前)、パンゲア大陸(約3億年前)などが知られる

Close Up

## プルームテクトニクスとは

プレートテクトニクスは地殻変動をプレートの水平方向の動きで説明する理論だが、プレート運動の原動力をマントル内の上下方向の動きで説明するのがプルームテクトニクスだ。プレートの境界で沈み込んだ海洋プレートは低温のプルームとなってマントル底部へ降下し、その反流として高温のプルームが上昇。この上昇・下降流で生まれたマントル対流が、プレートを移動させるという説だ。マントルの対流の動きを明らかにするための理論だが、現在ではあくまでも仮説とされている。

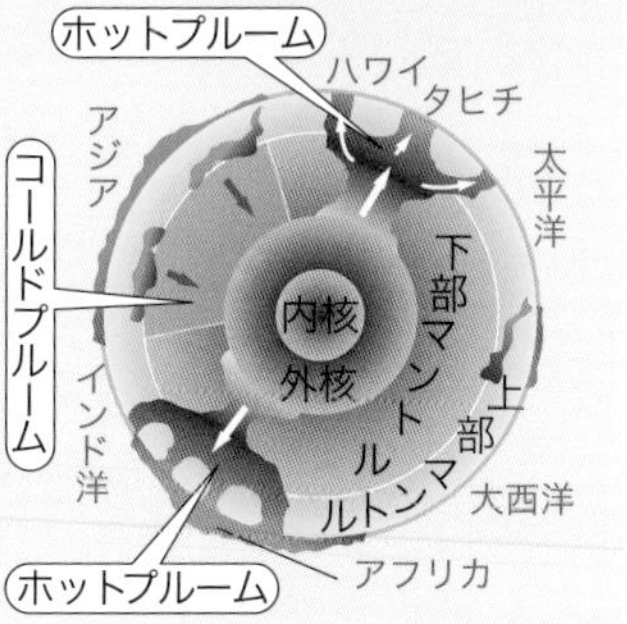


## プレート境界で起こること

地球上にある主なプレートの位置を示した図。プレートの境界の種類は大きく3つに分けられる。

### ずれる境界

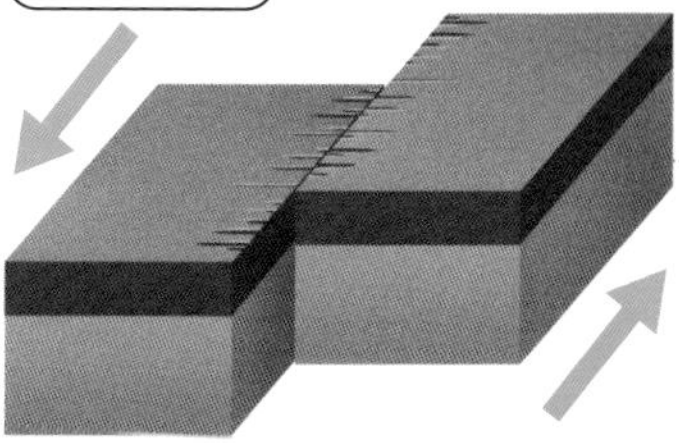

接する2つのプレートが水平にずれ動くと、境界線では横ずれ断層（トランスフォーム断層）が見られ、地震が多発する

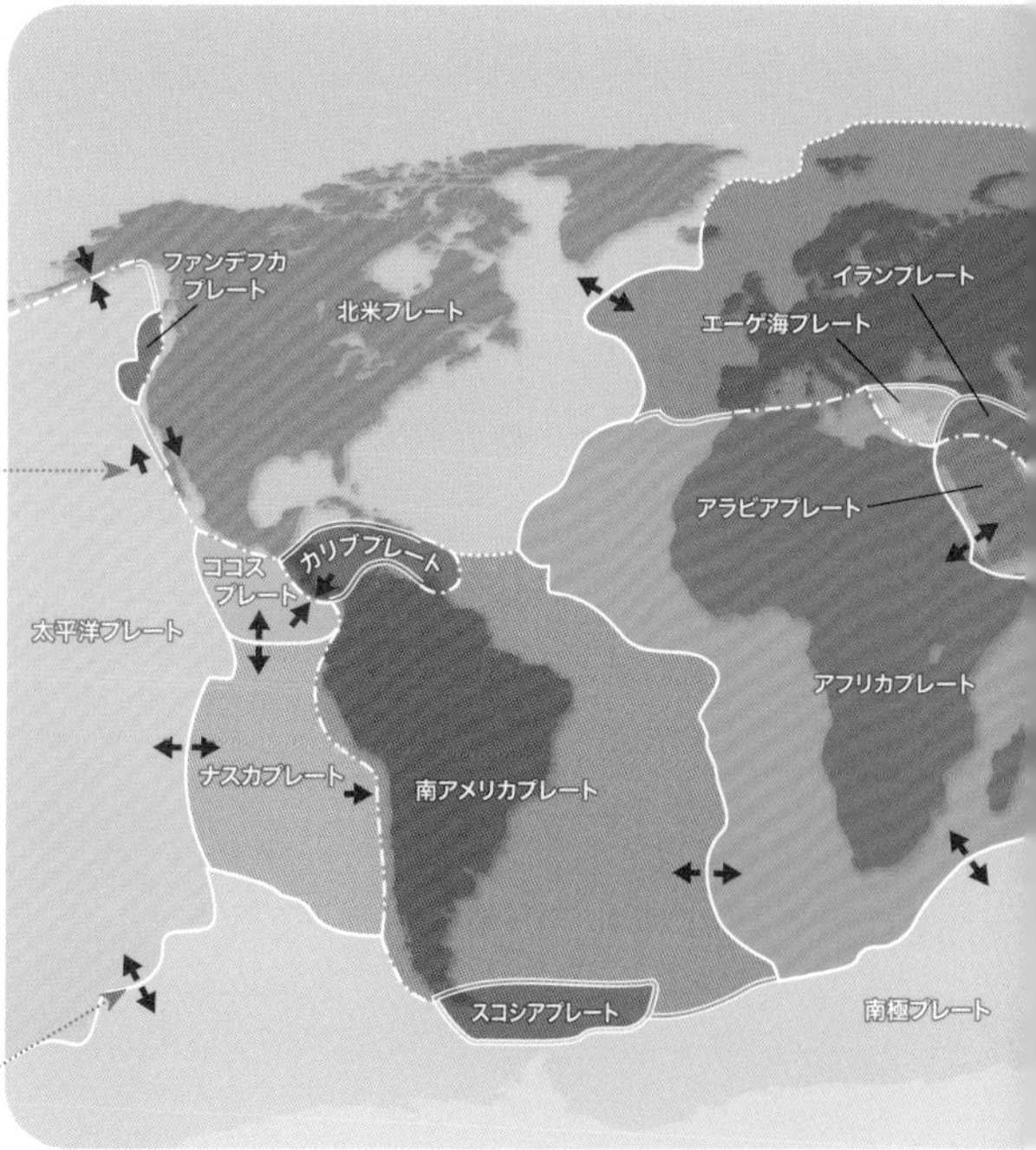


### 広がる境界

マントルからマグマが上昇することで境界線を押し上げ、陸地では地溝帯（左下）、海底では海嶺（右下）ができる

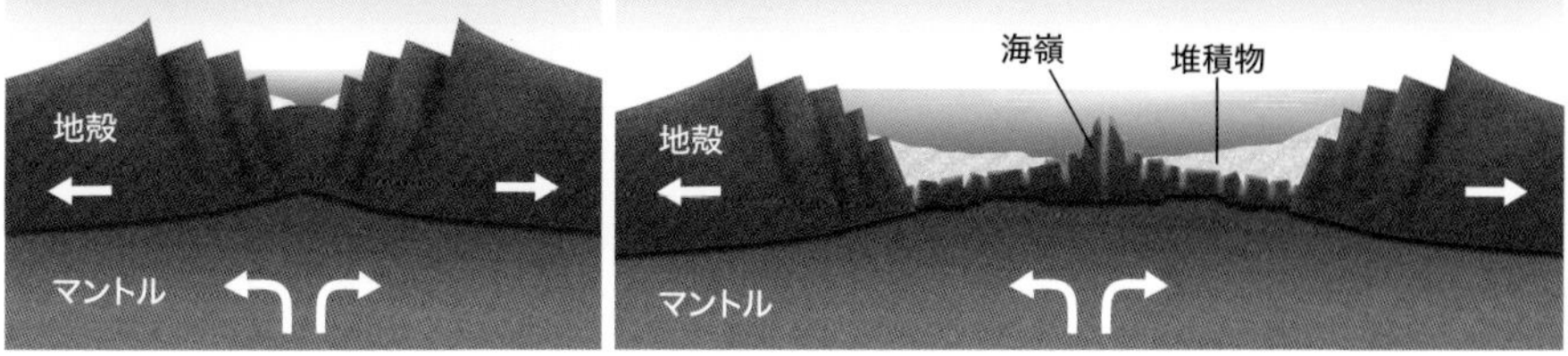


Notes
＊＊地球の表面を覆う硬い岩盤で、厚さ数十〜200㎞ほどになる。海底の下にある「海洋プレート」と、陸地の下にある「大陸プレート」に分かれる

# 数十億年分の歴史を今に伝える地球史の証人
# 地層の役割と地質年代

## タイムカプセルさながらに太古の地球の姿を教える

地層*とは砂や小石、泥、火山灰、生物の死骸などが地表または水底に**堆積**したもの。一般的には、風雨や河川の流れで侵食された地表の土砂が、海や湖に運ばれて堆積を繰り返すことで形成される。基本的には下の層ほど年代が古く、堆積の順序は縞模様で表される。地層の中には化石や鉱物、地震や火山活動の痕跡など、過去の地球の出来事や環境変化を示すものが含まれており、人類が文字や絵で記録を残すようになる以前の地球の営みを読み解くことができる。

Keywords
★堆積

### ★地層の見本市！グランド・キャニオン

アメリカ・アリゾナ州のグランド・キャニオンでは、高さ約1700mの断崖にたくさんの地層の重なりが見られる。谷底では約20億年前の地層が露出し、侵食を受けた崖の最上部では約2億5000万年前の地層が見られる。これだけ長期間の地層を一度に、しかも1ヵ所で見られる場所は、世界的にも希だ

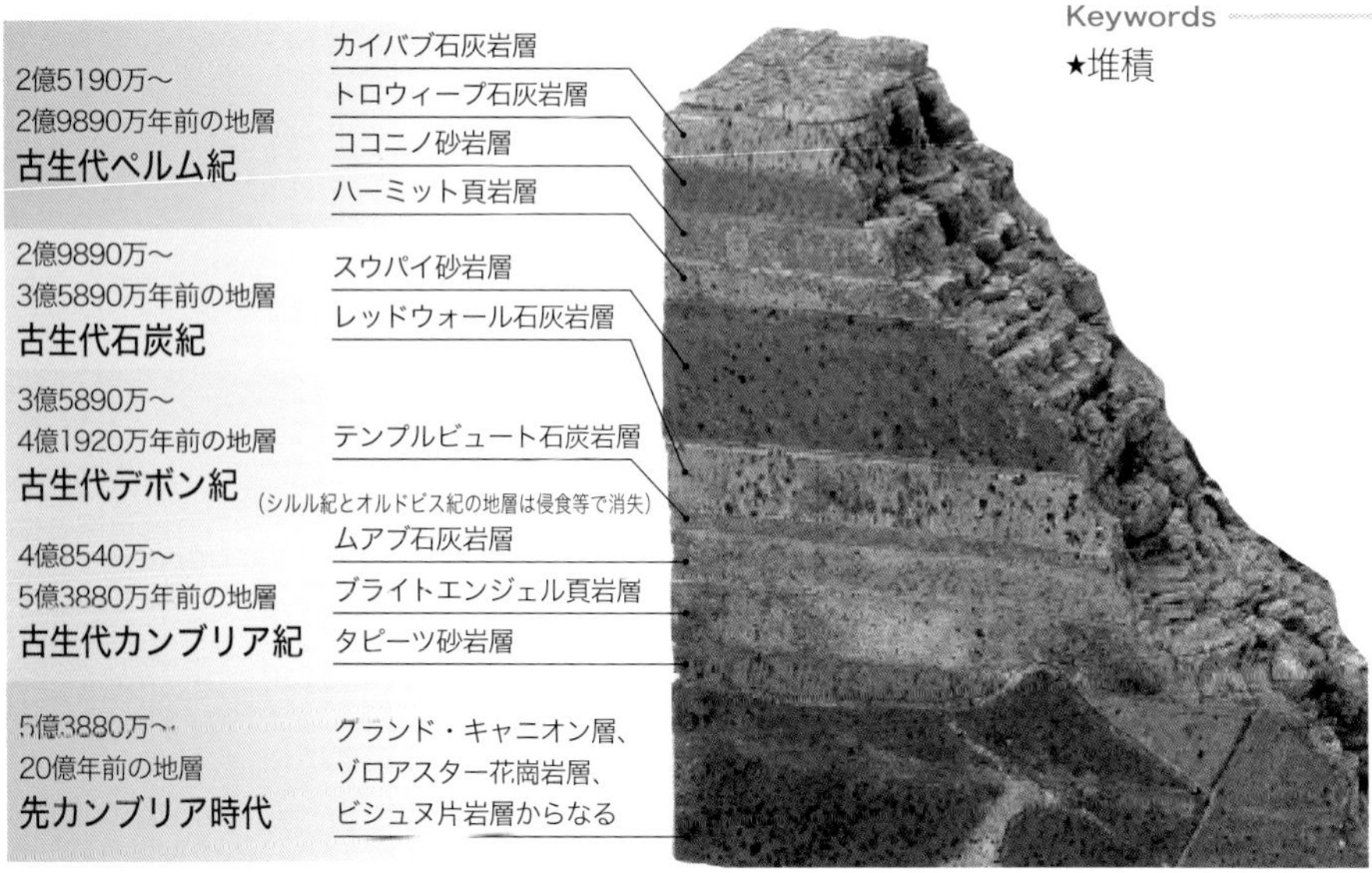


Notes ＊地層は、約2万〜1万8000年前に形成された新しく軟弱な「沖積層《ちゅうせきそう》」と、それ以前の時代に形成された古く強固な「洪積層《こうせきそう》」に分類される

## ★地層の重なり方

地層には、連続して堆積する「整合」と、地層間に時間的な間隙が見られる「不整合」がある。重なる地層間の面を整合面もしくは不整合面と呼び、不整合面の上下の地層が平行なものを平行不整合、斜めの場合を傾斜不整合と呼ぶ

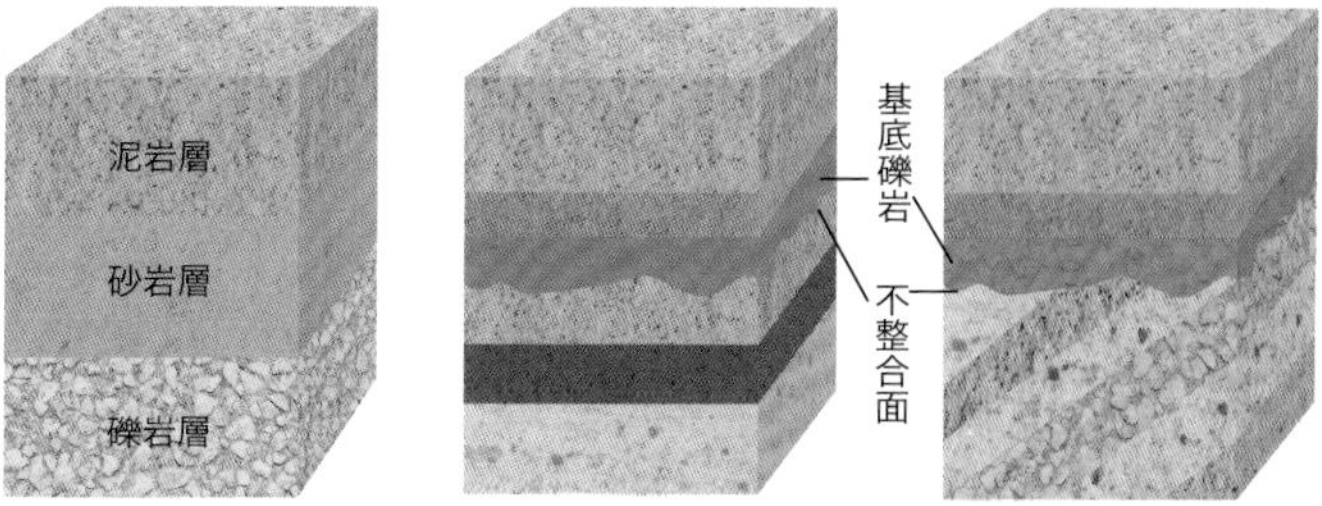


整 合　　平行不整合　　傾斜不整合

## ★地球史に刻まれた「チバニアン」

現在の地球の地磁気は北極付近にS極、南極付近にN極がある。過去600万年間で20回以上、なんらかの理由でN極とS極が逆転する現象が起こっている。この現象は地層に含まれる磁性鉱物から読み解くことができ、千葉県市原市田淵の養老川沿いの地層には、約77万年前に起こった最後の逆転現象の記録が明瞭に残されていることが判明した。2020年、IUGS（国際地質科学連合）によって**地質年代境界の国際基準地として認められ、約77万4000年〜12万9000年前の時代を、「チバニアン（ラテン語で千葉時代）」と呼ぶことが決定。地質年代に初めて日本の名がついた

↑赤い部分が地磁気が逆転していた時代の地層

| | | | | |
|---|---|---|---|---|
| 新生代 | 第四紀 | 完新世（約1万年前〜） | | |
| | | 更新世 | 後期 | |
| | | | 中期 | **チバニアン** |
| | | | 前期 | カラブリアン |
| | | | | ジェラシアン |
| | 新第三紀 | 鮮新世（約533万〜約258万年前） | | |
| | | 中新世（約2300万〜約533万年前） | | |
| | 古第三紀 | 漸新世(約3400万〜約2300万年前) | | |
| | | 始新世(約5600万〜約3400万年前) | | |
| | | 暁新世(約6600万〜約5600万年前) | | |

現在
12万9000年前
77万4000年前

→養老川沿いでは約80万〜70万年前の海底の堆積層が露出している

Close Up

### 磁場の形成と地磁気の役割

**地球の磁場は中心部の核の活動で自発的に作り出されるが、この磁場が急激に強まったのは約27億年前。それまでの地球では、生物に有害な摂氏10万℃前後の太陽風が絶え間なく吹き付けていたが、強力な磁場がバリアのような役目を果たし、生命の繁栄につながった。**

↑太陽風と、地球を守るように包み込む地場のイメージ図

↑兵庫県の玄武洞では世界で初めて地磁気の逆転が発見された

Notes ＊＊地質年代の境界は主に生物進化を基準に区分されてきたが、近年では地磁気の逆転時期も基準とされるようになり、77万4000年前〜12万9000年前は長らく固有名のない時代だった

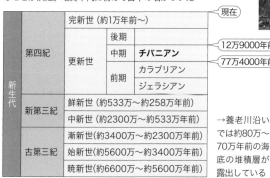

**過去の地球上での出来事や環境変化を知るのに重要な地質年代について、国際地質科学連合の国際層序委員会が、変更のたびに最新情報を更新し、国際年代層序表として公開している。**

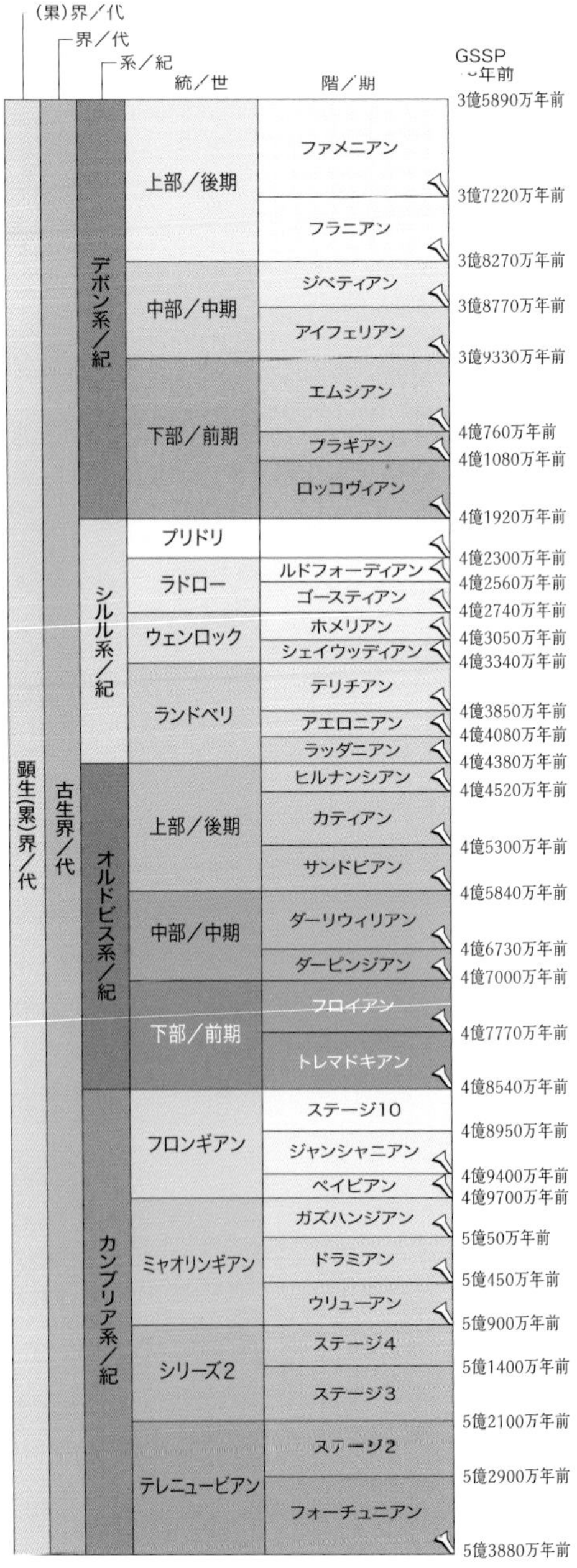


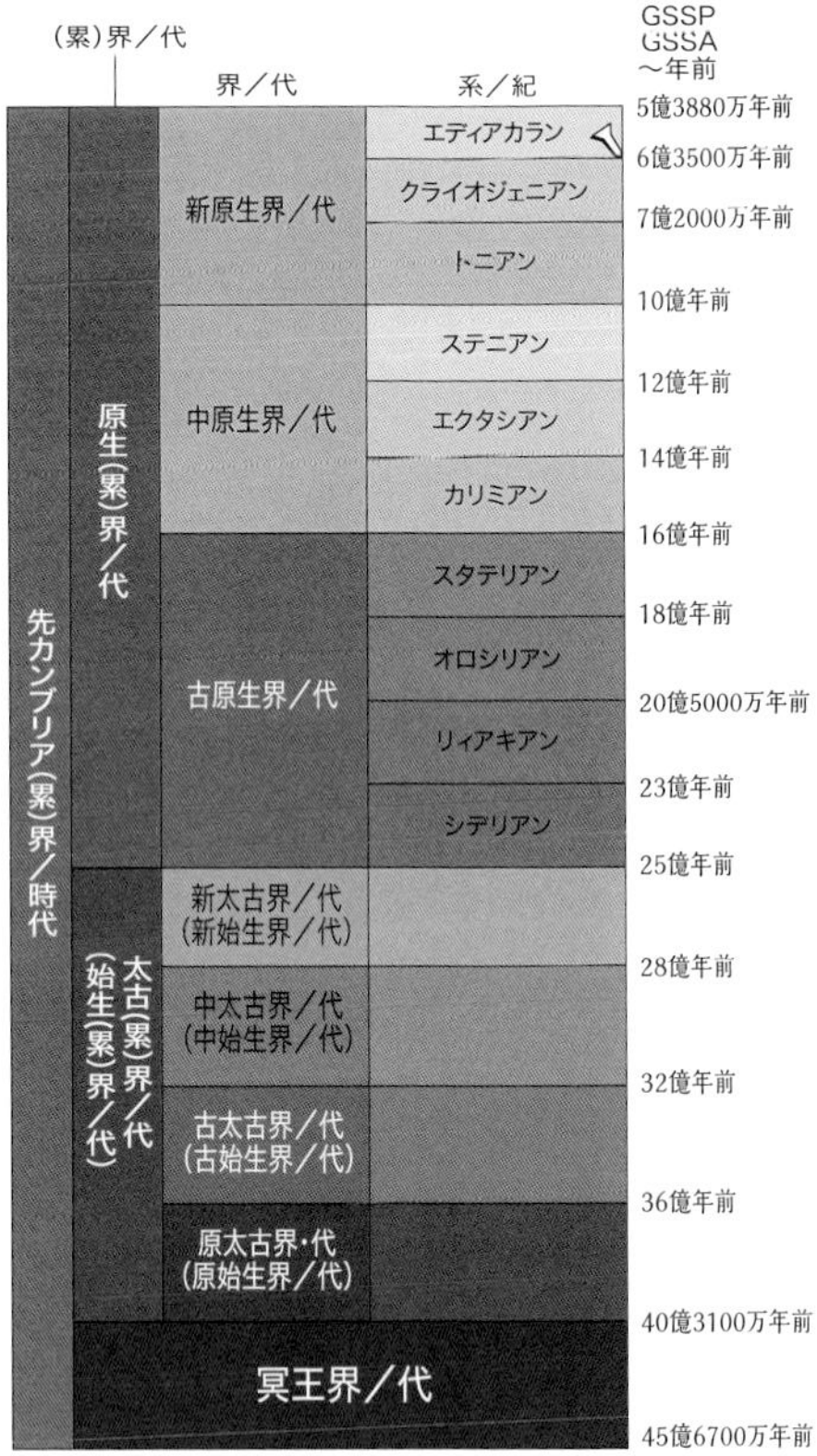


## GSSA,GSSPとは

GSSAは国際標準層序年代のこと。GSSPはGSSAのうち、地球の歴史の「時間」を表す地質年代と、「地層」を表す年代層序を区分するもので、最も細かい「階」の下限を定める国際境界模式層断面とポイントのこと。判定には世界で最も顕著にその時代と地層を表す一カ所が対象となり、その地名が階の名称になる。**チバニアンもその一例。承認されると金色の鋲のモニュメントである「ゴールデン・スパイク」(◁)が打ち込まれる。

※上記の地質年代表は、International Commission on Stratgraphy(国際層序委員会)による「INTERNATIONAL CHRONOSTRATIGRAPHIC CHART」(2023年9月版)を元に作成したもの。未確定年代表記と誤差年代などは省略しています。

**Notes** ＊層序が連続的で、海生層なら化石が豊富、露出がよく構造的な変形がなく、行きやすい場所など、GSSPの条件は厳しい。境界を区切るイベントが見つかっていない場合はGSSAが用いられる

# 国際年代層序表　(2023年9月現在)

| (累)界／代 | 界／代 | 系／紀 | 統／世 | 階／期 | GSSP ～年前 |
|---|---|---|---|---|---|
| | | | | | 現在 |
| 顕生(累)界／代 | 新生界／代 | 第四系／紀 | 完新統／世 | メガラヤン | 4200年前 |
| | | | | ノースグリッピアン | 8200年前 |
| | | | | グリーンランディアン | 1万1700年前 |
| | | | 更新統／世 | 上部／後期 | 12万9000年前 |
| | | | | チバニアン | 77万4000年前 |
| | | | | カラブリアン | 180万年前 |
| | | | | ジェラシアン | 258万年前 |
| | | 新第三系／紀 | 鮮新統／世 | ピアセンジアン | 360万年前 |
| | | | | ザンクリアン | 533万3000年前 |
| | | | 中新統／世 | メッシニアン | 724万6000年前 |
| | | | | トートニアン | 1163万年前 |
| | | | | サーラバリアン | 1382万年前 |
| | | | | ランギアン | 1598万年前 |
| | | | | バーディガリアン | 2044万年前 |
| | | | | アキタニアン | 2303万年前 |
| | | 古第三系／紀 | 漸新統／世 | チャッティアン | 2782万年前 |
| | | | | ルペリアン | 3390万年前 |
| | | | 始新統／世 | プリアボニアン | 3771万年前 |
| | | | | バートニアン | 4120万年前 |
| | | | | ルテシアン | 4780万年前 |
| | | | | イプレシアン | 5600万年前 |
| | | | 暁新統／世 | サネティアン | 5920万年前 |
| | | | | セランディアン | 6160万年前 |
| | | | | ダニアン | 6600万年前 |
| | 中世界／代 | 白亜系／紀 | 上部／後期 | マーストリヒチアン | 7210万年前 |
| | | | | カンパニアン | 8360万年前 |
| | | | | サントニアン | 8630万年前 |
| | | | | コニアシアン | 8980万年前 |
| | | | | チューロニアン | 9390万年前 |
| | | | | セノマニアン | 1億50万年前 |
| | | | 下部／前期 | アルビアン | 1億1300万年前 |
| | | | | アプチアン | 1億2140万年前 |
| | | | | バレミアン | 1億2577万年前 |
| | | | | オーテリビアン | 1億3260万年前 |
| | | | | バランギニアン | 1億3980万年前 |
| | | | | ベリアシアン | 1億4500万年前 |

| (累)界／代 | 界／代 | 系／紀 | | 統／世 | 階／期 | GSSP ～年前 |
|---|---|---|---|---|---|---|
| | | | | | | 1億4500万年前 |
| 顕生(累)界／代 | 中生界／代 | ジュラ系／紀 | | 上部/後期 | チトニアン | 1億4920万年前 |
| | | | | | キンメリッジアン | 1億5480万年前 |
| | | | | | オックスフォーディアン | 1億6150万年前 |
| | | | | 中部/中期 | カロビアン | 1億6530万年前 |
| | | | | | バトニアン | 1億6820万年前 |
| | | | | | バッジョシアン | 1億7090万年前 |
| | | | | | アーレニアン | 1億7470万年前 |
| | | | | 下部/前期 | トアルシアン | 1億8420万年前 |
| | | | | | プリンスバッキアン | 1億9290万年前 |
| | | | | | シネムーリアン | 1億9950万年前 |
| | | | | | ヘッタンギアン | 2億140万年前 |
| | | 三畳系／紀 | | 上部/後期 | レーティアン | 2億850万年前 |
| | | | | | ノーリアン | 2億2700万年前 |
| | | | | | カーニアン | 2億3700万年前 |
| | | | | 中部/中期 | ラディニアン | 2億4200万年前 |
| | | | | | アニシアン | 2億4720万年前 |
| | | | | 下部/前期 | オレネキアン | 2億5120万年前 |
| | | | | | インドゥアン | 2億5190.2万年前 |
| | 古生界／代 | ペルム系／紀 | | ローピンジアン | チャンシンジアン | 2億5414万年前 |
| | | | | | ウーチャーピンジアン | 2億5951万年前 |
| | | | | グアダルピアン | キャピタニアン | 2億6428万年前 |
| | | | | | ウォーディアン | 2億6690万年前 |
| | | | | | ローディアン | 2億7301万年前 |
| | | | | シスウラリアン | クングーリアン | 2億8350万年前 |
| | | | | | アーティンスキアン | 2億9010万年前 |
| | | | | | サクマーリアン | 2億9352万年前 |
| | | | | | アッセリアン | 2億9890万年前 |
| | | 石炭系／紀 | ペンシルバニアン亜系／亜紀 | 上部/後期 | グゼリアン | 3億370万年前 |
| | | | | | カシモビアン | 3億700万年前 |
| | | | | 中部/中期 | モスコビアン | 3億1520万年前 |
| | | | | 下部/前期 | バシキーリアン | 3億2320万年前 |
| | | | ミシシッピアン亜系／亜紀 | 上部/後期 | サープコビアン | 3億3090万年前 |
| | | | | 中部/中期 | ビゼーアン | 3億4670万年前 |
| | | | | 下部/前期 | トルネーシアン | 3億5890万年前 |

**Notes**　＊＊千葉県市原市の養老川河岸に露出する地層の断面「千葉セクション」がGSSPとして認められたため、77.4万～12.9万年前の中期更新世の階の名称が千葉時代を意味するチバニアンと命名された

# 知っておきたい地学用語 1 ……… 宇宙と地球形成

**138億年前に宇宙が誕生し、太陽系が生まれ、地球誕生へと続く膨大な時間に起きた数々の出来事。それらをひも解くなかで、宇宙と地球形成に欠かせない用語をピックアップした。**

### ★天の川銀河
直径が約10万光年あり、天の川銀河には2000億個の星が存在するとされる。太陽系は、天の川銀河の中心から約2万5000光年離れたところにある。

### ★インフレーション理論
ビッグバンの初期に起きた、宇宙の始まりの瞬間を表す理論。一瞬で砂粒が銀河以上の大きさになるほど、急速に膨張したという学説。

### ★海嶺

広がる境界が海底にある場合、噴き出た玄武岩質のマグマが急冷されてできる海底山脈。海嶺では地球深部からマントル起源のマグマが噴出し、玄武岩質の海洋プレートが次々に生成される。アイスランドのように、海嶺が地上に顔を出す場所もある(写真)。

### ★銀河
無数の星やガス、チリ、ダークマター(正体不明の暗黒物質)などで構成された天体。天の川銀河やアンドロメダ銀河、大マゼラン銀河などがある。

### ★沈み込み帯
狭まる境界において玄武岩質の重い海洋プレートが花崗岩質の軽い大陸の下に沈み込む場所。ここでは海底が急に深くなる海溝が形成される。沈み込み帯では東日本大震災のような、津波を伴う地震が発生しやすい。

### ★衝突帯

プレート境界のなかで、大陸プレート同士が衝突する場所。プレートが押し合うことで圧力を受けた地層が押し曲げられ、高く険しい褶曲山脈ができる。ヒマラヤ山脈(写真)が好例。

### ★磁力線
磁石の正極(N極)から負極(S極)へ向かう磁力を表す曲線。磁力線の数密度で磁場の強さを表す。地球では、内部で発生した磁力が南から北へ向かう無数の磁力線が地球を取り囲み、磁気圏を生み出している。

### ★星雲
銀河系内の星間物質(ガスやチリ)の濃い部分で、光り輝いて見えるか、背景を遮って黒く見える。太陽のような恒星には、「誕生」と「死」があり、星の誕生は、この星雲から生み出され、星が死ぬと星をつくっていた物質が星雲に戻っていくことになる。

### ★太陽風
太陽大気の上層のコロナから宇宙空間に放出される電気で、電気を帯びた高温の粒子(プラズマ)の流れ。その速度は秒速400～500㎞にもなり、太陽から約60億㎞離れた冥王星をも超えて届く。

### ★地溝帯
広がる境界が大陸にある場合、大地が引き裂かれることで巨大な裂け目(リフト)が形成され、その裂け目が落ち込んだ部分を地溝と呼び、地溝の大規模なものを地溝帯と呼ぶ。アフリカの大地溝帯が著名。

### ★トランスフォーム断層

ずれる境界において形成された海嶺を、ところどころでほぼ直角に横切る断層。海嶺が形成される際に、断層の両側のプレートが逆の向きに動くことで生じる。通常は海底にできるが、アメリカ西海岸のサンアンドレアス断層(写真)は地上に露出した例として知られる。

### ★ビッグバン
138億年前の宇宙の始まりに起きた、超高温・超高圧の火の玉の大爆発のこと。

### ★微惑星
太陽系の形成の初期段階にあった原始惑星円盤のなかでつくられる直径10㎞程度の小天体のこと。円盤の外側には氷を含むものが多く、内側には岩石や金属などの固体粒子が多い。これらの小天体が衝突や合体を繰り返すことで、原始惑星や惑星に進化すると考えられている。

### ★マグマオーシャン
微惑星が次々と地球に衝突した際、そのエネルギーで地表がマグマのような状態になった地球のこと。

# 第2章

# 日本列島の成り立ち

5つの大きな島と、周辺に位置する多数の諸島からなる日本列島。地球が誕生した頃、その姿はなく、7億年前頃に姿を現し、その後長くアジア大陸の東端にあった。やがて地球表面を覆うプレートのダイナミックな運動によって大陸から離れ、弧状の日本列島が形成されていった。ここではその悠久の時の流れを追う。

富士山(静岡県・山梨県)

# 日本列島の生い立ちをたどる

数十億年前には地球上に影も形もなく、7億年前頃に南半球に現れ、北半球に移動した原日本。その後の日本列島誕生までの歩みを追う。

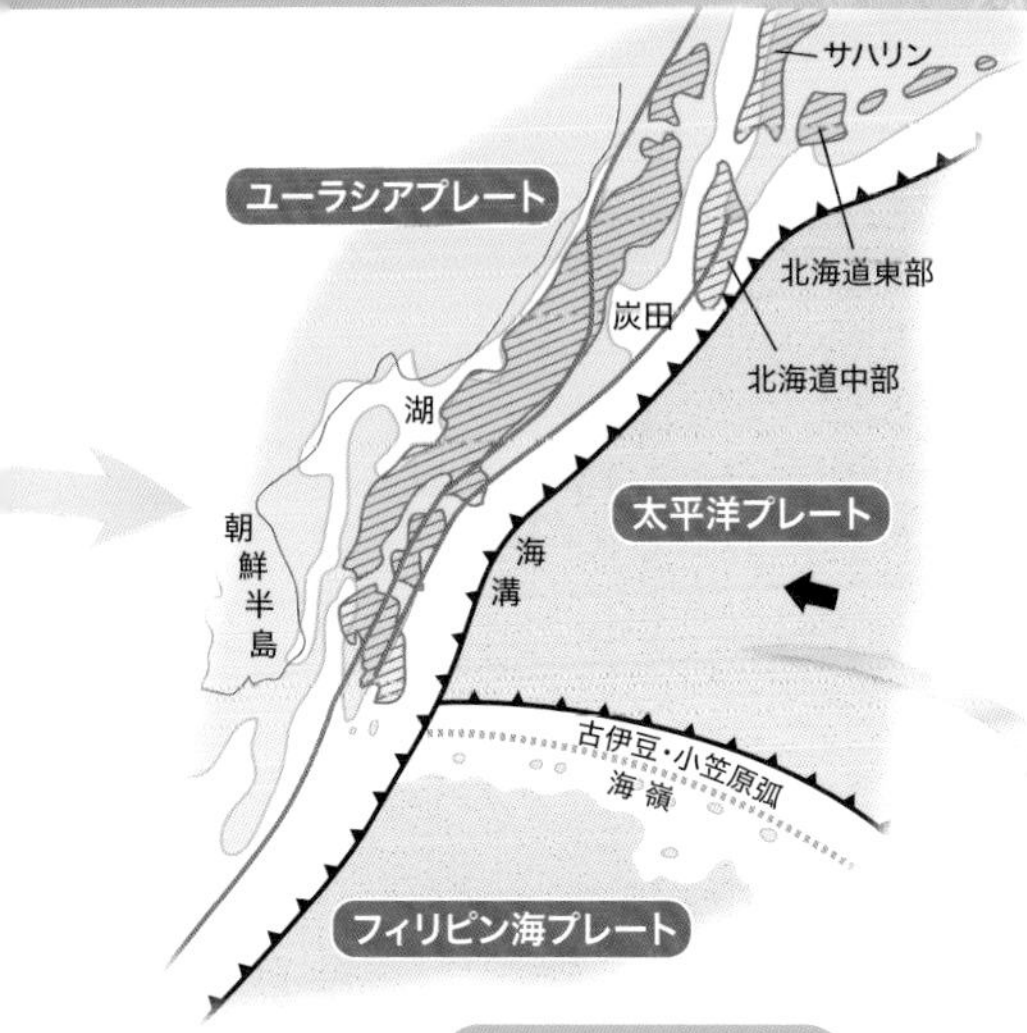


## 2500万年前

アジア大陸東端部で大陸の分裂が始まり、地溝帯がつくられた。イザナギプレートはユーラシアプレートの下に完全に沈み込み、代わって太平洋プレートが西へ移動を開始。

## 1900万年前

地溝帯が拡大し、海が浸入。太平洋プレートがフィリピン海プレートに沈み込むことで、伊豆・小笠原弧や四国海盆が誕生。

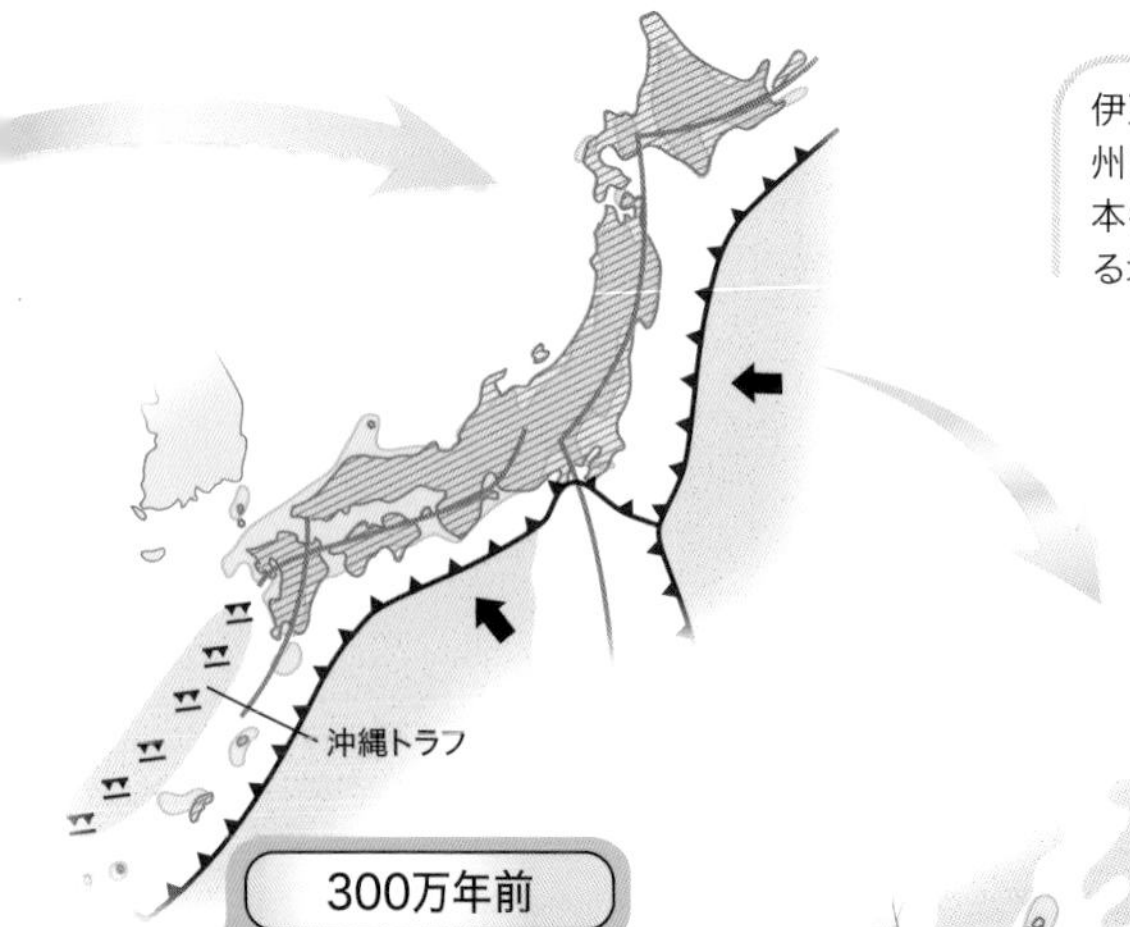


## 300万年前

海洋プレートの移動などによる圧縮で各地で隆起が起こり、日本海側では火山活動が盛んに。フォッサマグナの海で海底火山の活動が活発化した。

## 100万年前

伊豆・小笠原弧の島々が何度も本州に衝突して伊豆半島ができ、日本各地で火山活動や地殻変動による地形形成が進んでいった。

# 列島の起源から現在まで

## 1億5000万年前

北海道西部、東北日本、本州中部や西南日本、九州などが、現存しないイザナギプレートに引きずられて北上し、大陸に近づいた。

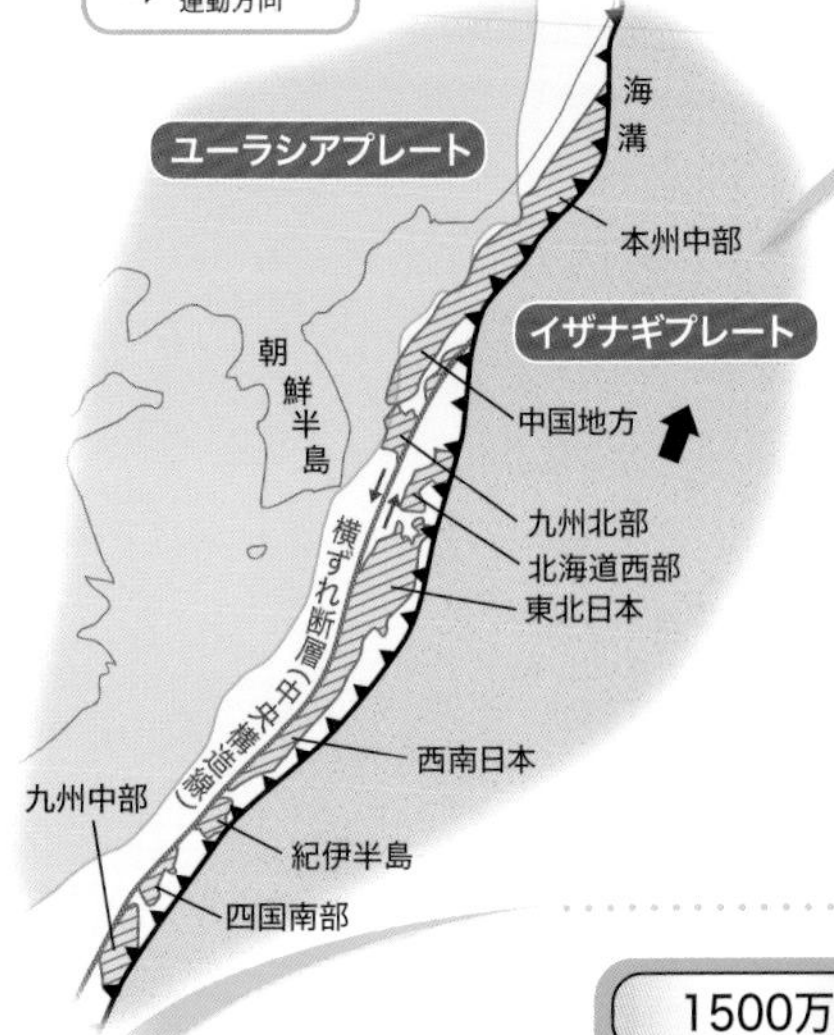


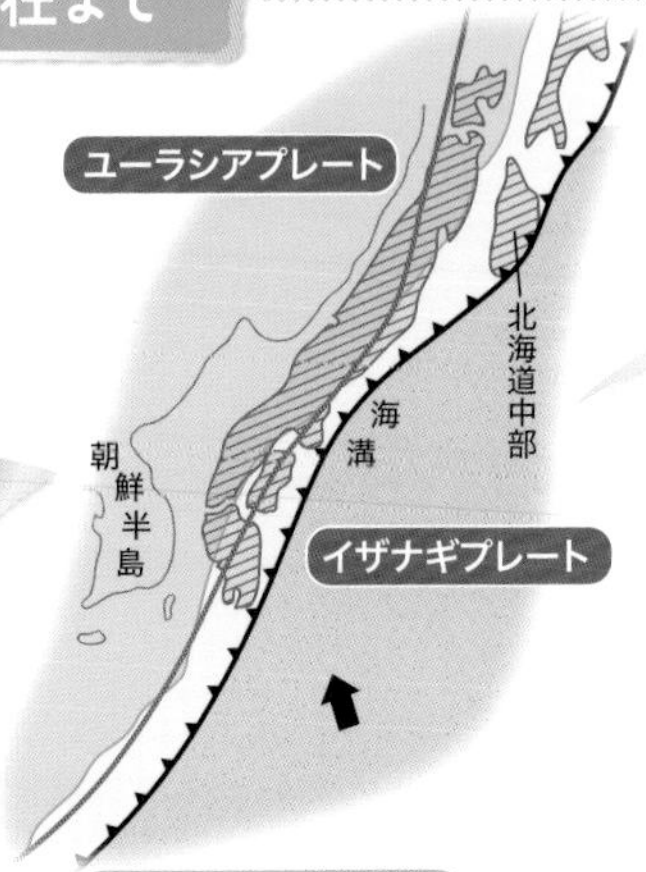


## 7000万年前

北海道東部や小笠原諸島などを除く日本列島の大部分が、ユーラシアプレート上のアジア大陸東端に、付加体として集まっていった。

## 1500万年前

日本海の拡大がほぼ終了。西南日本は時計回りに、東北日本は反時計回りに回転し、日本列島となる部分が逆くの字になった。

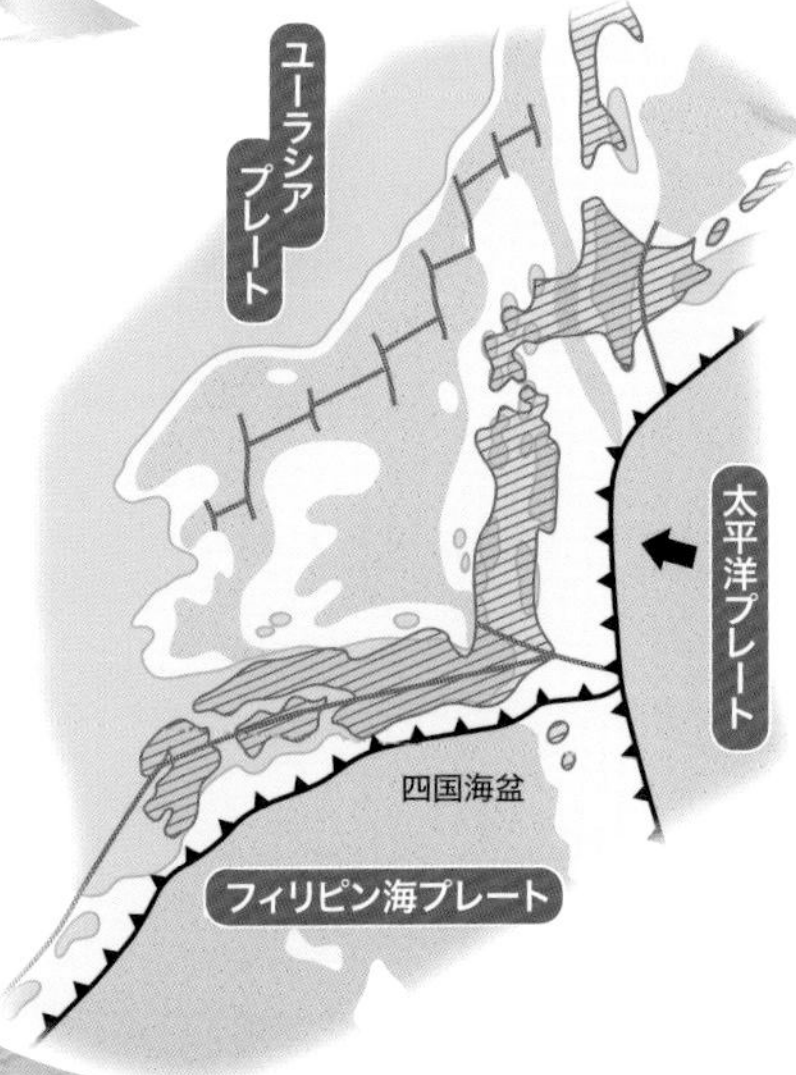


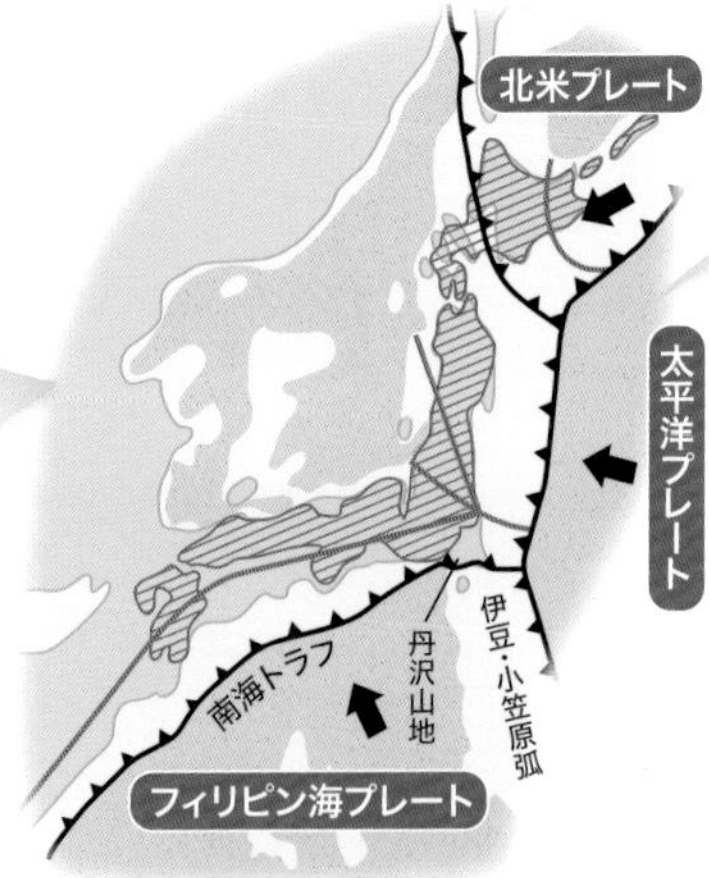


## 500万年前

800万年ほど前から東北日本が隆起を始め、500万年ほど前には伊豆・小笠原弧の一部が本州に衝突して、丹沢山地が誕生した。

# 日本列島はどこからやってきたのか？
# ロディニア大陸の分裂と原日本の誕生

## 大陸分裂から始まった日本誕生の第一歩

46億年前に地球が誕生したとき、影も形もなかった日本。〝**原日本***〟と呼ばれる日本の原型が生まれたのは約7億年前のこと。リフト**の形成による超大陸ロディニアの分裂により、パンサラッサ海（古太平洋）が誕生した時期。**ロディニア大陸**は10以上の大陸塊に分裂。南中国がロディニア大陸から分離し、原日本の大部分は南中国と北米との間に生まれた。その頃、地球の反対側では、複数の地塊の衝突で超大陸ゴンドワナが形成されたが、原日本はゴンドワナ大陸

### ロディニア大陸分裂時の原日本

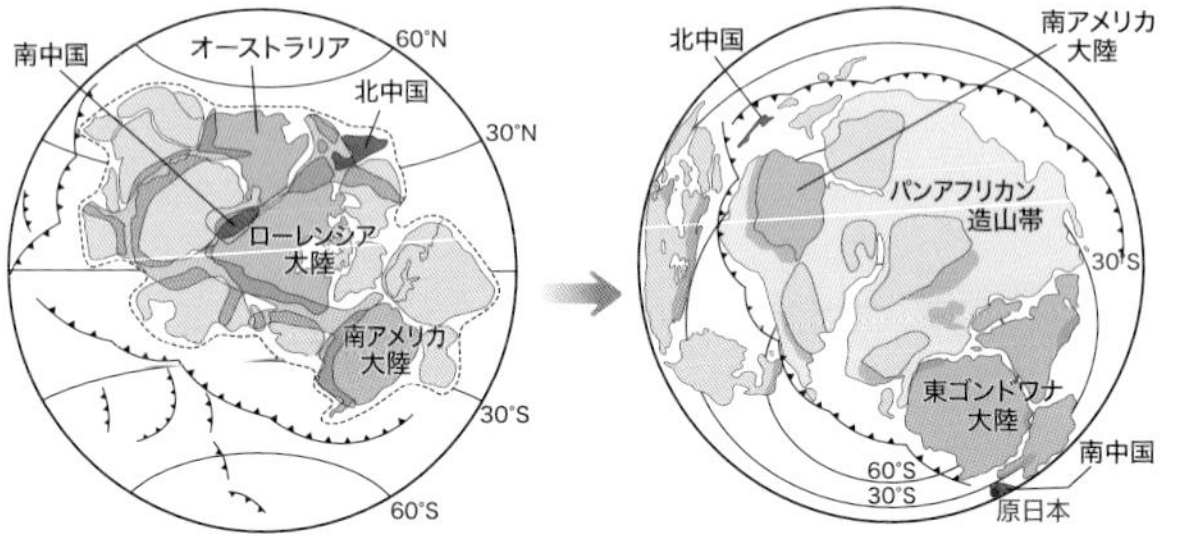


13億〜10億年前のロディニア大陸。日本は存在しないが、北緯45度付近にあった南中国の近くで誕生する

5億4000万年前のロディニア大陸。北中国と南中国は遠く離れており、日本は南中国地塊の近くにあった

（出典：磯崎行雄ほか、地学雑誌120巻(No.1)、65-99、2011）

### ロディニア大陸分裂時の地球内部

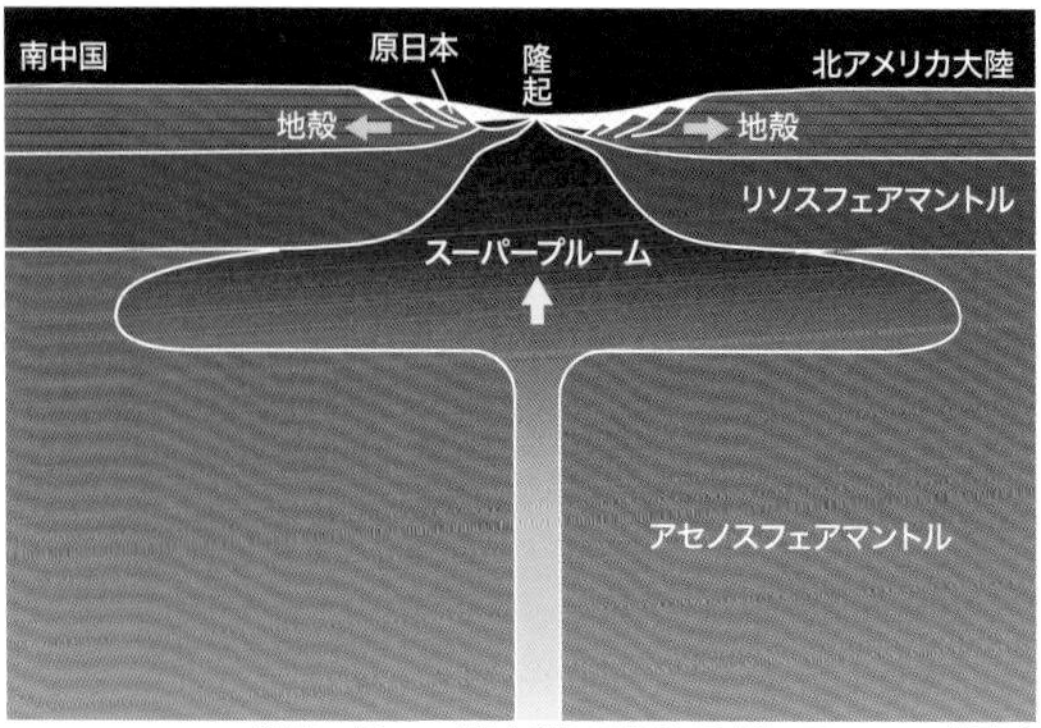


7億〜6億年前、核とマントル境界に由来するスーパープルームの活動で超大陸が分裂、パンサラッサ海が生じた際、原日本が誕生

（出典：J-Stage「日本列島の起源と超大陸ロディニアの分裂」）

Keywords
★原日本
★ロディニア大陸
地質年代
★先カンブリア時代冥王代〜古生代カンブリア紀

Notes ＊原日本は、約5億年前、南中国の揚子江《ようすこう》地塊の近くにあり、北米地塊とオーストラリア地塊の間に挟まれていた。最近の研究によれば、原日本の一部は、北中国地塊近くにもあったとされる

（→P29）には帰属されなかった。

約2億年間は南中国地塊の大陸縁近くにあったが、5億2000万年ほど前に海洋プレートが沈み込みを開始すると、太平洋型の造山帯として活発な成長を見せながら、南中国、北中国、インドシナ地塊などと衝突・合体し、アジア大陸東部に位置することに。そして、その状態は約5億年続いた。

Close Up

### 世界最古の堆積岩

**グリーンランドのイスアには、38億年前の地質帯である「イスア表成岩《ひょうせいがん》帯」が分布している。水の存在を示す堆積岩や枕状溶岩があり、海洋プレートで堆積された地層であることが確認された。そのため、38億年前には、すでに広大な海があったことが実証されたのである。**

（写真：小宮剛／東京大学）

陸地の形成 → 超大陸ヌーナ → ロディニア大陸

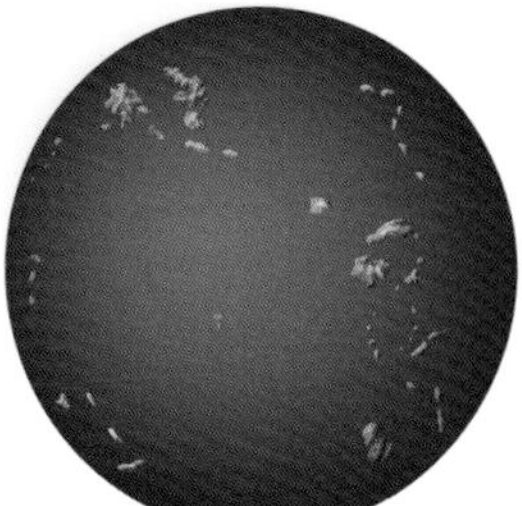

大降雨時代に地表に降った雨は海となった。42億年前、海底をつくる玄武岩が融解して花崗岩質マグマができ、大陸地殻を形成するようになった

約19億年前、地球上で最初の超大陸ヌーナが誕生した。現在のアメリカ大陸は大部分が、ヌーナ大陸の一部だったと考えられている

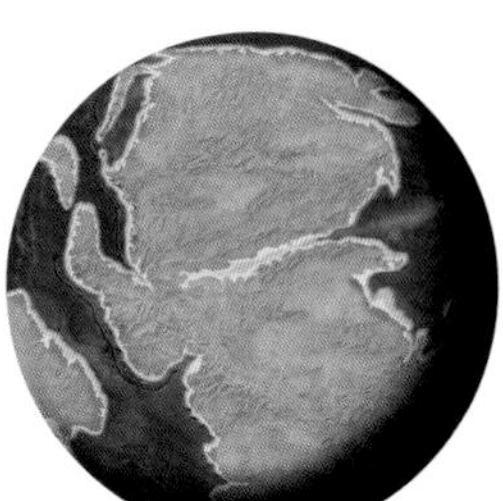

13億年前頃から存在したとされるロディニア大陸。この大陸が分裂した頃に、地球全体が凍り付く大規模氷河期があった（スノーボールアース説）

**46億年前の地球**

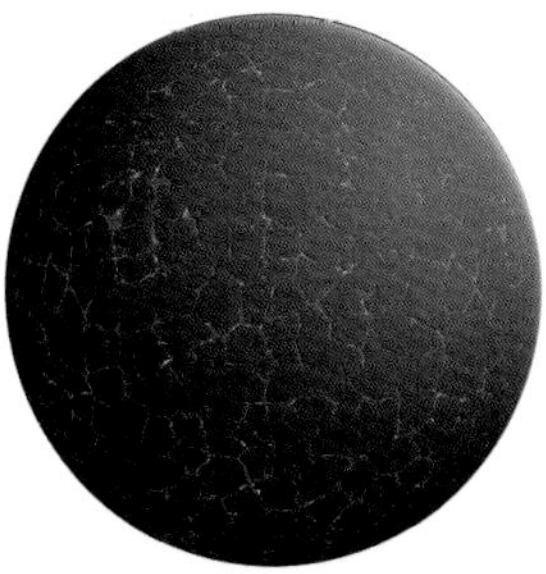

誕生時の地球は、マグマの海に覆われていた。45億年前までの約1000年間に降り続けた最初の雨で、地球は水の惑星に

**日本最古のジルコン産出地**

（写真：立山黒部ジオパーク協会）

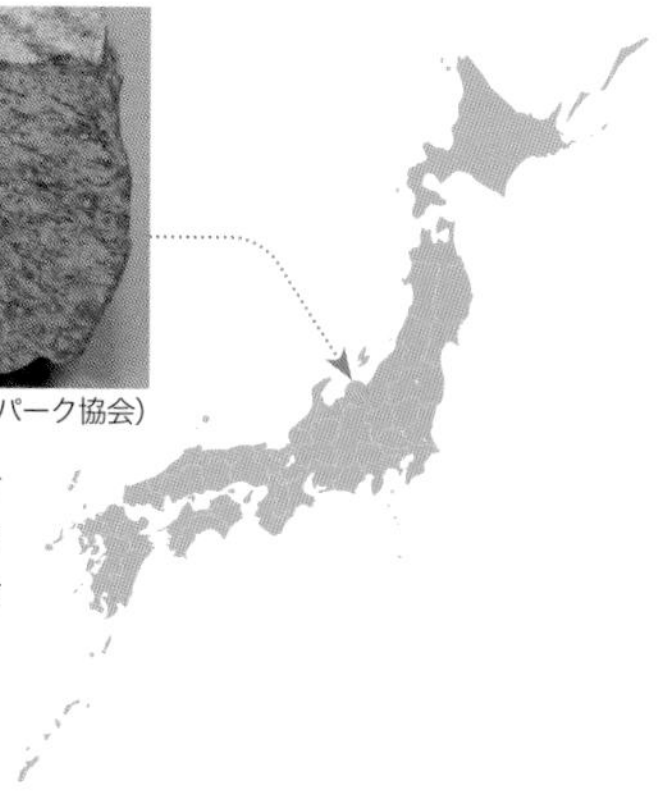

約38億1000万年前を示す国内最古のジルコンが含まれている宇奈月《うなづき》花崗岩。立山黒部ジオパーク内にある

**Notes**　＊＊リフトとは、地球のマントルの上昇に伴い、地殻が膨張して割れるなど、地殻に伸張作用が働いてできた溝やくぼみなどの形状のこと

富山県　立山黒部ジオパーク

# 宇《う》奈《な》月《づき》花《か》崗《こう》岩《がん》の露《ろ》頭《とう》

宇奈月温泉の北、富山地方鉄道本線の音沢《おとざわ》駅から直線距離で約１km北西に位置する、黒部川の川幅が太くなったあたりに宇奈月花崗岩の露頭がある。標高１８０ｍのこの地には、約２億５０００万年前の岩石が露出しており、その花崗岩から発見されたのが、国内最古の約38億１０００万年前のジルコン＊という鉱物である。それまで日本の主部は南中国地塊の縁で形成された付加体と考えられていたが、この発見は、宇奈月地域が北中国地塊と深く関連していたことを示す証となった。

↓宇奈月の黒部川沿いは山間の風光明媚な場所

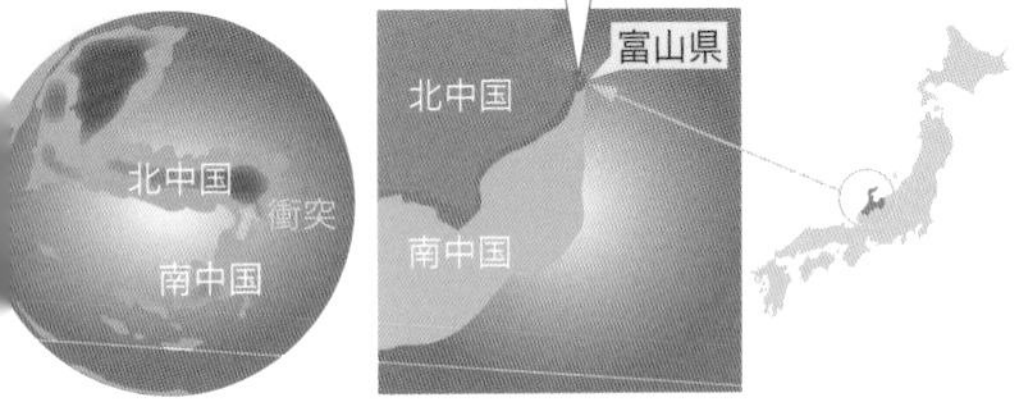


↑左は南北中国が衝突した2億5000万年前。右は1億5000万年前の古地理図

↑宇奈月花崗岩露頭があるのは、黒部川の東側を通る県道328号線沿い

新潟県　糸魚川ジオパーク

ユネスコ世界GP

# 小《こ》滝《たき》川《がわ》ヒスイ峡《きょう》

小滝川ヒスイ峡と呼ばれる一帯で産出されたヒスイは、新潟県の「県の石」ともなっており、国の天然記念物にも指定されている。それほど貴重な理由は、この地のヒスイが、約５億２０００万年前に生成された、世界最古のヒスイであるだけでなく、日本随一のヒスイ産地であるためだ。

↑小滝川ヒスイ峡は、姫川支流の小滝川沿いにある明星山《みょうじょうさん》の大岩壁が崩れた河原一帯のこと

←明星山は、約3億年前のサンゴ礁がプレート運動で移動してきた石灰岩の山。小滝川から約450mの高さ

**川上教授の巡検手帳**

隠岐ジオパークでは隠岐片麻岩の白黒縞模様は必見。これは片理といって、鉱物が細長い線状または面状に配列したもので、岩石が水あめのように変形したことがわかります。

Notes　＊2010年に発見された宇奈月花崗岩内の国内最古のジルコン。それまでは、岐阜県の天生《あもう》峠から採取された飛騨片麻岩中の33億～34億年前のものが国内最古とされていた

島根県

隠岐ジオパーク／大山隠岐国立公園

## 隠《お》岐《き》片《へん》麻《ま》岩《がん》

ユネスコ世界GP

隠岐の島後《どうご》のほぼ中央にある銚子ダム周辺の崖で見られるのが隠岐最古の岩石、隠岐片麻岩だ。約2億5000万年前、日本列島がまだパンゲア大陸の一部だった頃にできた変成岩。当初は海底に堆積した砂や泥からなる岩石だったが、プレートの沈み込みによって地下約15kmに移動した際、高温と高圧力を受け、白黒の縞模様の岩石に変化した。日本列島の形成過程を教えてくれる岩石だ。

←白黒の縞模様が特徴の隠岐片麻岩

↑隠岐片麻岩は、銚子ダムがV字にくびれた鋭角のあたりで見ることができる

長崎県

## 夫婦《めおと》岩《いわ》

国道499号線から見える夫婦岩。左が高さ11m、周囲24mの男岩、右が高さ11m、周囲26mの女岩

野母崎《のもざき》半島には、さまざまな年代の地層が分布するが、最古のものが、観光名所でもある夫婦岩だ。約5億9000万年前に形成された変斑れい岩で、ロディニア大陸から分離した南中国地塊由来のものとされる。片麻《へんま》状角閃岩《かくせんがん》など複数の岩石を取り込んでいるため野母変斑れい岩複合体とも呼ばれ、黒沼から野々串にかけての道路沿いで露岩が見られる。

愛媛県

四国西予ジオパーク

## 寺《てら》野《の》変《へん》成《せい》岩《がん》露《ろ》頭《とう》

四国西部の宇和島《うわじま》の北側で海沿いから山間にかけて横長に広がる四国西予《せいよ》ジオパーク。海沿いから北部宇和海エリア、東に向かって肱川《ひじかわ》上流エリア、四国カルストエリアと続き、最奥の黒瀬川エリアは後期ジュラ紀の化石産地として有名。なかでも寺野変成岩露頭は、4億5000万年ほど前の古生代オルドビス紀**につくられた日本最古級の変成岩の露頭。変成岩が見つかった寺野集落の地名から寺野変成岩と名付けられた。

寺野変成岩は中央構造線と並行し帯状に続く秩父帯の一部、黒瀬川構造帯を構成する岩石



Notes　**オルドビス紀は、カンブリア紀に続く古生代第二紀の時代で、4億8500万年前～4億4300万年前の地質時代。オウムガイの全盛期で三葉虫なども多く生息した

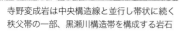

# 古生代の原日本をつくりあげた
# プレートの沈み込みと付加体の形成

## プレートの沈み込みが生んだ付加体

日本列島の形成史を知る上で鍵となるのは、**プレート運動**に伴って起こる2つの現象だ。一つは、海洋プレートが移動して大陸プレートに近づき、潜るように沈み込むこと。2つめは**プレートの沈み込み**の際、海底火山の溶岩など海底の堆積物が海洋プレートから剥ぎ取られたものと、陸地側から海底に流れ込んだ砂と泥とが一緒に大陸の縁に加わること。これが**付加体**。日本各地で、日本列島が大陸にあった時代の付加体が見られ、列島形成史を解き明かしている。

## 日本列島をつくった付加体とは

海底には中央海嶺玄武岩やチャートのほか、海溝やトラフ近くには陸から流れ込んだ土砂も堆積。それらが剥ぎ取られ、付加体として陸側にくっつく。新しい付加体は前についた付加体の下側に入り込むため、古い付加体より下位に位置する。

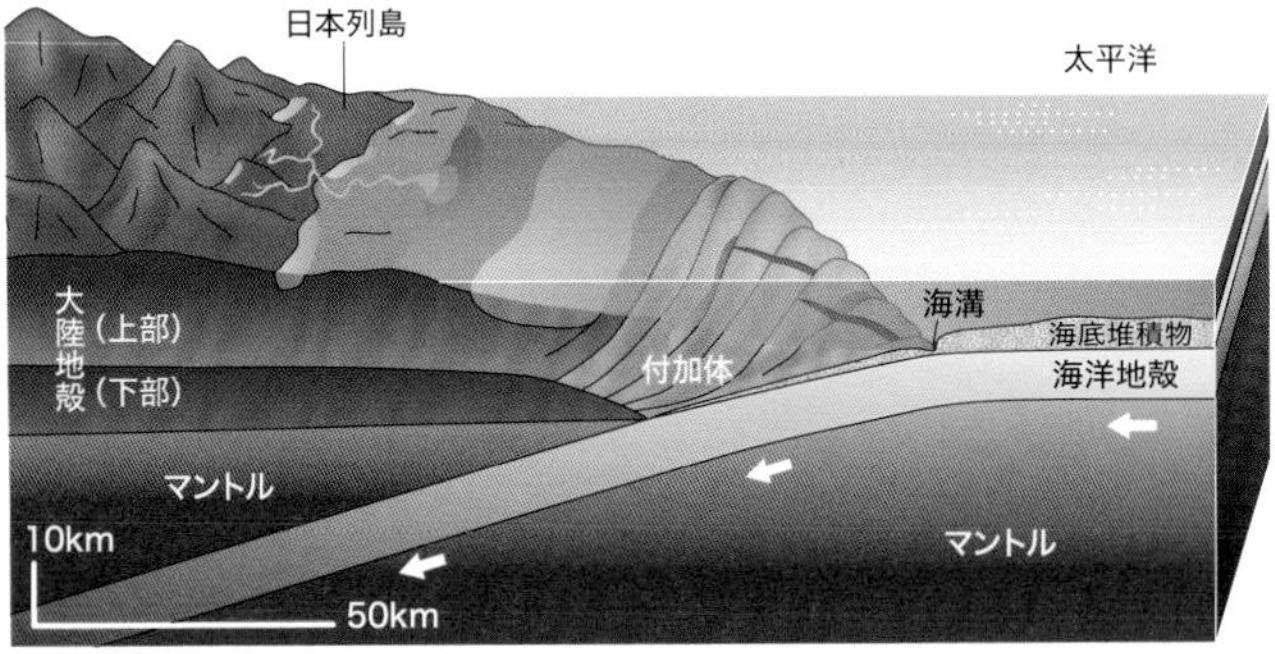


### 2.8億年前

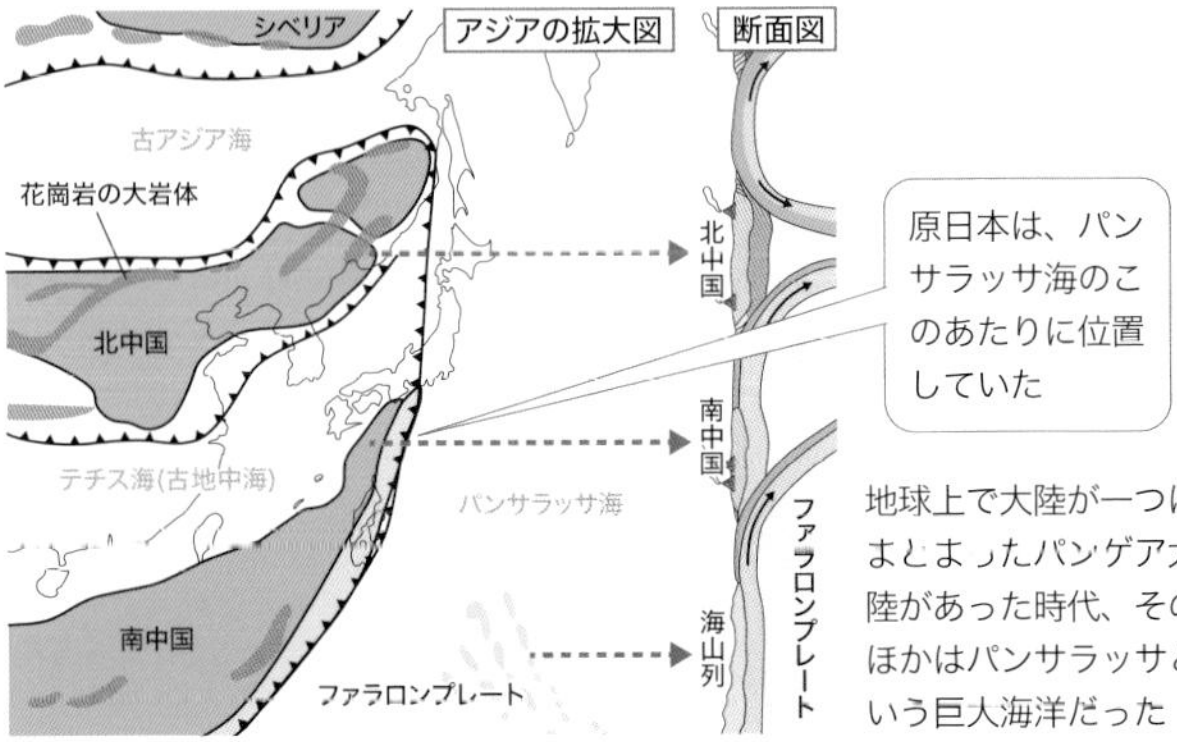


地球上で大陸が一つにまとまったパンゲア大陸があった時代、そのほかはパンサラッサという巨大海洋だった

Keywords
★プレート運動
★プレートの沈み込み
★付加体

地質年代
★古生代カンブリア紀〜中生代ジュラ紀

Notes ＊現在、すべての大陸はアジアに向かって移動しているとされ、5000万年後にはオーストラリアが東南アジアと衝突、2〜3億年後にはアフリカやアメリカ大陸もアジアと合体するとされる

## プレートの沈み込みと付加体の関係

大陸プレートへの沈み込みと付加体形成は関連して起こる現象。ゆっくりと移動してきた海洋プレートが大陸プレートの下に沈み込むときに付加体ができる様子を見てみよう。

### 付加体ができるプロセス

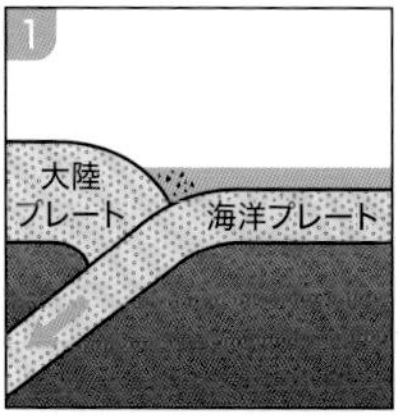


現在も太平洋プレートは大陸方向に年間約8㎝の速度で*移動している

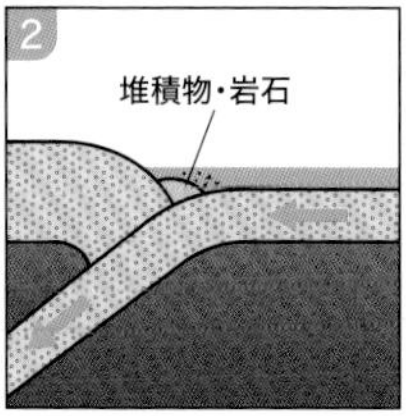


大陸プレートの下に沈み込む際、岩石や堆積物が陸地側にくっつく

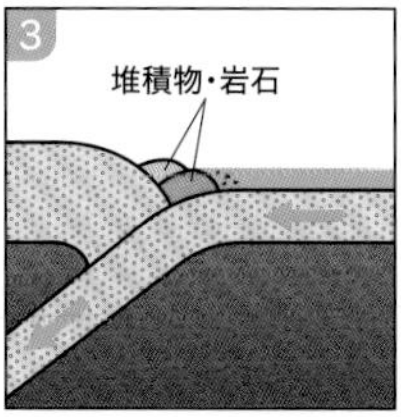


海洋プレートが移動し、新たに付加した地層は先に付加した地層を押し上げる

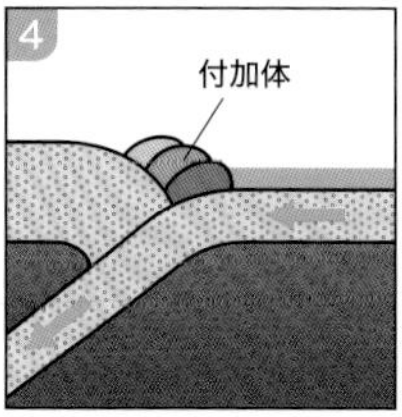


時間の経過とともに新しい地層が古い地層を押し上げて付加体ができる

ゴンドワナ大陸

←★が約5億5000万年前に南半球にあったゴンドワナ大陸

**超大陸パンゲアとパンサラッサ海

→3億～2億年前に存在した超大陸パンゲア。★はパンサラッサ海

## 日本の位置の変遷

### 4.8億年前

この頃、日本列島の一部は南半球の南中国の一部だったとされる

### 4億年前

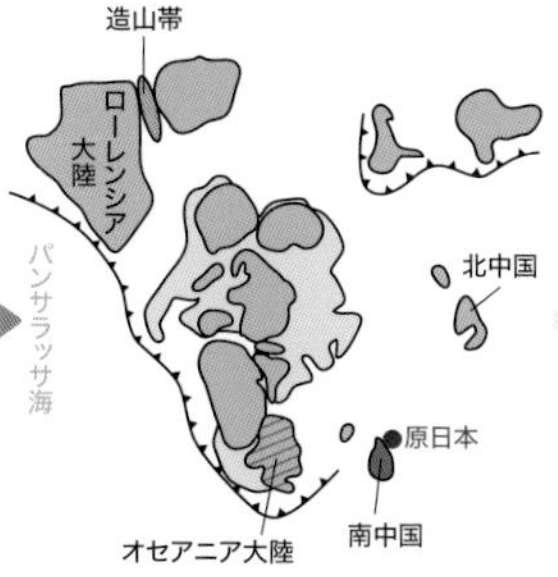


大陸分裂は進み、原日本の一部があったとされる北中国と南中国も接近

### 3億年前

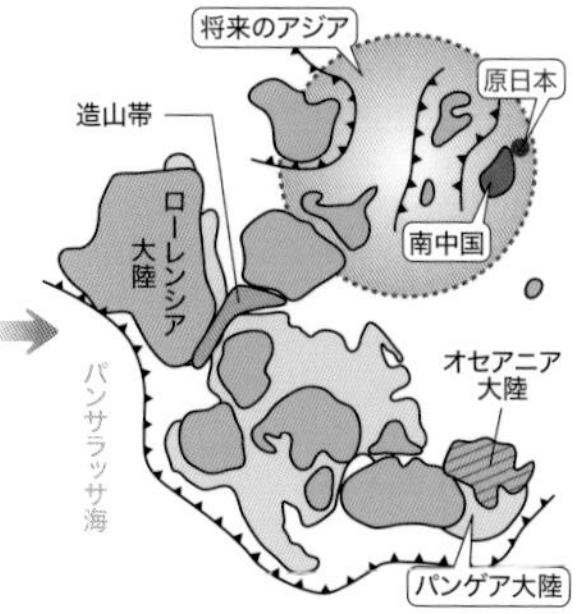


原日本は南半球から北半球に移動し、アジア大陸の部位が集まり始める

（出典：磯崎行雄ほか、地学雑誌120巻(No.1)、65-99、2011）



Notes ＊＊超大陸パンゲアは2億年前頃に分裂し、北のローラシア大陸（ローレンシア大陸とユーラシア大陸を合わせた呼称）と南のゴンドワナ大陸に分かれ、大西洋が開いて、現在のような配置となった

長野県

南アルプスジオパーク／南アルプス国立公園

# 鳥《とり》倉《くら》登山口〜塩《しお》見《み》岳《だけ》

↑北岳から見る塩見岳。その左方向に付加体が連なる

本州の中央部に位置する南アルプスには、麓から山頂にかけて、海洋プレートが運んだジュラ紀から白亜紀にかけての付加体が並ぶ。大鹿村中央構造線博物館付近から鳥倉林道を進み、夕立神《ゆうだちがみ》展望台までは、ジュラ紀から白亜紀にかけての付加作用と変成作用がもたらした*三波川《さんばがわ》変成帯、そこから鳥倉登山口の先まではジュラ紀の*秩父帯、さらに塩見岳までは、白亜紀に形成された*四万十《しまんと》帯というように異なる時代の付加体が連続して見られる。現在は1650〜3000m級の高山も、もとは海の底にあったことを示している。

↑鳥倉登山口付近では、ジュラ紀の付加体である秩父帯が露出している

## 3つの付加体が連なる登山道

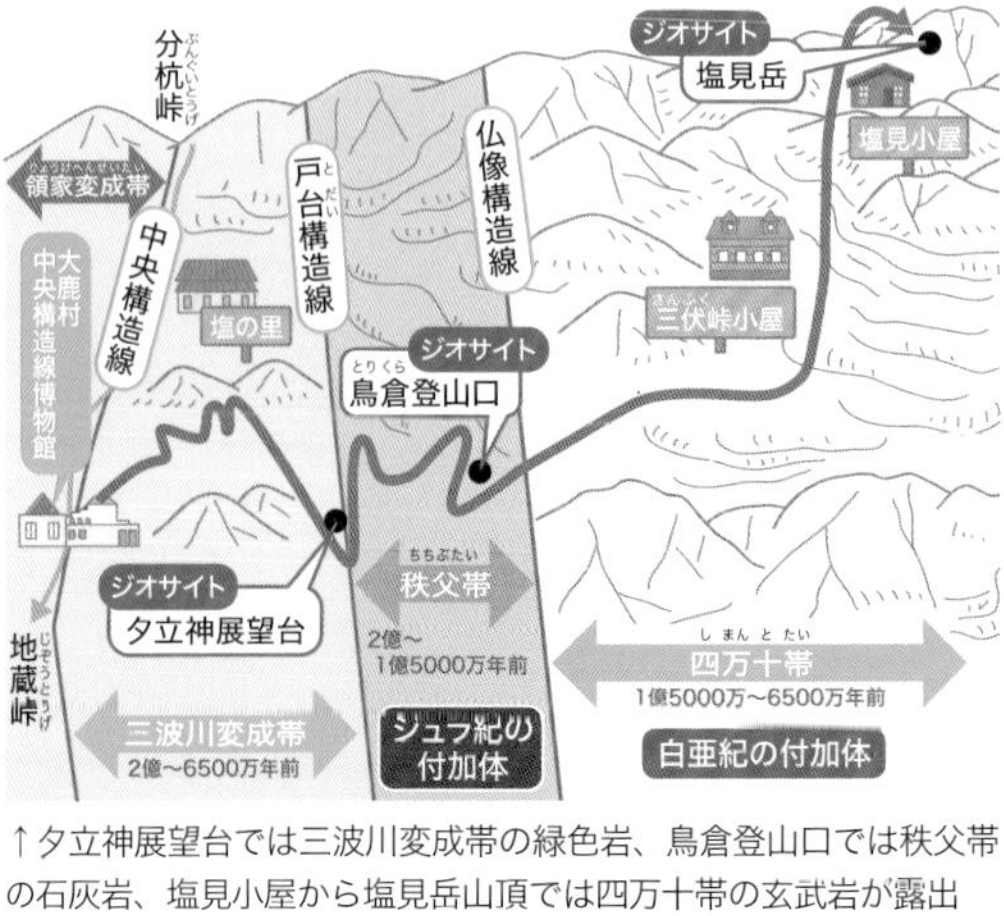


↑夕立神展望台では三波川変成帯の緑色岩、鳥倉登山口では秩父帯の石灰岩、塩見小屋から塩見岳山頂では四万十帯の玄武岩が露出

(出典：南アルプスジオパークHP)

↑塩見小屋から標高3052mの塩見岳を望む

### 川上教授の巡検手帳

大鹿村中央構造線博物館前の庭には付加体を構成するいろいろな岩石が並べてある。庭石サイズの岩石の表面を比較しながら観察すると、質感の違いがよくわかっておもしろい。

**Notes**

＊三波川変成帯は、中央構造線外帯側に関東から九州まで続く地質帯。秩父帯はその南、四万十帯はさらにその南に位置し、西南日本外帯の地層を構成している

京都府

## 大江山《おおえやま》

丹後天橋立大江山国定公園

一般的に大江山と呼ばれるのは、京都府の丹後半島の付け根にあって、舞鶴市、福知山市、宮津市と与謝野町にまたがる連山のこと。最高峰は標高832mの千丈ヶ嶽。山頂からは、福知山盆地が一望できる。大江山は、西南日本の付加体としては最も古い約5億8000万〜4億5000万年前の岩石からなる。その海洋性地殻が造山運動によって現在のような姿となった。雲海やトレッキングの山としても人気が高い。

11〜12月、前夜と寒暖差の大きな早朝、大江山からは福知山盆地を覆う雲海が見下ろせる

岩手県

## 早池峰山《はやちねさん》

三陸ジオパーク／早池峰国定公園

標高1914mの早池峰山は北上山地の最高峰で、ここを境に北上山地は北部と南部に分かれ、両者は異なる歴史を歩んできた。北部はジュラ紀に深海に堆積した地層が付加体として複雑に重なったもので、南部は4億年以上前に現在のオーストラリア付近にあった古い大陸の一部がプレートに乗って移動したもの。前期白亜紀に両者が衝突した際に盛り上がり、早池峰山を形成した。早池峰山を構成するのは南部の地層だ。

↑南北約260kmにわたる北上山地の中で最高峰の早池峰山

→早池峰山に生育する高山植物のハヤチネウスユキソウ

茨城県

## 筑波山《つくばさん》

筑波山地域ジオパーク

2つの頂を持つ筑波山は、〝東の富士〟といわれるため、火山と思われがちだが、火山ではなく付加体で形成された山。約2億5000万〜1億1500万年前に海洋プレートに乗って、遠く離れた海底や海山の堆積物が運ばれ隆起した。ジオパーク内にある＊＊鶏足山塊《けいそくさんかい》も付加体で構成されている。海底や海山にできたチャートや石灰岩のほか、陸側から流れて海溝付近に堆積した砂岩や泥岩の互層が見られるのはそのためだ。

筑波山は御幸ヶ原を挟んで標高871mの男体山と標高877mの女体山の双耳峰《そうじほう》からなる



**Notes**　＊＊筑波山地域ジオパーク内の「筑波・鶏足山塊ゾーン」では、プレート運動や地下深部でのマグマの形成など、2億5000万年前〜6000万年前までの大地の歴史が刻まれている

## 西南日本を二分する大断層
# 西南日本の背骨・中央構造線

### 大陸時代のズレが元になった中央構造線

**中央構造線***とは、関東から九州まで続く西南日本の長大な**断層**で、異なる地塊が接する境界線のこと。日本がアジア大陸の一部だった1億～8000万年前に誕生し、西南日本の地質を日本海側の**内帯**と太平洋側の**外帯**に分けている。内帯は、中生代白亜紀にマグマが上昇した地帯で、外帯ではマグマの上昇がなかった。大陸時代にできたのは1本の断層だが、日本列島となってからも地殻変動によって複数の断層がつくられ、なかには活断層となっている場所もある。

Keywords
- ★中央構造線
- ★断層
- ★内帯
- ★外帯

地質年代
- ★中生代白亜紀～新生代古第三紀始新世

#### 中央構造線の始まり

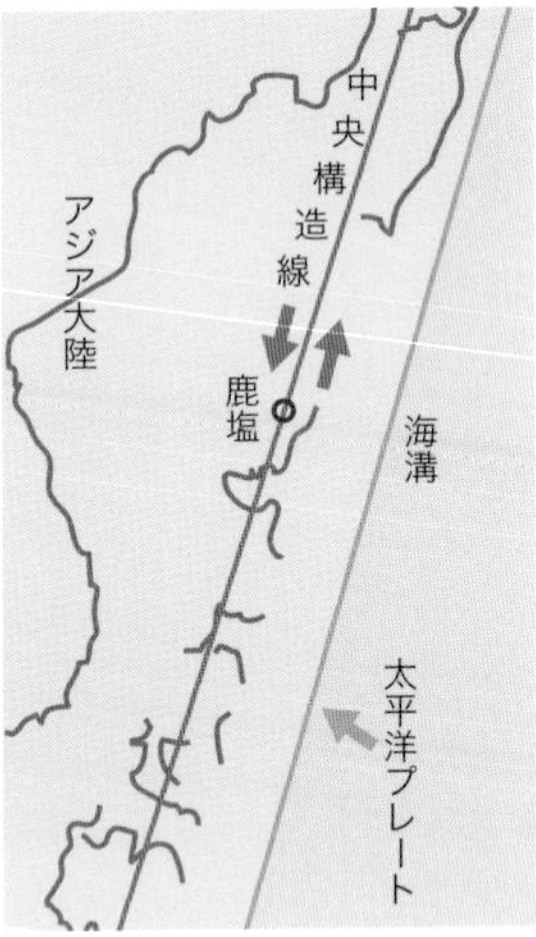


大陸時代、太平洋プレートが斜め北向きに沈み込んだため、海溝に面した部分が引きずられるようにずれた

(出典：大鹿村中央構造線博物館)

#### 上空から見える中央構造線

四国

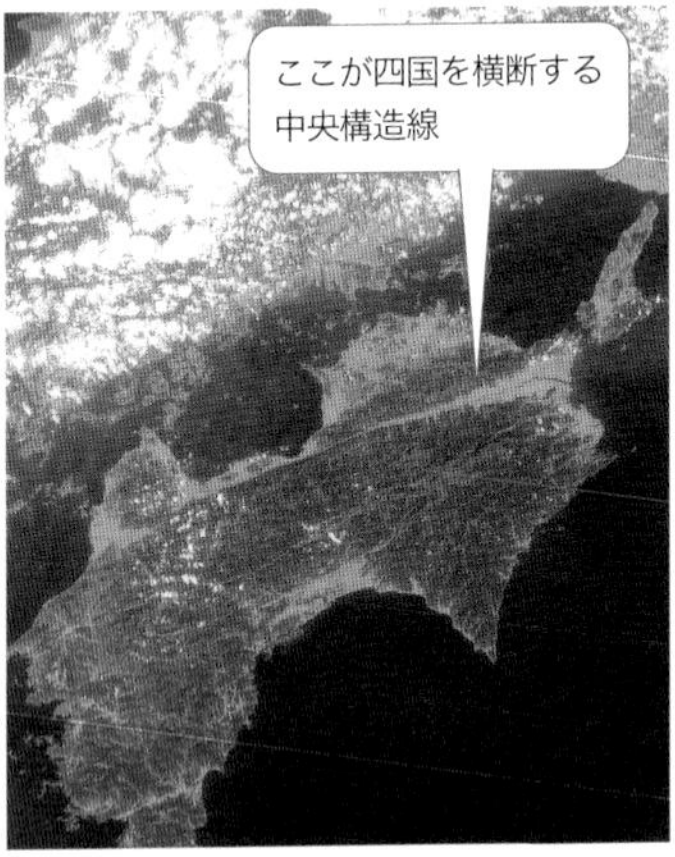


衛星写真でもくっきりわかる四国を横断する中央構造線

本州中部

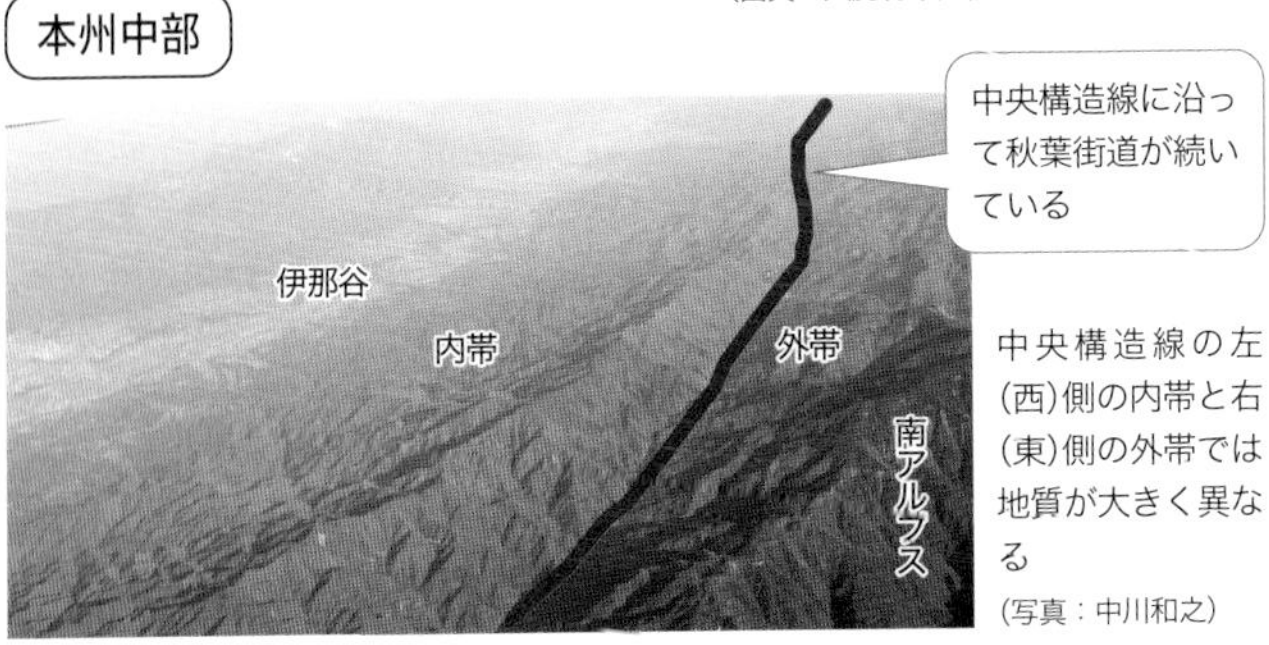


中央構造線の左(西)側の内帯と右(東)側の外帯では地質が大きく異なる

(写真：中川和之)

Notes ＊西南日本の中央構造線の位置は九州の詳細以外は確認されているが、東北日本で中央構造線がどこに続いていたかはまだわかっていない

## ★中央構造線で分かれる内帯と外帯

中央構造線を最初に発見したのは、ドイツ人地質学者のエドムント・ナウマン(→P57)。内帯は、古生代後期の花崗岩や蛇紋《じゃもん》岩、片麻岩からなり、一部に中生代ジュラ紀の非変成付加体が含まれるが、外帯は主に中生代の付加体からなる。

中央構造線のほぼ真上に立つ、村営の大＊＊鹿村中央構造線博物館

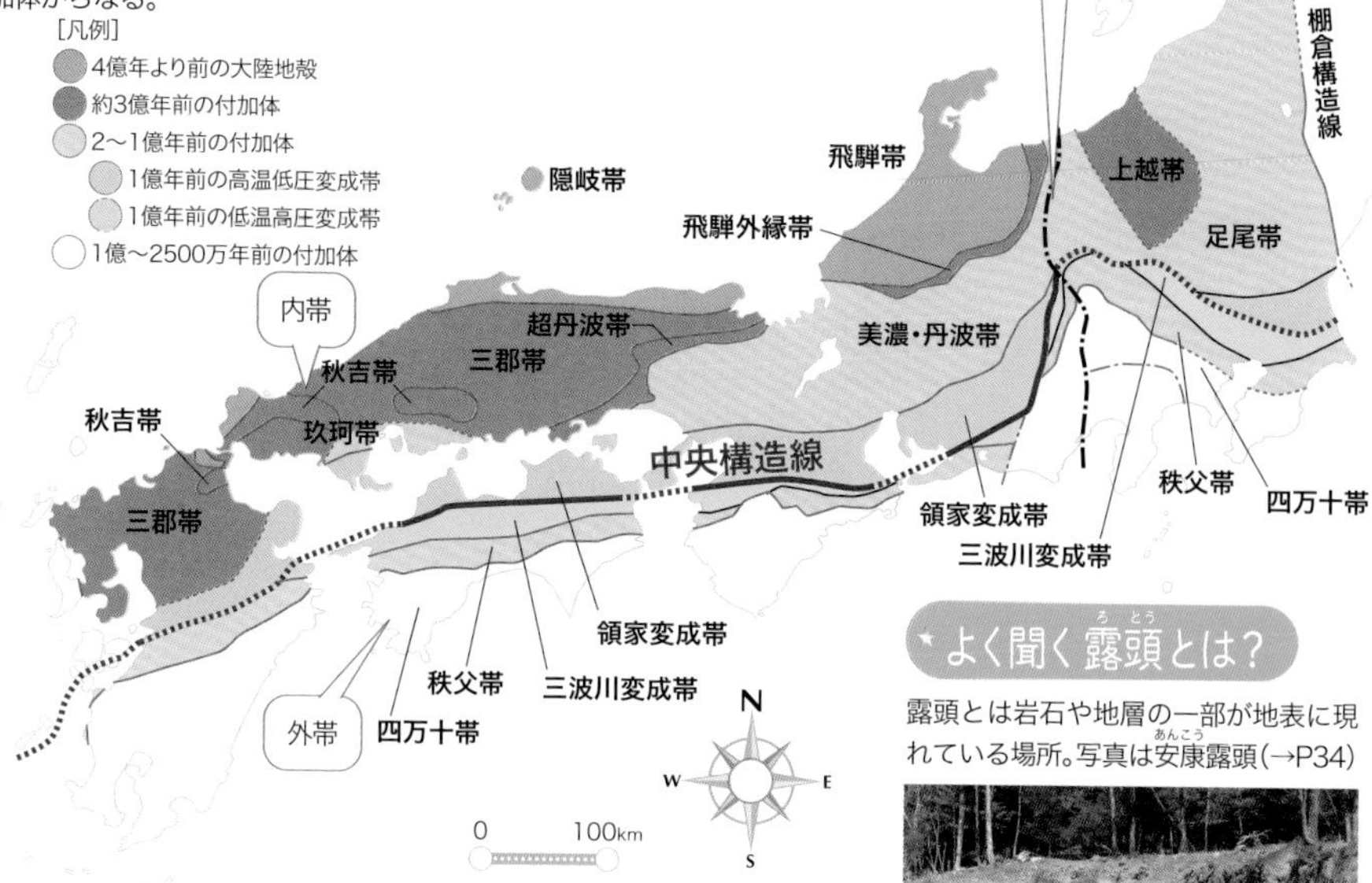


## ★よく聞く露頭《ろとう》とは?

露頭とは岩石や地層の一部が地表に現れている場所。写真は安康《あんこう》露頭(→P34)

(写真:川上紳一)

## 中央構造線上にはなぜか神社が多い

長野県の諏訪大社や秋葉《あきは》街道が通る静岡県の秋葉神社、三重県の伊勢神宮に愛媛県の石鎚《いしづち》神社など、中央構造線上には多くの古社が並ぶ。地震鎮めの祈りのためなど諸説あるが、学術的な理由は不明。ただ、諏訪大社御柱祭の木落しが行われる崖は、中央構造線と糸魚川—静岡構造線が交わる断層に位置する。1200年続く神事で、木落しは氏子を乗せて御柱を坂から落とす行事だ。

→木落しが行われる傾斜約30度、長さ80mの木落し坂

↓御柱祭山出しにて行われる木落し

Notes ＊＊大鹿村中央構造線博物館には、「中央構造線と大鹿村の石」「地震と活断層」「山崩れと砂防」の展示室があるほか、野外の「岩石園」では大型の岩石標本が展示されるなど、見どころが多い

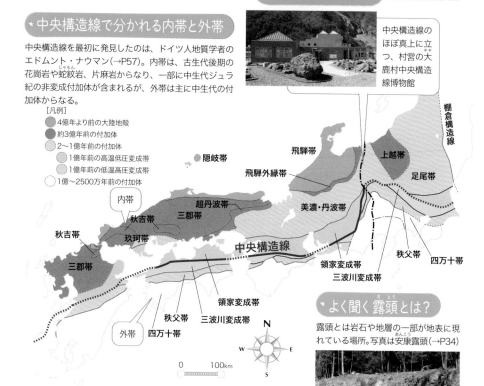

長野県

南アルプス（中央構造線エリア）ジオパーク

# 溝《みぞ》口《くち》・北《きた》川《がわ》・安《あん》康《こう》・程《ほど》野《の》の露《ろ》頭《とう》

3000mを超える13座が連なり、南北100km、東西50kmに及ぶ広大な南アルプス。その連山を抱える南アルプスには絶景スポットが多いが、日本列島形成史において貴重なのが中央構造線の露頭だ。ジオパーク内を縦断するように走る秋葉《あきは》街道は、縄文時代から〝塩の道〟*として使われた主要道路で、秋葉街道沿いに点在するのが異なる2つの地層が地表に現れた露頭だ。

いずれの露頭も中央構造線を境に内帯と外帯の地層の違いが顕著。内帯は、ジュラ紀の付加体の岩石が白亜紀に地下10～15kmで高温低圧型の変成岩となったもので、後に花崗岩の貫入を受けた。一方の外帯は白亜紀に、海洋プレートの海溝付近の地下深くで高圧力によって鉱物が変質した変成岩。内帯の岩石は赤褐色に近いものが多く、外帯は緑がかった岩石が多い。違いを見てみよう。

↑大鹿村の北川露頭。赤褐色の方が内帯で手前が外帯

↑伊那市の溝口露頭は美和《みわ》（ダム）湖に突き出た半島にある

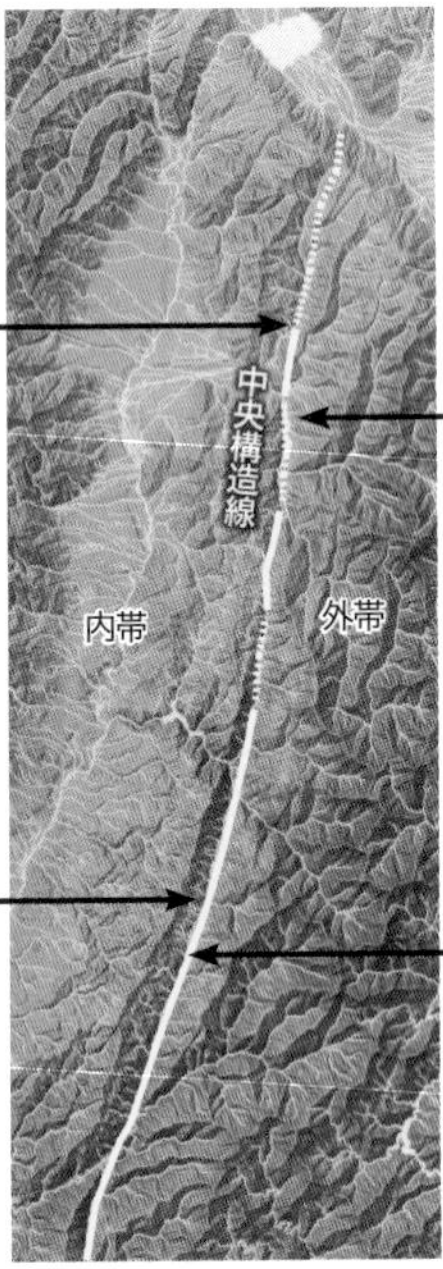


↑中央構造線は南アルプスジオパークを縦断している

↑内帯の花崗岩と外帯の緑色片岩が見られる安康露頭

↑飯田市の程野露頭。中央から見て左が外帯で右が内帯

（写真：飯田市美術博物館）

※豪雨や倒木などにより見学が規制されている場所もあるため、事前確認が必要

←青木川河岸にある安康露頭。青木川を縦断するように北東ー南西に中央構造線が走る（写真：川上紳一）

### 川上教授の巡検手帳

答志島の海岸で緑色のきれいな石ころを集める。どれも薄く割れやすい偏平な岩石で、三波川帯の緑色片岩だ。表面の白い脈は変形を受けたときにできたひび割れを埋めたもの。

Notes ＊“塩の道”は日本海側からと太平洋側から塩が運ばれた道で、諏訪大社と秋葉神社を結ぶ重要な参詣道でもある

群馬県 下仁田ジオパーク

## 川《かわ》井《い》の断層

下仁田《しもにた》ジオパークのなかで、下仁田町を横断する鏑川《かぶらがわ》の河岸に露出しているのが川井の断層だ。ここでは、中央構造線の一部である川井の断層が、川を東西に横切っており、ほぼ垂直になった断層の南側が破砕された青岩で、三波川変成帯の結晶片岩である緑色片岩。北側は約2000万年前の海の地層である泥岩や砂岩の下仁田層。下仁田層では、海にあった時代に生息していた貝の化石なども見つけることができる。

↑下仁田町川井の鏑川を東西に横切るように断層がむき出しになっている

←砂・泥岩などからなる下仁田層から発見された貝類の化石

三重県 伊勢志摩国立公園

## 夫婦岩《めおといわ》／答志島《とうしじま》

中央構造線は、中部地方から渥美半島を抜けて伊勢湾を横断し、三重県の二見興玉《ふたみおきたま》神社と伊勢神宮外宮《げくう》を通り西へ。和歌山市からは淡路島南の沿岸を通って四国の鳴門市へ入る。中央構造線の南側にあたる二見興玉神社にある夫婦岩や陸側の岩はすべて三波川変成帯の緑色片岩。もとは陸とつながっていたが海に侵食され、陸側と夫婦岩に分断された。その東方向にある答志島も同じく、三波川変成帯の結晶片岩でできている。

↑二見興玉神社の夫婦岩。沖にある興玉神石とともに三波川変成帯

→東西4㎞ほどの答志島は、青みがかった岩石が特徴

兵庫県 瀬戸内海国立公園

## 沼《ぬ》島《しま》／上《かみ》立《たて》神《がみ》岩《いわ》

淡路島の南約4.6㎞の紀伊水道北西部に浮かぶ沼島は、周囲約9.3㎞の小島。しかし、沼島はまさに中央構造線の断層上にあり、すぐ隣の領家変成帯の淡路島とはまったく異なる三波川変成帯の結晶片岩でできている。約1億年前の中生代に高圧の力がかかって生じた変成岩だ。島の南西側には黒色千枚岩層、北東側には緑色片岩層が分布。国造りの神話にも登場する上立神岩**は、沼島の結晶片岩の地質を顕著に表す奇岩だ。

↑沼島の結晶片岩でできた海岸線の岩場。全体に青緑色がかっている

←海中に屹立する高さ30mの上立神岩。島の東南部にある

Notes ＊＊『古事記』や『日本書紀』で、天《あま》つ神が伊弉諾尊《いざなぎのみこと》と伊弉冉尊《いざなみのみこと》に沼矛《ぬぼこ》を授け、国造りを命じた。その二神が夫婦の契りを結んだ場所が上立神岩で、国造りが行われたのが沼島とされる

# 日本列島の地殻変動に大きな影響を与えた
# 海の底で動く海洋プレートの働き

## 日本を取り巻く2つの海洋プレート

日本は2つの大陸プレート*上にあり、隣接する**海洋プレート**の**太平洋プレート**と**フィリピン海プレート**の影響を受けている。太平洋プレートは東南東方向から年間約8cm、フィリピン海プレートは、南東方向から年間3〜7cmの速度で日本列島に近づき、前者は千島《ちしま》海溝**や日本海溝で、後者は相模・駿河・南海トラフや南西諸島海溝で大陸プレートの下に沈み込んでいる。プレート境界部で生じる地殻の変動は、日本列島や周辺の島々の形成に大きな影響を及ぼした。

★日本列島を取り巻く2つの海洋プレート

### 太平洋プレート

- ほぼ東南東方向から年間8cm程度の速さで日本列島に接近
- 日本海溝で日本列島の下へ斜めに沈み込む
- 極東ロシアや中国の下で、深さ660kmに達する
- メガリス(巨大な岩石の塊)となって深さ2900kmのマントルの底まで沈み込む

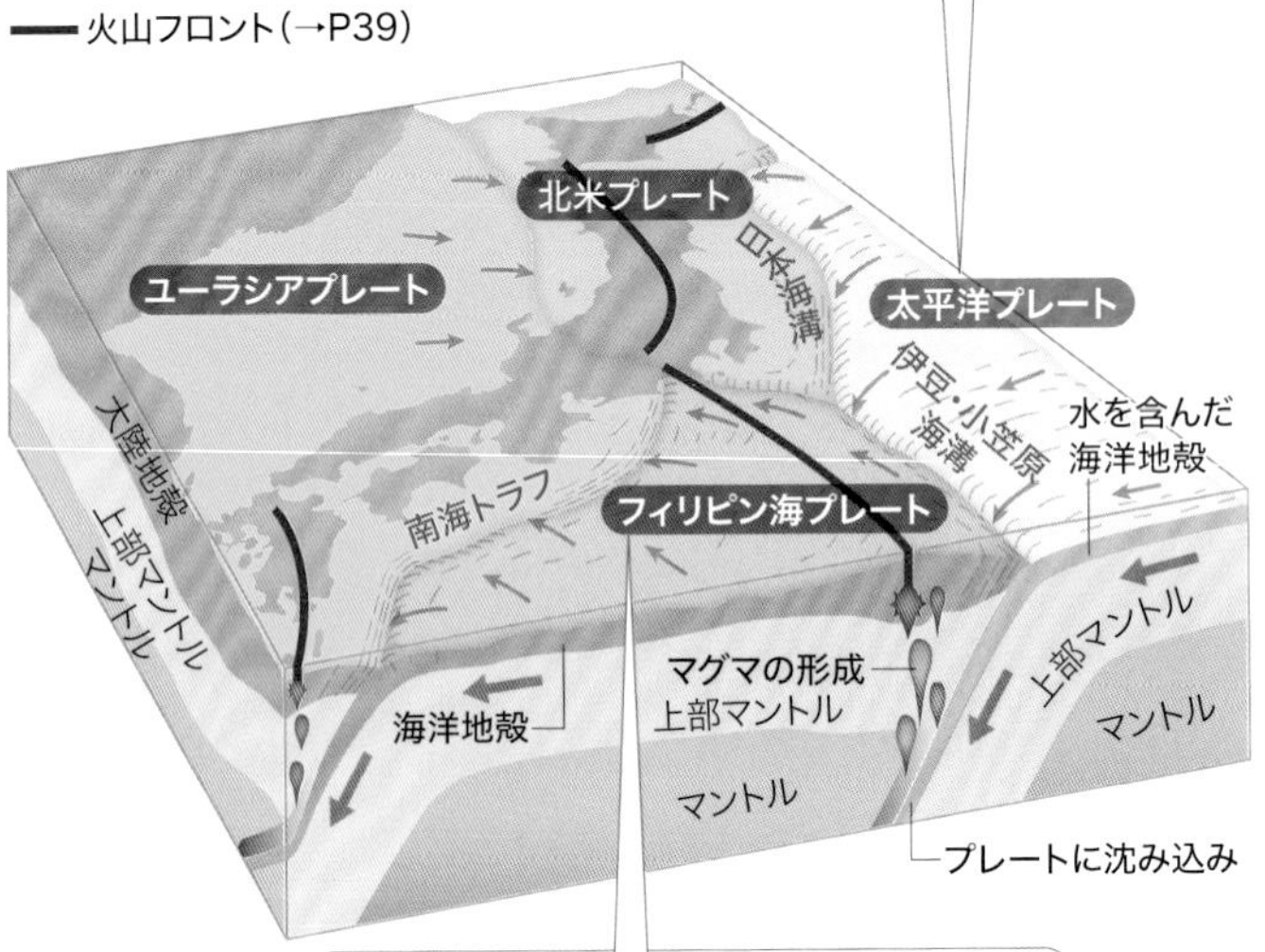


### フィリピン海プレート

- ほぼ南東方向から年間3〜7cm程度の速さで日本列島に接近
- 相模トラフ、駿河トラフ、南海トラフ、南西諸島海溝で陸側のプレートの下に沈み込む

(出典:全国地質調査業協同組合「プレートテクトニクスから見た日本列島」)

Keywords
★海洋プレート
★太平洋プレート
★フィリピン海プレート

地質年代
★新生代古第三紀始新世〜

Notes ＊日本列島は、ユーラシアプレートと北米プレートという2つの大陸プレートの上に乗っている

## 海底の模式図

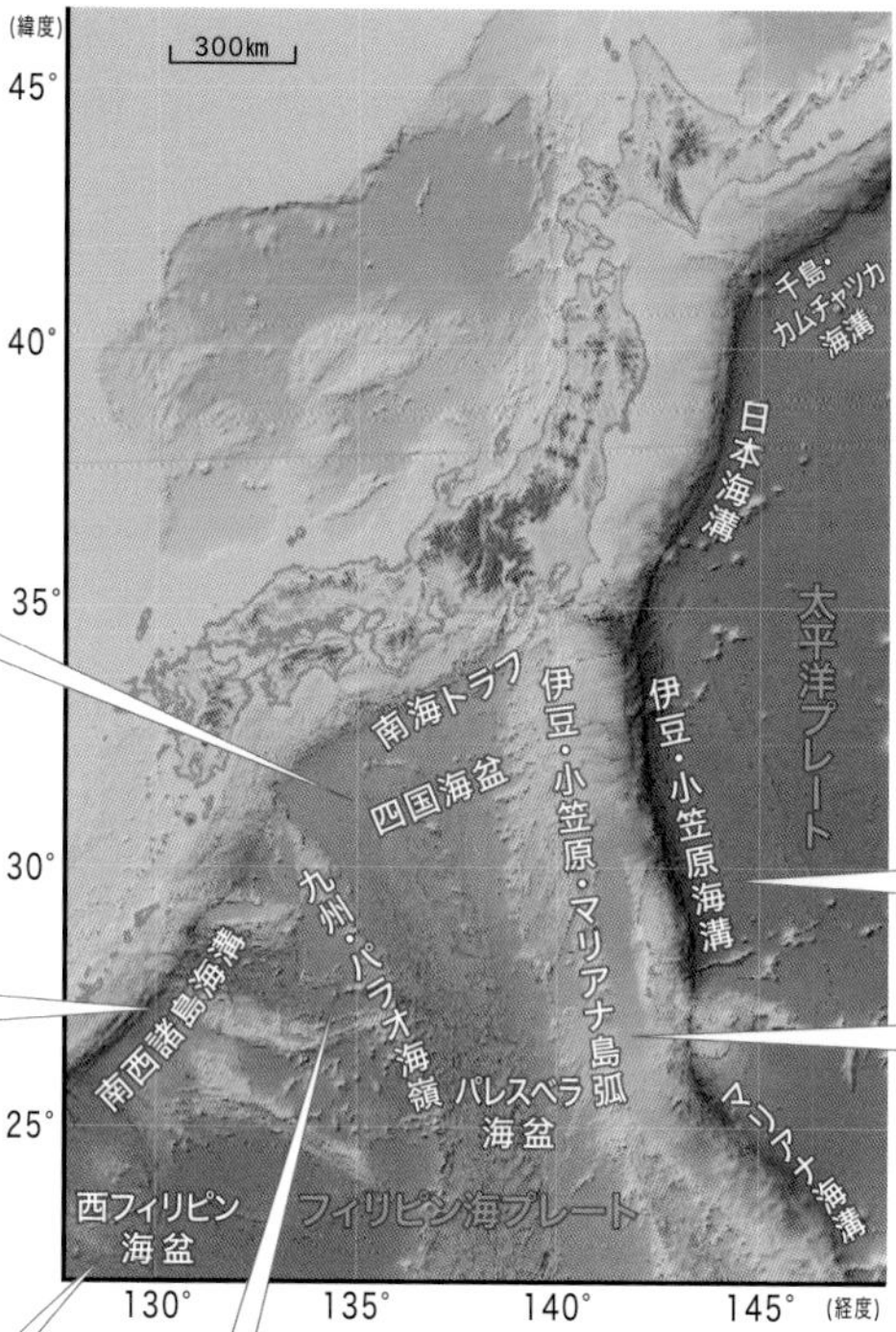


### 伊豆・小笠原海溝

- 房総半島沖から伊豆諸島と小笠原諸島の東側を通り、硫黄島の東のマリアナ海溝まで続いている
- 太平洋プレートがフィリピン海プレートに沈み込む場所
- 大陸側斜面は水深4500 ～ 5000m で急斜し、海溝底は水深約9000m
- 活火山帯で、深発地震帯を伴う

⇒P38-41、P60-63

### 四国海盆

- 西は九州・パラオ海嶺、東は伊豆・小笠原海溝、南はパレスベラ海盆に接する海域
- 水深は4000～5000m
- 比較的平坦な海底地形

### 南西諸島海溝

- 別名は琉球海溝
- 鹿児島県沖から台湾まで1000㎞以上に及ぶ
- フィリピン海プレートが陸側プレートの下に沈み込む
- 北は浅い南海トラフに隣接

⇒P42-45

### 伊豆・小笠原・マリアナ島弧

- 伊豆半島からヤップ島まで2800㎞以上
- 太平洋プレートがフィリピン海プレートの下に沈み込む場所
- 火山活動が活発で火山島が多い
- 世界的にも大規模とされる島弧(深い海溝の陸側に沿って存在する弧状の島列)

⇒P38-41、P60-63

### 西フィリピン海盆

- フィリピン海プレート西部に位置する最古の背弧海盆(海面下の盆地)

### 九州・パラオ海嶺

- 九州からパラオ諸島まで続く海底山脈
- 東側の北は四国海盆に接し、南にはパレスベラ海盆が広がる
- かつては伊豆・小笠原島弧と同一だったが、3400万年前に分離

Close Up

### 海溝と地震の関係

**海洋プレートは、海溝で沈み込む際に、陸側のプレートの先端を巻き込み、巻き込まれた陸のプレートの端が反発することで跳ね上がり、巨大な地震の原因となる。これが海溝型地震発生の仕組みの一つとなっている。**

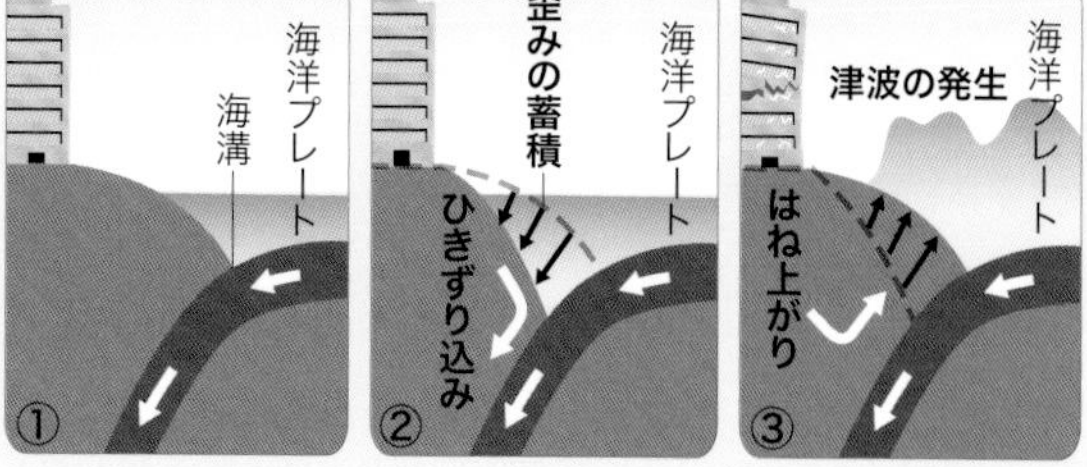




Notes ＊＊海溝とは、深海底にある細長い溝状の地形。両側は比較的急斜面で、水深が6000m以上のものが海溝と呼ばれ、それより浅く幅が広いものがトラフ(舟状海盆)と呼ばれる

# 海洋プレート① 小笠原諸島の誕生と成長

## 5200万年前に始まり現在も続く火山活動

### 父島列島から始まった小笠原諸島の成長

東京都心から約1000km南にあり、三十余の島々からなる小笠原諸島は誕生以来、一度も大陸と陸続きになったことがない海洋島。その誕生には、**プレート運動**による2つの海洋プレートが関係している。

小笠原諸島は太平洋プレートとフィリピン海プレートの境に位置し、約5200万年前にフィリピン海プレートの下に太平洋プレートが沈み込み始めたことで**海底火山**活動が活発化。約4800万年前から約300万年の間に**無人岩**《むにんがん》をつくる＊マグマが発生し、父島列島や聟島《むこじま》列島が誕生。沈み込みが進行して母島列島などが生まれた。

小笠原諸島の形成は、海だけだった原始地球から大陸が形成された謎を解く鍵でもある。

海洋島のため、独自の生態系が生まれ、**固有種**が多いことは、世界自然遺産登録の理由にもなった。

### 火山を示す無人岩

↑無人岩(ボニナイト)は過去の海底火山で噴出したガラス質の安山岩。斜長石を含まず、特別な鉱物を含む珍しい岩石

### 固有種の天国!

**火山活動で突然、海上に現れた海洋島の小笠原諸島には、島独自で進化を遂げた動植物が多い。**

↑アオイ科のテリハハマボウ。黄色の5弁の花で、開花の翌日には赤色に

↑アカネ科の固有種のオガサワラクチナシ。4〜5月に白い花を咲かせる

↑シソ科のムニンタツナミソウ。父島と兄島に自生する固有種の多年草

↑準絶滅危惧種に指定されている小笠原諸島固有種のオガサワラトカゲ

↑小笠原の固有亜種、アカガシラカラスバト。生態が詳細不明の絶滅危惧種

↑母島列島の固有種で特別天然記念物の絶滅危惧種、ハハジマメグロ

**Keywords**

★プレート運動
★海底火山
★無人岩
★固有種
★火山フロント

**地質年代**

★新生代古第三紀始新世〜

**Notes** ＊プレートの沈み込み帯では、海洋プレートが持ち込む水の働きなどで上部マントルの一部が溶けて上昇しマグマを形成。一旦マグマだまりに蓄えられたマグマが噴出して海底火山となる

## ★小笠原諸島の成り立ち

約5200万年前から始まった海洋プレートの動きで生まれた小笠原列島。どのような段階を経て、現在にいたったかを見てみよう。

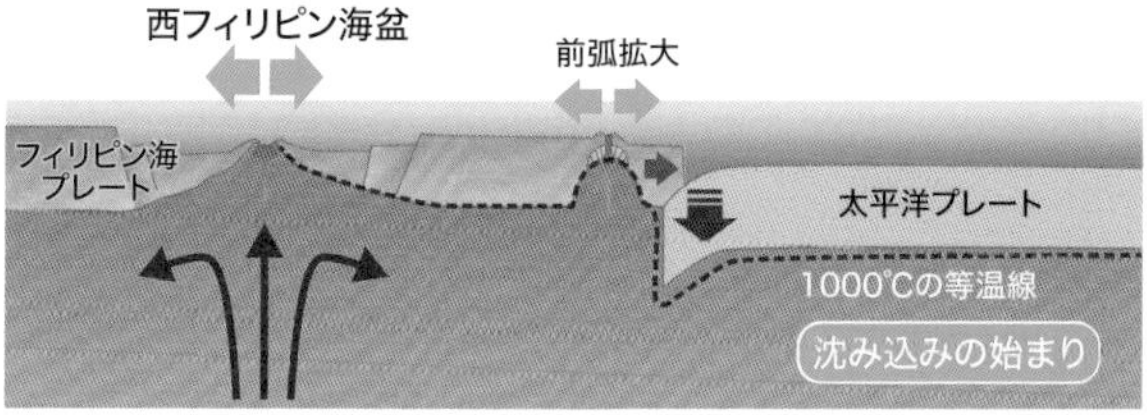


### 約5200万年前

伊豆・小笠原海溝の斜面に古いプレートである太平洋プレートが比較的新しいフィリピン海プレートの下に沈み込みを開始。沈み込まれたプレート上では海底が拡大し、玄武岩質のマグマの活動が始まった

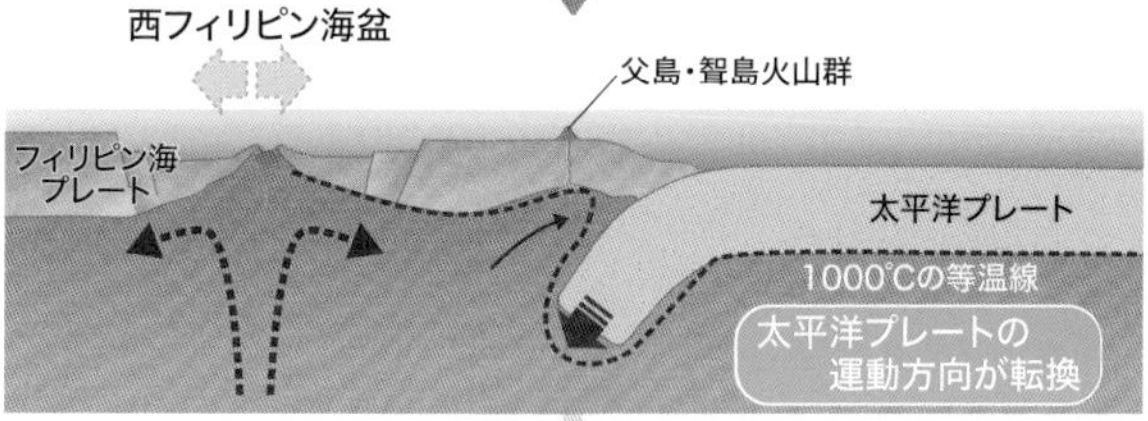


### 約4800万〜4500万年前

沈み込み始めたプレートでは脱水や融解が起きて、マントルの浅い部分の高温下で無人岩マグマを生成する海底火山*の成長が始まった。これにより、父島列島や聟島列島の基礎となる地形がつくられた

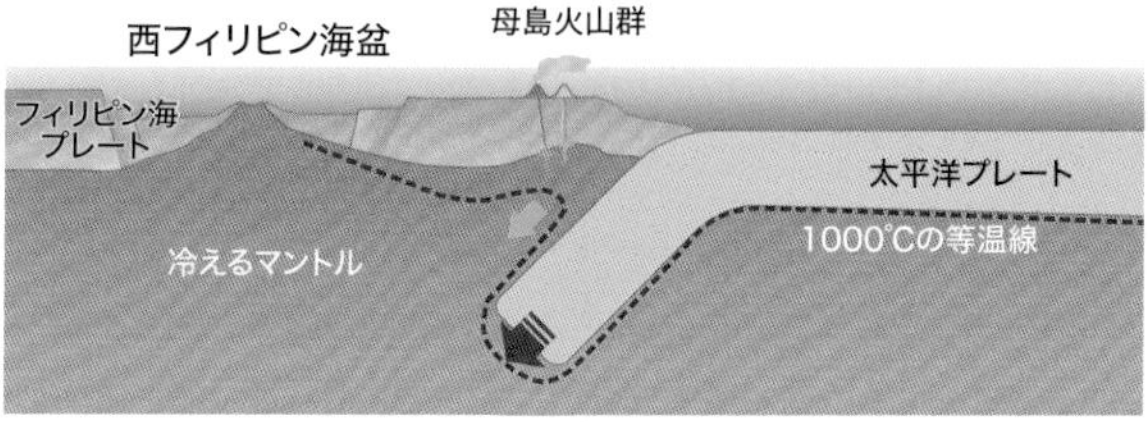


### 約4500万〜3800万年前

沈み込むプレートと海洋地殻の間にくさび状の冷えたマントルと通常のマントルとの間での対流が安定し、島弧での火山活動へ変化していった。海底火山は成長して、海面上まで到達。母島列島の基となる地形が形成された

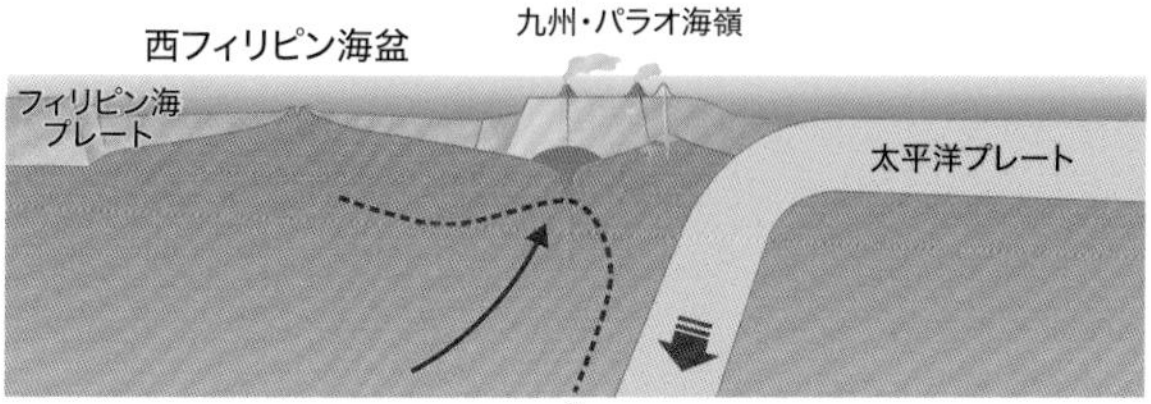


### 約4000万年前〜

4000万年ほど前には、西フィリピン海盆の拡大が止まり、くさび型マントルが冷却されることによって**火山フロント****が、ほぼ現在と同じ、伊豆・小笠原・九州・パラオ海嶺の位置に後退していった（出典：金沢大学「小笠原諸島の地質」）

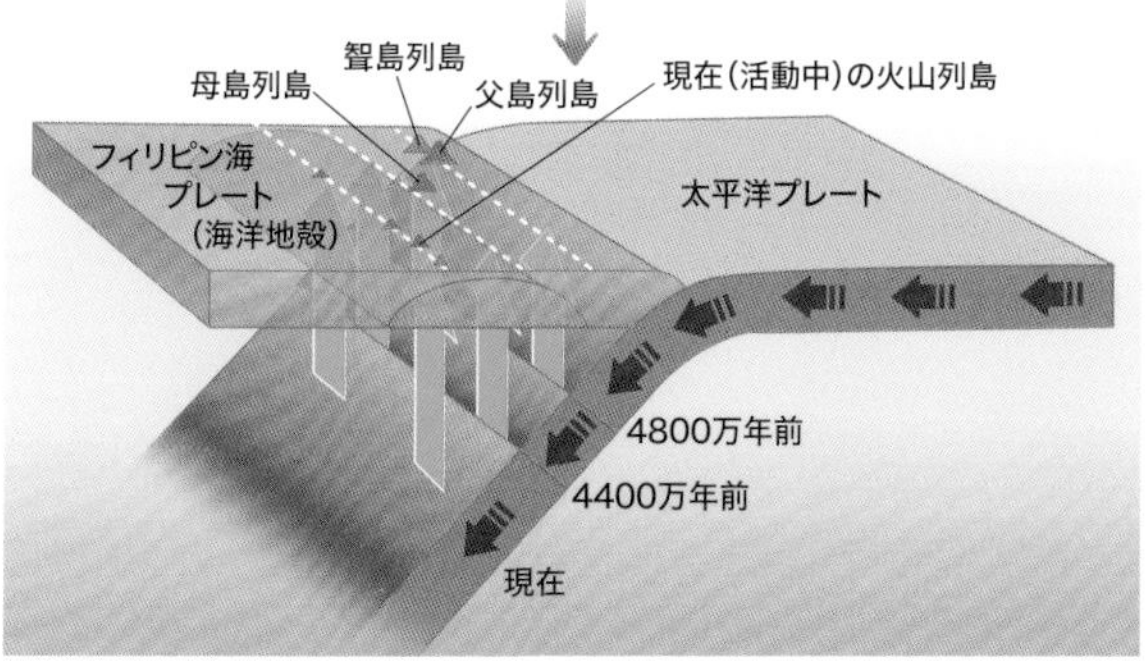


### 現在

約2500万〜1500万年前には伊豆・小笠原・マリアナ島弧が、九州・パラオ海嶺から分離。小笠原海嶺の活動が活発化し、その西に小笠原トラフが形成された。西之島や北硫黄島、硫黄島、南硫黄島などの火山列島が並ぶ線上では、火山活動が継続中（出典：文化庁「小笠原諸島の世界自然遺産の推薦について」）



**Notes**

＊＊沈み込んだプレートの深さが100〜150kmに達したところの地表に、火山は海溝軸とほぼ平行に分布。この帯状の火山分布の海溝側の境界を結ぶ線を火山フロントという

デイサイト質枕状溶岩、無人岩、凝灰角礫岩のほか、崖上では流紋岩が見られる、火山の歴史が凝縮された岸壁

この上下で岩石が異なる
何度かの大地震で断層がずれ、ハートロックができた


東京都 小笠原国立公園

世界遺産

## 父島《ちちじま》の千尋岩《ちひろいわ》（ハートロック）

父島南端の千尋岩（通称ハートロック）周辺では、海面からほぼ垂直に高さ約260ｍの断崖絶壁が続く。ハートに見える部分と両脇の岩の黄色味のある横線より上はデイサイト質枕状溶岩で、下は無《む》人岩《にんがん》。デイサイトとは大陸地殻特有のケイ素を含む火山岩で、枕状溶岩は海中で噴出したマグマが海水で急冷された岩石。デイサイト質枕状溶岩と無人岩の間の横線は、爆発的な噴火で生じた凝灰角礫岩。ハートが赤く見えるのは、亜熱帯で岩石が風化すると生じる赤土が流れ、表面を染めためだ。ボートツアーで海から見学できる。

東京都 小笠原国立公園

世界遺産

## 父島のジョンビーチ

父島の南西で、南島と向かい合うジョンビーチは、一部に白砂の砂浜が見られるジオスポット。父島でもこの周辺のみが石灰岩でできており、ジョンビーチと向かい合う南島一帯、さらに母島の一部では、カルスト地形が海中に沈降した沈水カルスト地形が見られる。海辺の波打ち際では砂が固まってできた、板状の石灰砂岩のビーチロックも発達している。

ジョンビーチまでは、小港海岸から中山峠展望台を経由して、徒歩で2時間近くかかる

### 川上教授の巡検手帳

父島・小港海岸へ下っていくと、海岸にそそり立つ溶岩の崖が現れる。思わず、「すごーい！」と叫んでしまうほどの迫力で、枕状溶岩の重なりがつくる模様に目を奪われた。

Notes ＊ドリーネとは、カルスト地形のひとつで、石灰岩でできた台地の表面に見られるすり鉢状のくぼ地のこと。詳しくはP110参照

東京都

小笠原国立公園

世界遺産

## 父島の小《こ》港《みなと》海《かい》岸《がん》

父島の中心部から少し離れたところにある小港海岸は、白砂のビーチと青い海が絶景の穴場。注目すべきは、砂浜に迫る崖に見られる黄色い岩肌だ。黒縁取りされた網目模様が連なる岩で、黒い縁の部分が枕状溶岩の表面が海水で急冷されたガラス質の岩。黄色い部分は溶岩内部の細かい穴に地下水がしみ込んで風化変質したもの。天然のガラス質が風化しづらいため、縁のように残った。

↑小港海岸の枕状溶岩。海底火山が噴火し、溶岩が海水に冷却されてつくられた

←近づいてみると網目模様がはっきりと見て取れる

東京都

小笠原国立公園

世界遺産

## 母《はは》島《じま》の御《み》幸《ゆき》之《の》浜《はま》

母島は度重なる火山活動が収まった後に島が沈降し、水没した山を覆うように有孔虫や石灰藻《そう》などが生息してリーフを形成した。母島のほぼ中央西側にある御幸之浜では、海岸沿いの崖を構成する火山性砂岩層や礫層などのなかに、大型で海底に生息していた貨幣石《かへいせき》という底生《ていせい》有孔虫の化石が多く見られる。ものによっては直径10㎝ほどのものもあり、母島の歴史を今に伝えている。

↑昭和天皇が訪れたことから御幸之浜と名付けられた。亜熱帯の海が一望できる

→白く見えるのが貨幣石の化石

東京都

小笠原国立公園

世界遺産

## 南《みなみ》島《じま》と島内の扇《おうぎ》池《いけ》

父島のジョンビーチ同様、沈水カルスト地形が発達しているのが南島だ。南北約1.5㎞、東西約400mの無人島で、島全体が石灰岩でできており、国の天然記念物に指定されている。なかでも中央部にある扇池は、天然の橋で外洋と繋がったドリーネ*に砂浜が広がり、ビーチロックも発達。砂丘では、約300～200年前に絶滅したカタツムリ「ヒロベソカタマイマイ」の半化石**が見られる。

↑南島の扇池は、氷河期以降の海面上昇で冠水した沈水カルスト地形の代表例

←ヒロベソカタマイマイの半化石

Notes **半化石とは学問的に厳密な解釈はなされていないが、化石化作用の過程にある若い時代の貝殻や木の葉を指す

# 新旧2種の地質が物語る 海洋プレート② 琉球列島の成り立ち

Keywords

★島尻変動
★うるま変動
★地殻変動

地質年代

★新生代新第三紀中新世～新生代第四紀更新世

## 時間差で起きたプレート運動と地殻変動

北部が古く、南部が新しい地層からなる沖縄本島は、琉球列島の歴史を表している。古い地層は、約3億～5000万年前の海の時代を経て、1500万年前頃に陸化して中国大陸や九州などとつながった。約500万年前から170万年前には、陸地が一部を残して水没し、島尻《しまじり》海が誕生した。その後、「**島尻変動**」と「**うるま変動**」という2つの大きな**地殻変動**が起こり、新たな地層を形成して島嶼《とうしょ》化が進行。2万年前頃にほぼ現在の姿となった。

### 海陸配置の変遷

約1500万年前

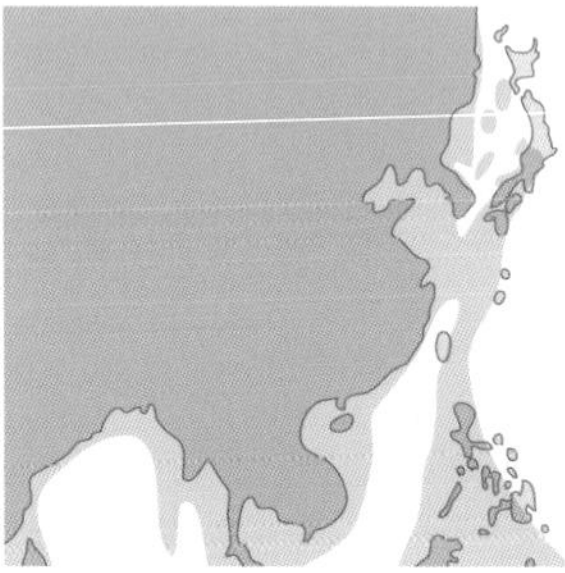

大陸から離れた琉球列島は、2000万年前頃から*南琉球が時計回りに回転を始め、先島地方で海が浸入した

約150万年前

約160万年前にトカラ海峡が成立し、北琉球以北と以南は分かれて、中・南琉球は大陸と陸続きとなった

約100万年前

170万～70万年前、琉球石灰岩が形成され始めた。複数の島に分離し、各島で独自の進化を始めた

約10万～2万年前

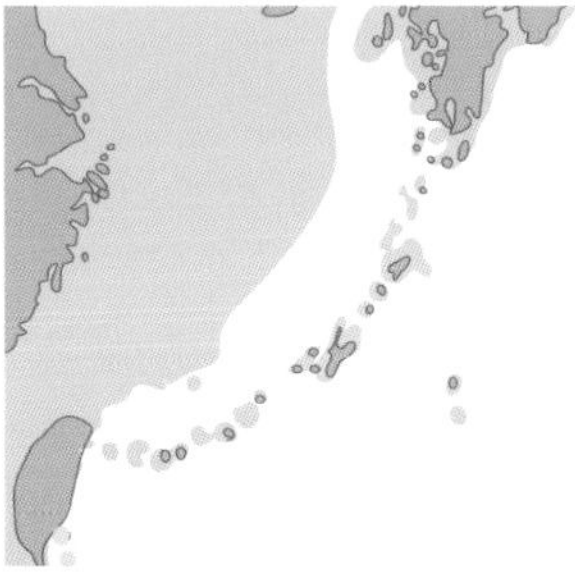

更新世中期後半に再び陸域が広がり、その後、大規模な地殻変動によって、中琉球と南琉球が完全に分離した

（出典：沖縄県HP）

Notes ＊新生代新第三紀鮮新世に、琉球列島は種子島や屋久島などの北琉球、奄美・沖縄諸島の中琉球、宮古・八重山諸島の南琉球の3つのグループに分かれた

## 南北で異なる沖縄本島の地質

### 地質年代の違い

沖縄本島の北部は、大陸時代の付加体の堆積物を主体とする3億～5000万年前の古い地層。南部は500万年前以降にできた島尻層と琉球石灰岩が主体

Close Up

### 琉球石灰岩でできた世界文化遺産

**琉球王国時代のグスク（石造りの城塞）や関連遺産群が世界文化遺産に登録されている。9つの構成資産のうち最北にある今帰仁《なきじん》城跡《じょう》は、青みがかった古生代の石灰岩で、琉球石灰岩でつくられた中部以南のグスクとは石質が異なる。最南部にある斎《せい》場御嶽《ふぁうたき》は、宗教的儀礼が行われた聖地。勝連城跡《かつれんじょう》や中城城跡《なかぐすくじょう》、首里城の石垣なども、比較的加工しやすい琉球石灰岩でつくられた。**

↑今帰仁城跡

→斎場御嶽

### 南部が新しいワケ

沖縄本島南部とそれ以南の島には新しい地層の島尻層と琉球石灰岩が見られる。約500万年以降に2つの地殻変動がもたらした新しい地層形成の流れを追ってみる

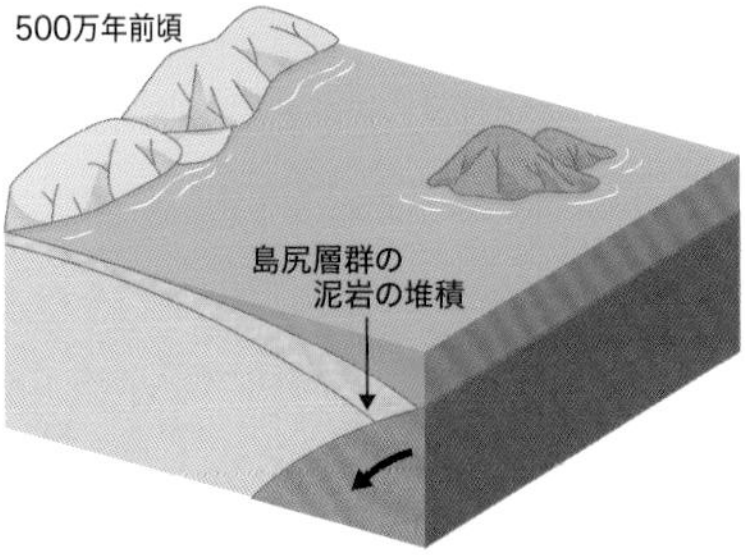


500万年前頃、陸地は一部を残して水没し、東シナ海まで広がる島尻海ができた。このとき、海底に堆積した土砂が、島尻層群となった

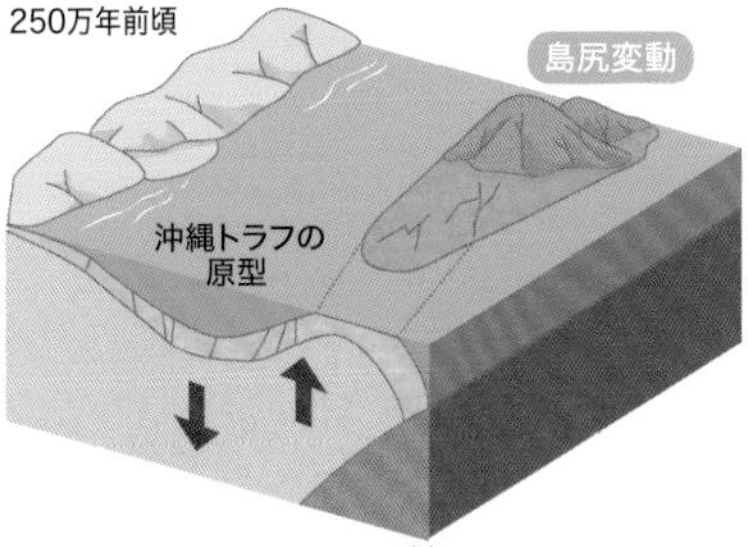


台湾と与那国島の間を通って沖縄トラフ**に、海の大河と呼ばれる黒潮が入り込んだ頃、「島尻変動」と呼ばれている地殻変動が起こり、島弧部で浅海域が形成された

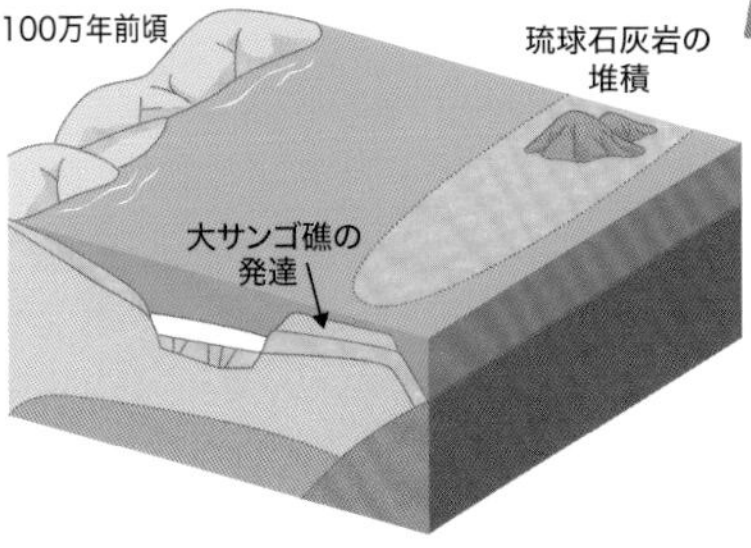


沖縄本島北部では、古い地層からなるやんばるなどの高い山があった一方、海域では大規模なサンゴ礁が発達。琉球石灰岩が形成されていった

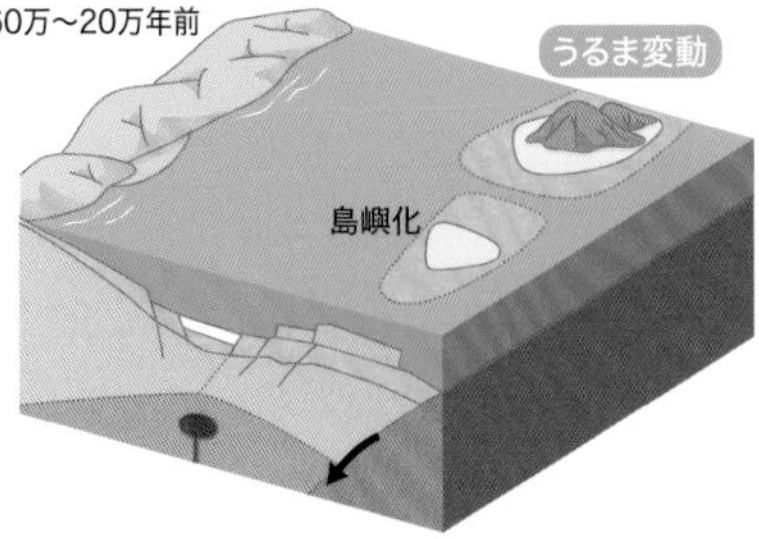


大きな地殻変動「うるま変動」が起こり、沖縄本島南部が200m近く隆起、慶良間《けらま》諸島では80mも沈降。琉球列島では島嶼化が進行した

（出典：新城竜一「硫球弧の地質とその成り立ち」）



**Notes** ＊＊琉球諸島を有する島弧である琉球弧の北西側に、ほぼ平行に約1000㎞にわたって続く水深2000mを超える舟状海盆（海底の凹地）

沖縄県

やんばる国立公園

世界遺産

# 大《だい》石《せき》林《りん》山《ざん》

大石林山があるやんばる国立公園*の「やんばる」とは「山々が連なり森の広がる地域」という意味。亜熱帯照葉樹林が広がる沖縄本島北部にあり、ヤンバルクイナをはじめとする固有種が数多く生息する地域だ。

沖縄本島北端に位置する大石林山は、約2億5000万年前の石灰岩が長い歳月をかけて、雨水などにより侵食されてできた地形。カルスト地形のすり鉢状のくぼ地であるドリーネの鍋池や、急速な溶食や侵食でできたタワー状の石灰岩台地の悟空岩、鋭くとがったピナクルの烏帽子岩など、熱帯カルスト地形特有のさまざまな姿の岩石を見ることができる。

↑悟空岩は古生代の石灰岩が急速に侵食されてできたタワー状のカルスト。公園内の散策コースで見られる

→石灰岩でできた辺戸《へど》岬から大石林山を望む

沖縄県

西表石垣国立公園

# 石《いし》垣《がき》島《じま》のトムル崎《さき》

石垣島は岩石の博物館とも呼ばれる島。沖縄県最古の岩石といわれる中生代の結晶片岩類などの変成岩類や火山岩類、新生代の琉球石灰岩などが分布する。北部で島がくびれたあたりの東海岸にあるトムル崎では、県内最古といわれる約2億5000万~1億4500万年前のトムル層が見られ、海岸沿いでは変成岩の一種の黒色片岩が露出している。青い海と黒い岩とのコントラストは必見。

↑海岸にせり出した黒っぽい岩は、古生代~中生代のトムル層に含まれる黒色片岩

←玉取崎展望台からトムル岳を見る。正面右手がトムル崎、正面中央の三角の山ははんな岳

### 川上教授の巡検手帳

西表島では海岸だけでなく浦内川中流にあるマリユドゥの滝も観光スポット。滝周辺では川幅は広くなり、緻密な砂岩層に多数の甌穴が発達していて、珍しい侵食地形が楽しめる。

Notes

*やんばる国立公園の中心には、沖縄本島最高峰の標高503mの与那覇《よなは》岳があるほか、沖縄本島最大のヒルギ林(マングローブ)もある。辺戸岬もカルスト地形が際立つ場所

沖縄県

## 名《な》護《ご》市《し》嘉《か》陽《よう》層《そう》の褶《しゅう》曲《きょく》

沖縄本島東海岸、名護市天仁屋《てにや》川の河口からバン崎にかけての海岸には、4000万年ほど前に形成された嘉陽層**という地層が分布する。当時、海溝付近に堆積した砂岩と泥岩が交互に重なり、さらに崖全体が大規模に褶曲しているさまは圧巻。地層の逆転や、深海底時代の環境を示す生痕化石、プレートの沈み込みによって付加された地層が良好な状態で保存されており、その希少性から国の天然記念物に指定されている。

↑ダイナミックな嘉陽層の褶曲。褶曲の波長は砂岩層が厚いほど大きいという

←砂浜の嘉陽層。深海生物の生痕化石が見られることも

沖縄県

## 万《まん》座《ざ》毛《もう》

沖縄海岸国定公園

段丘面の高さは約20m。波に侵食された亀裂や洞窟が見られる。台地の上の植物群落は県の天然記念物に指定

沖縄本島のほぼ中央に位置し、東シナ海の青い海原が絶景の万座毛。景観をさらに際立てているのが、海岸線に続く断崖だ。万座毛がある恩納村の地盤は、大部分が中生代白亜紀の付加体である泥岩だが、この小さな半島だけは新生代第四紀更新世の琉球石灰岩でできている。万座毛は琉球石灰岩でできた海成段丘の海食崖（岩壁）にあいた海食洞の名だ。

沖縄県

## 西《いりおもて》表島《じま》の星《ほし》砂《ずな》の浜《はま》

西表石垣国立公園

世界遺産

西表島といえば、イリオモテヤマネコに並び、北端にある星形の砂からなる星砂の浜が有名だ。シュノーケリングも人気の海域。西表島は大部分が約2300万～約500万年前の新生代新第三紀中新世の八重山層群と呼ばれる砂岩・泥岩でできているが、星砂の浜周辺は、琉球石灰岩の最下部が侵食され、西側の海に面した崖では、八重山層群の上に琉球石灰岩が乗る地層が見られる。

↑観光スポットとしても人気の星砂の浜。ビーチで地層を観察してみよう

←西表島の主体となっている八重山層

Notes　＊＊嘉陽層では20㎝以下の厚さで砂岩層と泥岩層が重なり、褶曲している。ここで見られる生痕化石は、水深2000mを越える深海底の環境を示している

# 海底から隆起した洋上のアルプス
# 海洋プレート③ 屋久島の誕生

## マグマ由来の花崗岩でできた個性豊かな島

基盤は、約4000万年前に**フィリピン海プレート**の沈み込みで陸側に押し付けられた**付加体**。約1550万年前に地下深くに貫入したマグマがゆっくり冷え固まり、巨大な**花崗岩**となって上昇し、基盤を押し上げて屋久島は誕生した。花崗岩の上昇速度が侵食より速かったため、標高1500mを超す高山が11座もでき、東京都の25%以下の面積に日本列島の植生が凝縮される島となった。7300年前の鬼界カルデラの大噴火が降らせた軽石や灰も積もっている。

### 屋久島の特性

**①花崗岩が隆起**

巨大な花崗岩が基盤を押し上げた。左下は屋久島の地形。右下のピンク部分が花崗岩。樹齢1000年以上を*ヤクスギというが、樹齢が長い理由は花崗岩質の土壌にある

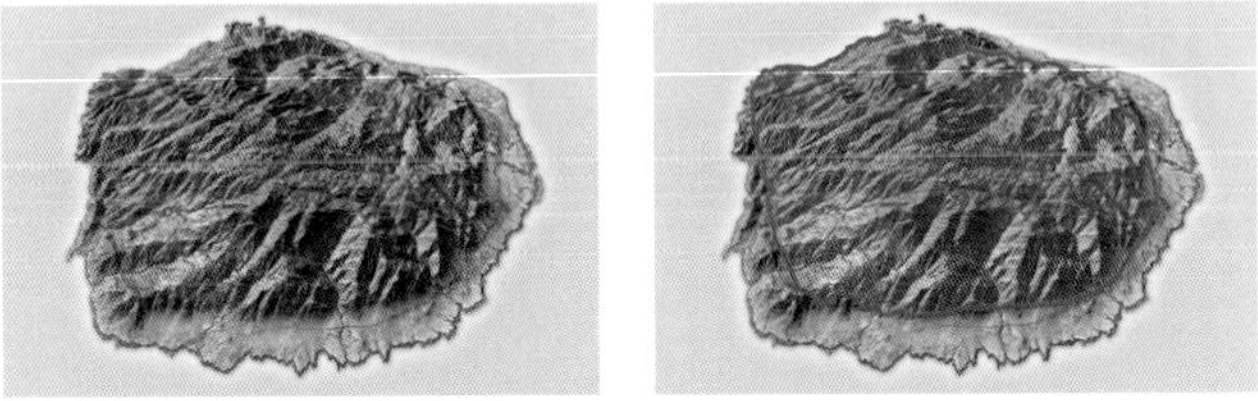

**②気温の垂直変化**

低地から高山にかけ、亜熱帯から北海道と同等の亜高山帯までの植生が見られる。「月に35日雨が降る」といわれる多雨地帯であることも動植物にとって恵みの環境だ

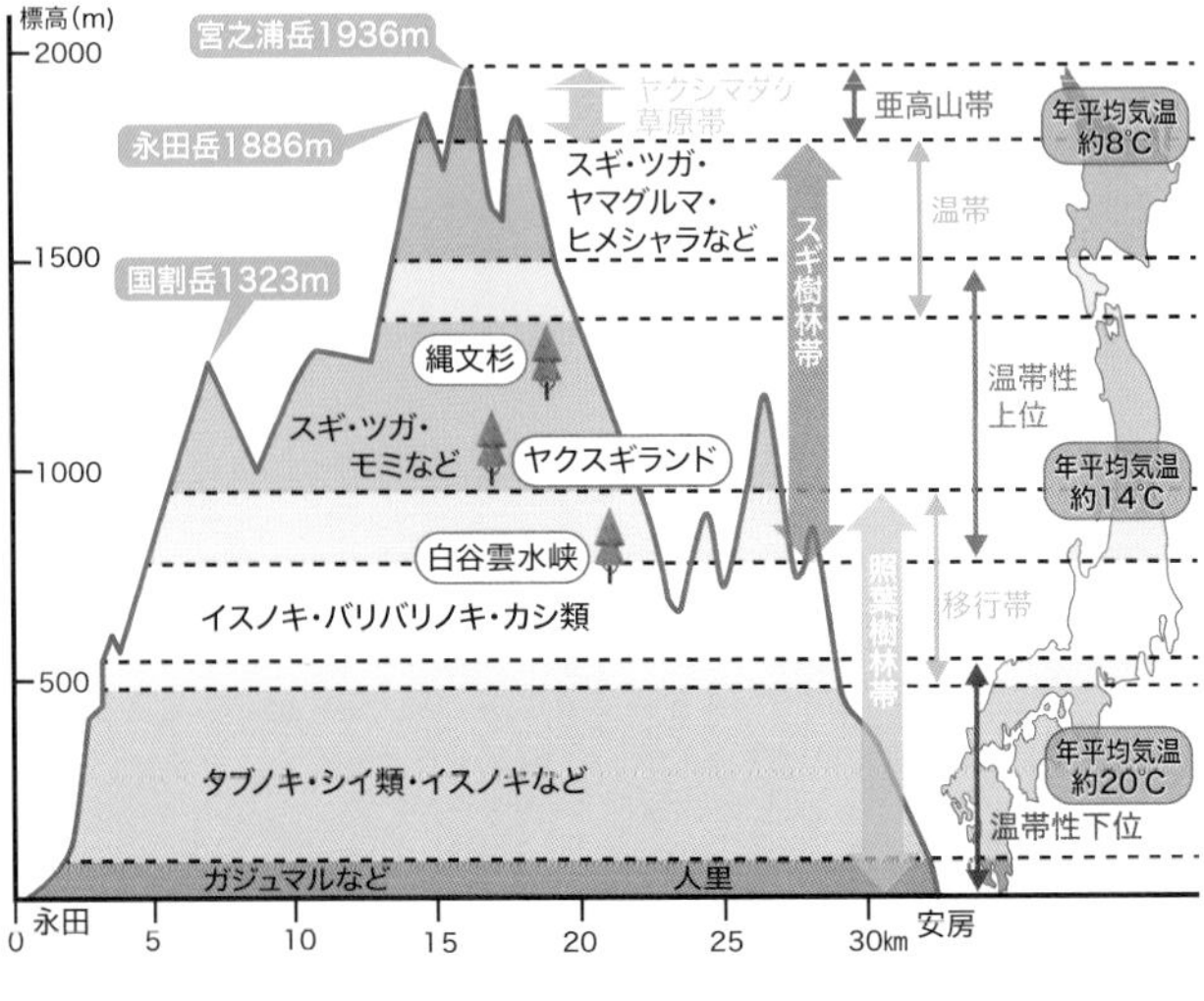


**Keywords**
- ★フィリピン海プレート
- ★付加体
- ★花崗岩

**地質年代**
- ★新生代古第三紀始新世～新生代第四紀完新世

Notes ＊島には約2000本のヤクスギが生育し、島のほぼ中央にある縄文杉の推定樹齢は2000年以上。花崗岩が風化してできた土壌は水はけが悪く貧栄養のため、生育が遅く樹齢が長くなる

鹿児島県　屋久島国立公園

世界遺産

# 千尋《せんぴろ》の滝《たき》／高盤岳《こうばんだけ》

屋久島南部にある落差60mの千尋の滝は、島の中央部に水源をもつ鯛ノ川にあり、モッチョム岳の東側の斜面を形成する250m×300mの花崗岩の岩盤に面している。千人の人間が手を結んだくらい大きいという意味で名づけられた岩盤だ。一方、島のほぼ中央にある宮之浦岳の南に位置する高盤岳の頂上では、むき出しになった花崗岩の奇岩を見ることができる。

↑左側がモッチョム岳の東側の花崗岩斜面で、その奥に見えるのが千尋の滝

←標高1708mの高盤岳の頂上に横たわる花崗岩の巨石

鹿児島県　屋久島国立公園

世界遺産

# 宮之浦岳《みやのうらだけ》

屋久島の中央にある標高1936mの宮之浦岳は、九州の最高峰であり、日本百名山の一つ。全山は花崗岩からなり、山頂近くでは風化・侵食された奇岩が多く見られる。黒潮の影響を受ける高温地帯にありながら、山頂の平均気温は札幌に近く、冬は積雪にも見舞われる。1700mより上は森林限界**で、山頂はツンドラのよう。植物の垂直分布が顕著に見られる山である。

冠雪する宮之浦岳。島中央にあるためほとんどの川がここを源流とする

鹿児島県　屋久島国立公園

# 口永良部島《くちのえらぶじま》

屋久島から北西約12kmの距離にある口永良部島は、現在も活発な火山活動を見せる火山島だ。約50万年前から現在まで火山活動は続き、順次噴出した溶岩や火山灰、軽石などで、10個の山がつくられていった。最高地の古岳《ふるだけ》は標高657m、最も新しい火山は新岳《しんだけ》で現在も噴火が続き、2015年の噴火による噴煙は9000mに達した。

ひょうたんのような形の口永良部島。低地は海岸線にわずかに見られるだけ

### 川上教授の巡検手帳

花崗岩でできた屋久島の山頂付近には巨大な丸みを帯びた花崗岩の岩がたくさんある。長方形をした正長石の巨大な結晶を探してみよう。海岸には亀甲割れ目の礫がみつかる。

Notes　**環境条件が悪く森林が成立できない限界線。水平分布では北緯60〜70度付近、垂直分布では本州中部で2500m付近だが、屋久島は北緯30度、1700mで限界値に達している

## プレートも形成プロセスも本州と異なる

# 北海道の成り立ち

### 本州とは異なるプレートの衝突でできた北海道

北海道は南北に走る日高変成帯で東西に分かれ、西側は**ユーラシアプレート**に属し、東北日本弧の延長で白亜紀から古第三紀始新世の付加体堆積物と前弧堆積物からなる。東側は**オホーツクプレート***に属し、サハリン中部で**古千島弧****が衝突して沈み込み帯が横ずれプレート境界となり、オホーツクプレートが南にせり出した。後に太平洋プレートの斜め沈み込みにより、古千島弧前弧が小さなプレートとなり西へ移動し東北日本弧と衝突。日高変成帯が形成・隆起した。

### ★北海道の地質帯

北海道には、一面の海だった時代から**プレート運動**や地殻変動などで生まれた地層が分布する。

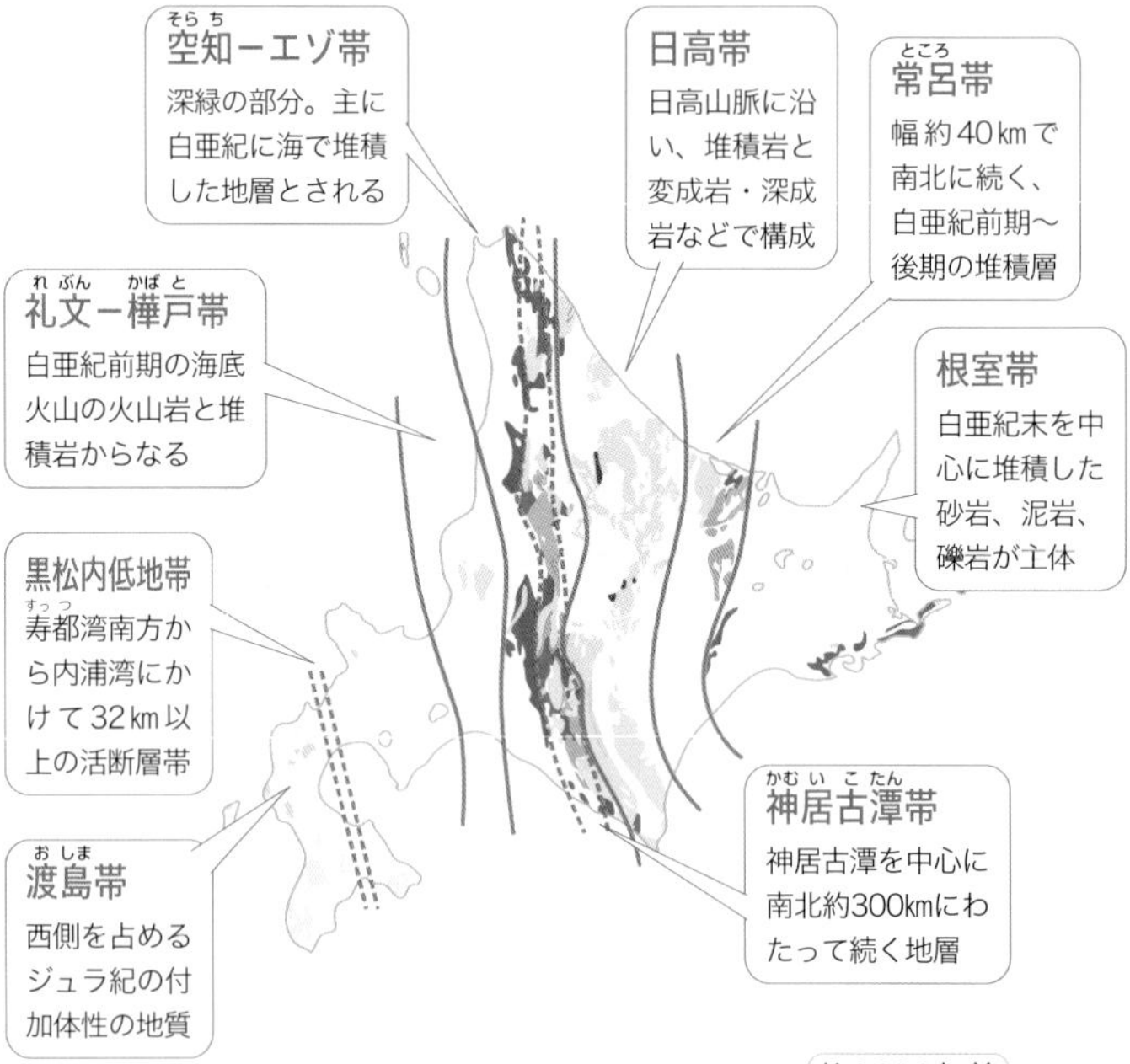

空知《そらち》ーエゾ帯
深緑の部分。主に白亜紀に海で堆積した地層とされる
日高帯
日高山脈に沿い、堆積岩と変成岩・深成岩などで構成
常呂《ところ》帯
幅約40kmで南北に続く、白亜紀前期～後期の堆積層
礼文《れぶん》ー樺戸《かばと》帯
白亜紀前期の海底火山の火山岩と堆積岩からなる
根室帯
白亜紀末を中心に堆積した砂岩、泥岩、礫岩が主体
黒松内低地帯
寿都《すっつ》湾南方から内浦湾にかけて32km以上の活断層帯
神居古潭《かむいこたん》帯
神居古潭を中心に南北約300kmにわたって続く地層
渡島《おしま》帯
西側を占めるジュラ紀の付加体性の地質

Close Up

### 釧路湿原の2万年史

海面が現在より約100m低かった2万年前は台地で、気温上昇とともに海水が浸入し、海に覆われた。その後、海退が起きて陸地が広がり、約3000年前に現在の姿になった。

約3000年前
シラルトロ湖
塘路湖
達古武湖
•釧路
太平洋

**Keywords**

★ユーラシアプレート
★オホーツクプレート
★千島弧
★プレート運動

**地質年代**

★中生代白亜紀～新生代第四紀更新世

**Notes** ＊オホーツクプレートは、北米プレートのうちオホーツク海を中心にした部分。北米プレートは日本をとりまく大陸プレートの一つ。北アメリカ大陸や東日本にかけてのリソスフェアを形成

## 北海道ができるまで

**北海道は、本州や周辺の島々同様、プレート運動によって形成されたが、関連するプレートが異なるだけでなく、形成のプロセスも違う。**

### 8000万年前

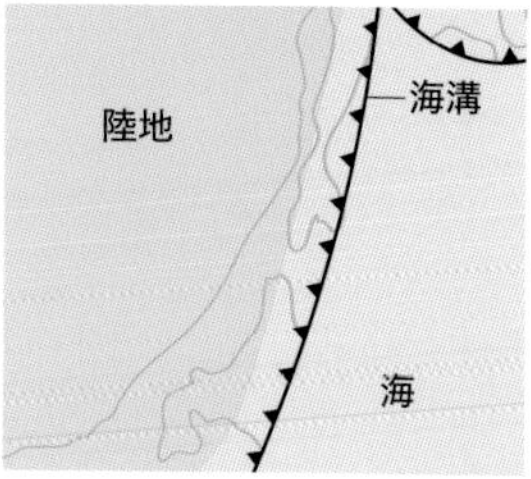


現在の北海道があるあたりは、アジア大陸へ向かって太平洋プレートが沈み込み、付加体が形成されていた

### 4500万年前

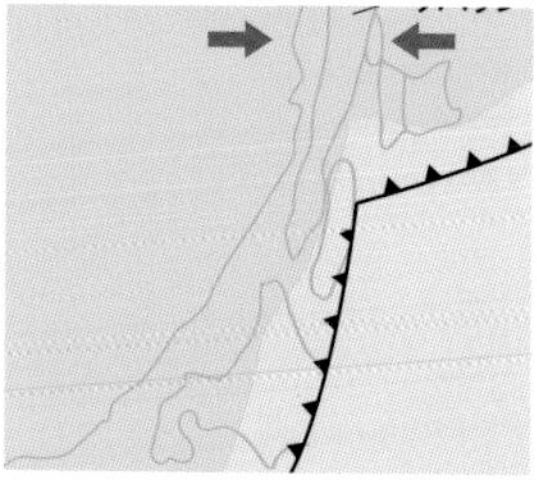

サハリン中部でプレートの沈み込み帯に古千島弧が衝突し、オホーツクプレートは横ずれ断層となり、時計回りに回転しながら南へ移動

### 2000万年前

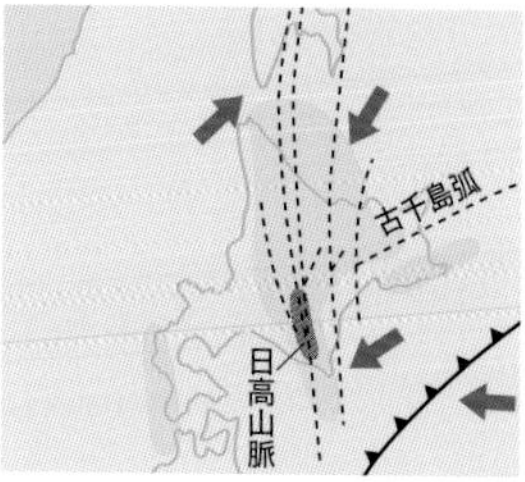


太平洋プレートの斜め沈み込みで、古千島弧前弧が小さなプレートとなって西進して東北日本弧と衝突。日高変成帯を形成した

### 300万年前

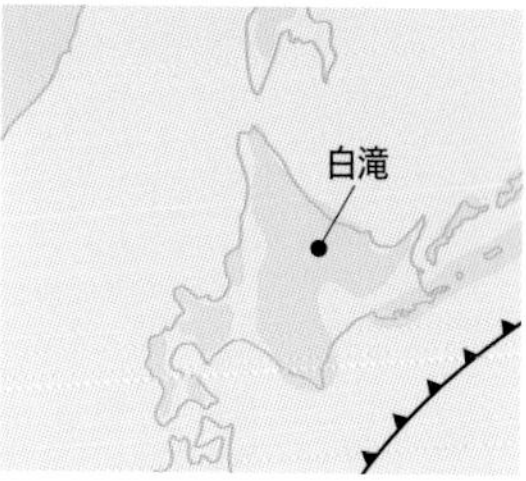


北海道のほぼ全域で火山活動が活発化し、白滝では黒曜石が形成された

### 2万年前

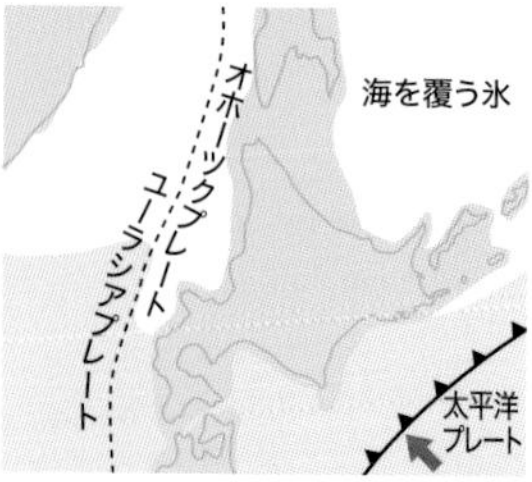


気候変動により海面が下がり、北海道は大陸と陸続きになった

### 現在

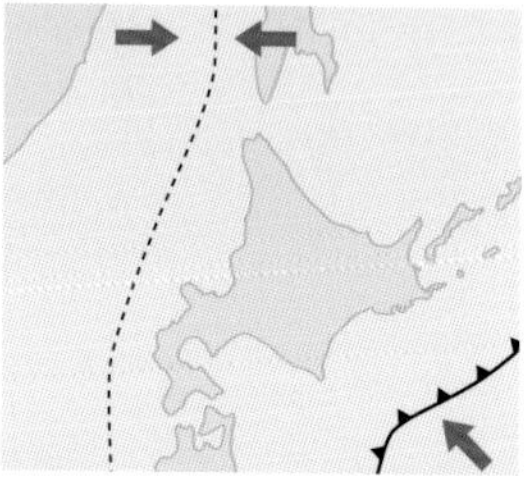

海面が上昇して再び島となる一方、火山活動は続いている

## 日高山脈の成り立ち

**北海道誕生の際、2つの大陸プレートの衝突でできた日高山脈。アポイ岳のかんらん岩は、マントルが変質することなく地上に現れた貴重な岩石だ。**

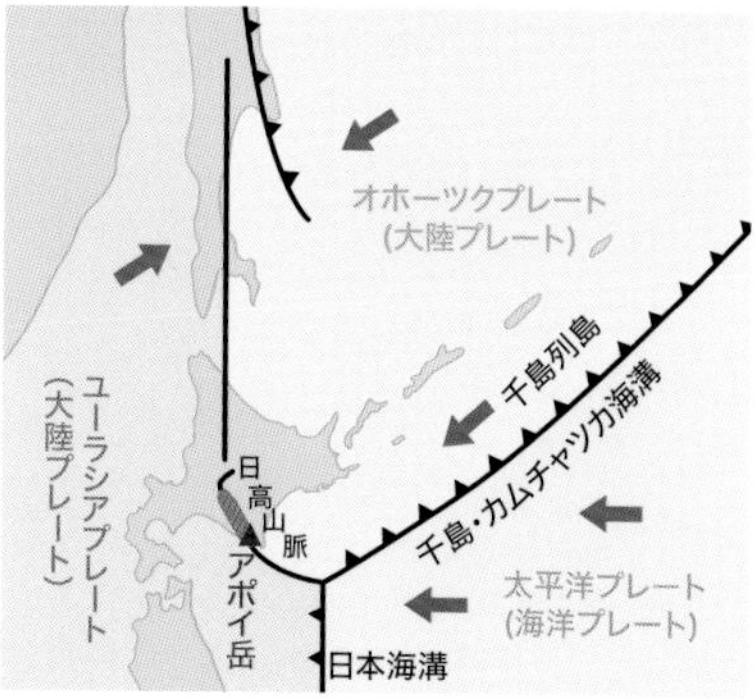


西からユーラシアプレート、東からオホーツクプレートが近づき衝突し、日高山脈が形成された

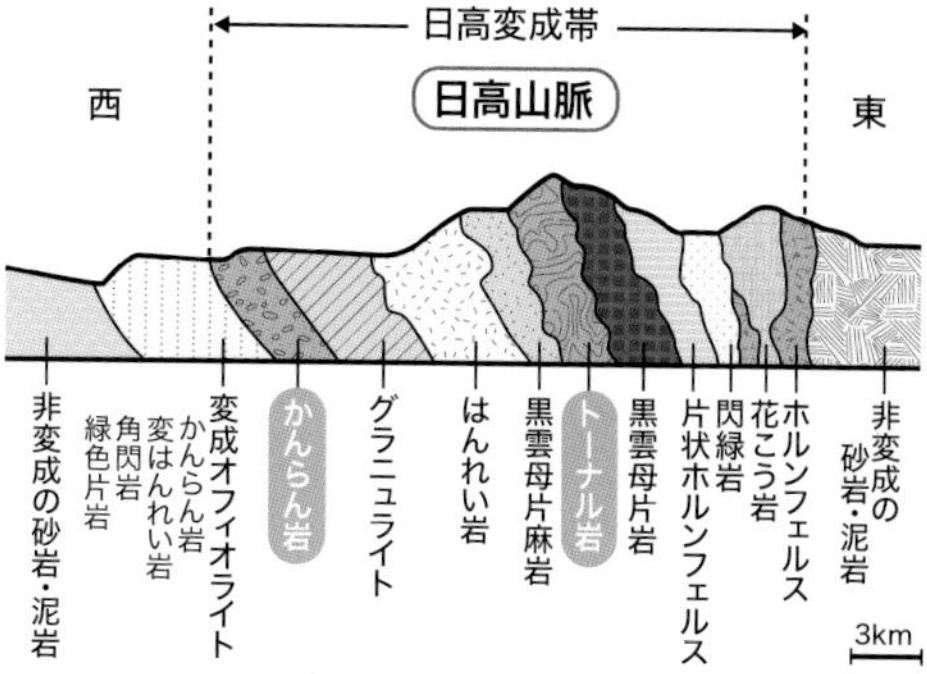


中央のトーナル岩は2つのプレートが衝突した部分。同じ日高変成帯だが東西で地質は異なる。かんらん岩はアポイ岳に露出

**Notes** ＊＊千島列島から北海道中央部にかけて延びる島弧(深い海溝の陸側に沿って存在する弧状の島の列)。日本列島を形成する6つの島弧の一つ。北海道では屈斜路や十勝の火山群を生んでいる

北海道

# 礼《れ》文《ぶん》島《とう》

利尻礼文サロベツ国立公園

*礼文島と*利尻《りしり》島は8km ほどしか離れていないが、成り立ちはまったく異なる。利尻島が約200万年前の海底火山で生まれたのに対し、礼文島は約1億5000万年前の海底隆起で誕生した。主に白亜紀と新第三紀の地層で構成され、白亜紀前期のアンモナイトなどの化石も産出している。南部にある桃岩《ももいわ》は、マグマがつくった巨大なドーム。約1300万年前に浅い海底の堆積物にデイサイト質マグマが貫入し、隆起した後に周囲が侵食されて現在の姿に。北西部にあるスコトン岬では、**周氷河作用で丸みを帯びた尾根や、約12万年前の最終間氷期に海面が高くなったときに形成された海成段丘が見られる。

↑隆起したマグマが球状に固まったできた高さ約250m、幅約300mの桃岩

→島の北西部のスコトン岬で見られる海成段丘

北海道

# アポイ岳《だけ》

アポイ岳ジオパーク

ユネスコ世界GP

北海道中南部に位置する日高山脈は南北150km 以上の脊梁《せきりょう》山脈。主稜線の周囲には、カールやモレーンなどの氷河地形が見られる。注目すべきはアポイ岳。約1300万年前に2つの巨大プレートが衝突した際、北米プレートの先端がユーラシアプレートに乗り上げた。そのとき、地下50～60kmの上部マントルの一部が地上に現れ、アポイ岳となった。

↑標高約800mのアポイ岳。海岸に近く、低山にもかかわらず、多くの高山植物が生育している

←アポイ岳を構成するかんらん岩には、マントルの情報が詰まっている

### 川上教授の巡検手帳

1300万年前のプレート衝突でマントル岩石が地表に持ち上げられたのがアポイ岳の幌満かんらん岩体。世界的に稀な"マントルを覗く窓"として多くの研究者の注目の的だ。

Notes
*礼文島は東西約6km、南北約22kmと細長く、利尻島の半分ほど。最高峰は標高490mの礼文岳。利尻島の最高峰は利尻山の南峰で標高1721m。近くにありながら特徴が異なる

北海道　知床国立公園

世界遺産

# 知《しれ》床《とこ》五《ご》湖《こ》

約８６０万年前の海底火山で押し上げられた海底は、５００万年ほど前、北米プレートと太平洋プレートの衝突で半島の付け根部分が海上に姿を現した。半島全体が隆起して今の姿になったのは約１００万年前。約４０００年前の知床硫黄山の火山活動で大規模な山崩れが起き、山麓に流出した大量の土砂や溶岩が独特の凹凸地形を形成。その凹部に地下水がたまってできたのが知床五湖だ。

↑千島火山帯に属し、オホーツク海に突き出た長さ約70㎞の細長い知床半島

←流れ込む川も流れ出る川もない知床五湖

北海道　白滝ジオパーク

# 瞰《がん》望《ぼう》岩《いわ》／八《はち》号《ごう》沢《さわ》露《ろ》頭《とう》

北海道北東部の内陸に位置する白滝ジオパークは、黒曜石を生んだ火山活動で有名だ。なかでも八号沢露頭では、マグマの噴出が生んだ黒曜石溶岩の地層が露出している。また、瞰望岩は、海底火山が噴火した際、海中で急冷されて溶岩がバラバラに壊れ、それが火山灰と一緒に水中に堆積して固まった火山礫岩からなる。地層が堆積したのは約１０００万年前。その後、湧別川で削られたが、浸食を免れた部分が地上に残る。

↑高さ78mの瞰望岩。アイヌ民族の古戦場や儀礼の場でもあった

→露頭全体が黒曜岩でできた八号沢露頭

北海道　釧路湿原国立公園

# 釧《くし》路《ろ》湿《しつ》原《げん》

釧路湿原は、東西約10km、南北約35kmで、山手線の内側の約3倍もの面積を持つ日本最大の湿原。東側が沈下し、西側で隆起する傾向があるため、東側に湖沼が多い。約2万～３０００年前までに形成されたこの湿原は、国の特別天然記念物であるタンチョウのほか、エゾジカやオジロワシ、日本最大の淡水魚であるイトウなど、多くの生物の生息域であり、ヨシやスゲ、ミズゴケなどおよそ７００種の植物の楽園でもある。

↑公園内に点在する展望台からは、広大な釧路湿原を見下ろすことができる

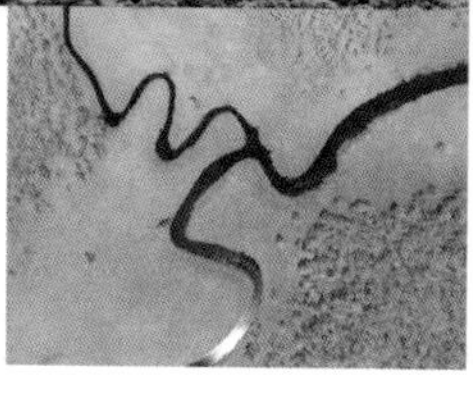

←勾配が緩やかなため川は大きく蛇行する



Notes　＊＊周氷河作用とは、土の中の水分が凍るとき、砂や礫を持ち上げ、氷が溶けるときには、一定方向に向かって砂や礫を移動させること。その作用で寒冷地には独特の地形ができる

## 大陸からの分離で始まった
# 日本海の形成と日本列島の成立

### 日本海が開き、日本列島が誕生した

3000万年ほど前、日本列島のもととなる付加体で構成されたアジア大陸東端に亀裂が入った。大陸プレートより重い2つの海洋プレートが西へ移動する際、自らの重みで地球内部へ沈み込んだことで溝ができ、その影響で大陸東端では**火山活動**が活発になり、大きな亀裂になったと考えられている。次第に広がる亀裂で海洋底拡大が起きて**日本海**が開き、日本列島のもととなった部分は、約2000万～1500万年前、アジア大陸から完全に切り離された。

### 分離のメカニズム

**なぜ日本列島のもととなる部分であるアジア大陸東端が大陸から分離したかには諸説あるが、現在では以下のメカニズムが有力視されている。**

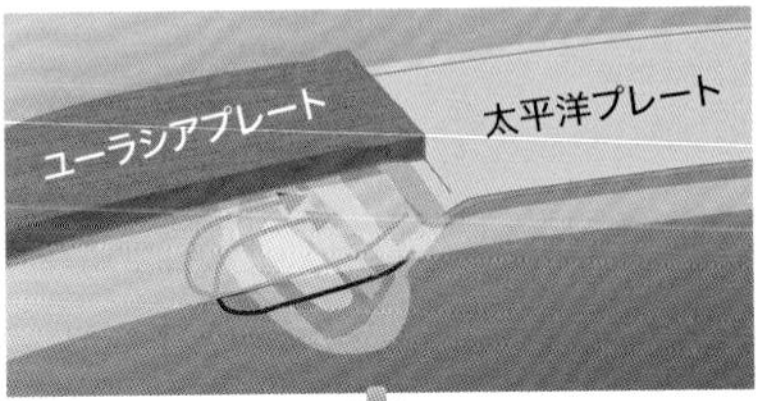


太平洋プレートは厚さが100㎞もあり分厚く重いため、日本付近で比較的軽い大陸プレートであるユーラシアプレートの下にあるマントルの方向へ沈み込んでいった

西に移動する太平洋プレートがユーラシアプレートの下に沈み込むことで、マントル内部に対流*が生まれ、その対流がユーラシアプレートを引き延ばしていくことになった

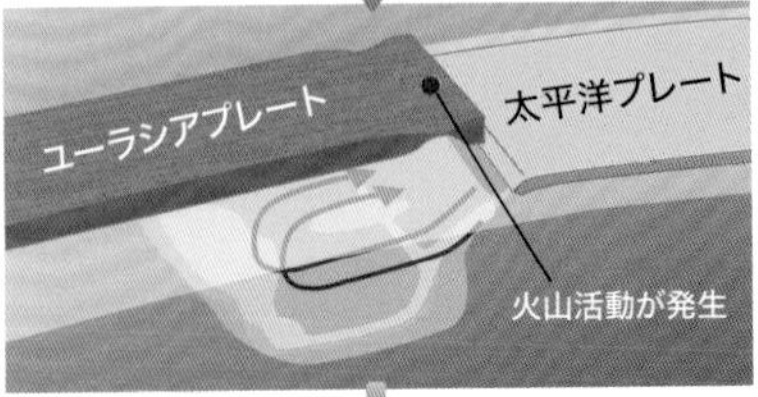


ユーラシアプレートはさらに引き延ばされ、その頃、大陸東端で起きていた火山活動によって、端でやわらかい大陸の部分が引き裂かれ始めた

ユーラシアプレートの大陸側と東端部でリフトが形成され、日本列島のもとは東へ移動し、その間に日本海ができ、次第に拡大していった

（出典：宝島社刊「NHKスペシャル 激動の日本列島誕生の物語」）

**Keywords**

★火山活動
★日本海

**地質年代**

★新生代古第三紀漸新世～新生代新第三紀中新世

**Notes** ＊高温でやわらかく流動しやすい上部マントルは、地球内部の熱を地球外へ放出するため、ゆっくりと対流している。その対流が上に乗るプレートを動かす力となる

## 日本海形成のプロセス(大陸の分離)

**アジア大陸東端に入った亀裂が拡大することで、東端部が大陸と離れた。引き離された日本列島のもととなる部分は、約1000万年をかけて日本列島となっていった。そのプロセスを追ってみる。**

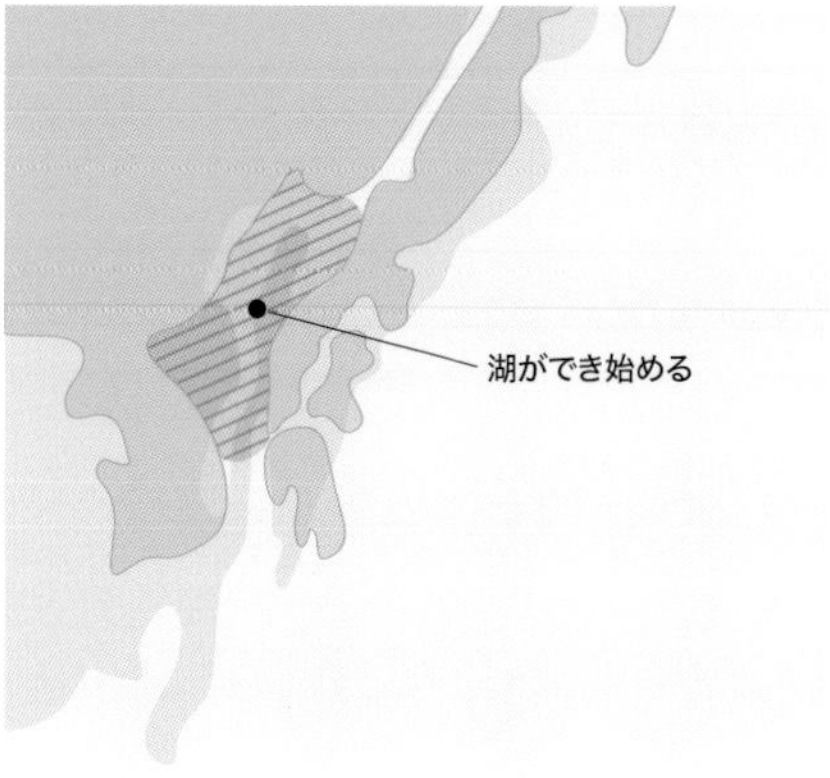


3000万年前までは大陸だった東端部の縁に、2500万年ほど前から亀裂が入り、大きな湖ができ始めた

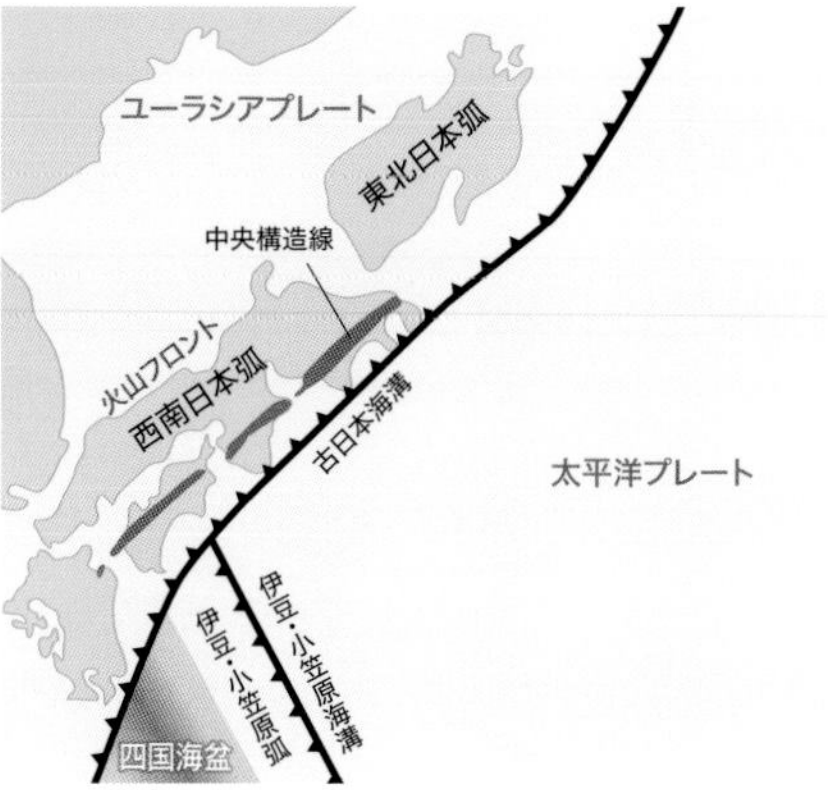


太平洋側では、2500万年前頃から、日本海の拡大を引き起こす一因となる四国海盆が拡大を始めた

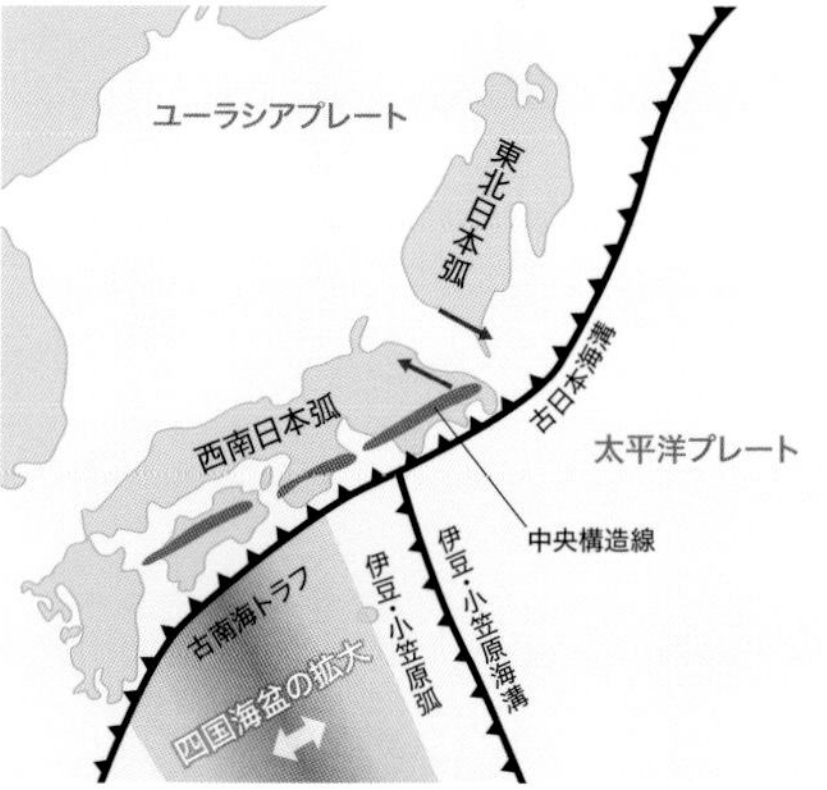


日本海はさらに拡大し、四国海盆も拡大していき、伊豆・小笠原弧も現在の位置に近づいた

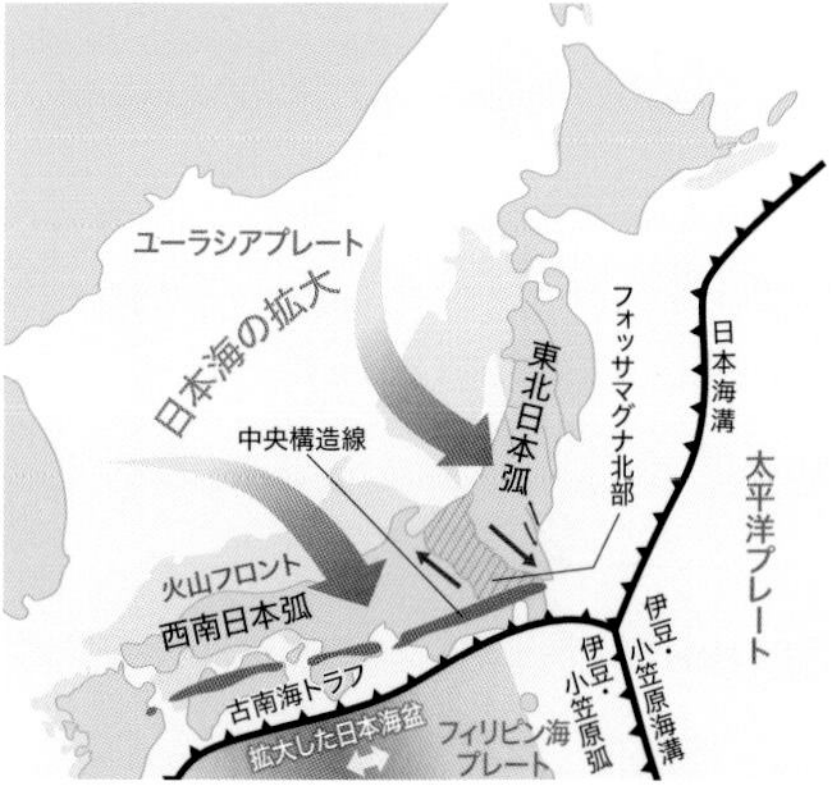


同時期にオホーツク海も拡大し、1500万年前には日本海の拡大が終わり、日本列島は本州中部で折れ曲がった

## 海底に残った大陸の部分

日本海は平均水深が1667mだが、海底の起伏は大きく、水深236mの大和堆《やまとたい》や水深397mの北大和堆などの浅瀬が見られる。これらは大和海嶺**という海底山脈の一部で、日本列島が大陸から切り離されたときの大陸の一部と考えられている。特に海中の山脈といわれる大和堆にぶつかった海流が、栄養豊富な深海水をまき上げるため、プランクトンが増殖し、日本有数の好漁場となっている。

**Notes** ＊＊日本海中央部にあり、東北東に延びる大和海嶺は、長さ約400㎞。花崗岩や玄武岩、安山岩などからなり、大陸時代の火山活動でつくられたことがわかっている

山口県
萩ジオパーク

# 須《す》佐《さ》のホルンフェルス

萩市の須佐湾にあるホルンフェルスの大露頭は、海に突き出た灰色と黒色の縞模様が美しい断崖。ホルンフェルスとは、熱によって変成作用を受けてできた変成岩の一種。日本では隠岐の西ノ島にある大山《おおやま》や京都府と滋賀県にまたがる比叡山などの構成岩石となっているが、須佐湾ほどダイナミックに露出している場所は珍しい。須佐のホルンフェルスは、日本海が誕生した約１５００万年前頃、海底の裂け目にマグマが噴き出し、海底で堆積した地層に高温の火成岩体が貫入した際の熱が変成作用を起こしてつくられた。国の名勝や天然記念物にも指定されており、遊歩道で断崖下まで降りることができる。

↑高さ12mの須佐のホルンフェルスは、夕日を浴びると黄金色に輝くことでも知られる

→上空から見た須佐のホルンフェルス

秋田県
男鹿半島・大潟ジオパーク

# 館《たて》山《やま》崎《ざき》

男《お》鹿《が》半島の南に位置する館山崎では、日本海が開き始めた頃の火山活動の証が見られる。激しい火山活動でできた火山礫凝灰岩が、熱水などの影響で緑色に変色したグリーンタフとなり、圧倒的な景観を見せてくれるのだ。グリーンタフという用語の発祥地ともいわれるほど、緑色が鮮明。この場所が発見されて以降、日本海沿岸で同じようなグリーンタフが点在していることが判明した。

↑館山崎のグリーンタフ。雨に濡れると緑色がより濃くなりターコイズカラーに。右はろうそく岩

←男鹿半島北側の西黒沢海岸を形成するかつての海底面。約1500万年前に大陸から離れて移動し始めた頃の地層も見られる

### 川上教授の巡検手帳

隠岐道後の大久海岸にある傾いた船の船首のような岩は、まるで日本海拡大のモニュメント。堆積構造が発達した傾いた地層の色はグリーンタフのなかでも青色が映えて綺麗だ。

Notes ＊海食崖は、波浪の破壊作用を受けて、陸側斜面の下部がえぐられてできた崖のこと。美保関の海食崖ができたのは日本列島完成後だが、それによって過去の地層が露になった

島根県

島根半島・宍道湖中海ジオパーク

# 美《み》保《ほの》関《せき》の海《かい》食《しょく》崖《がい》

島根半島の北東、軽尾《かるび》から才地域にかけて、大陸が分裂した時代の地層(古浦層)が分布している。美保関の海食崖*は、凝灰質砂岩や泥岩扇状地(ファン)と三角州(デルタ)が一体化したファンデルタと呼ばれる地形で、古浦層からは、国内最古級のワニや四つ足の大型哺乳類の足跡化石、ビーバーの歯化石のほか、メタセコイアやクルミ属の葉や果実の化石など、大陸系の動植物の手がかりを知る化石が多く産出している。

↑島根半島の美保関町才浦の海岸から見た早見ヶ鼻の海食崖。古浦層の地層が露出している

←才浦港から見た海食棚(海食で生じた平坦面)

島根県

隠岐ジオパーク／大山隠岐国立公園

# 大《おお》久《く》の犬《いぬ》島《じま》

隠岐の島後**の東部、大久漁港にある岩石は、男鹿半島の館山崎に見られるグリーンタフと同様、日本列島が大陸から離れ始めた時代の火山活動が生んだ岩である。グリーンタフからは大陸時代のワニの歯の化石が見つかっている。一方で、その後、日本海に沈んだため、グリーンタフを覆う珪藻土でできた地層からは、隠岐が大陸と日本列島の間の深い海の底にあったことを示す、深海生物のサメの歯化石も産出している。

↑下部がグリーンタフで、上部の茶色部分は小石を含む砂礫層

→岩石は県道からは舟の舳先のように見える

新潟県

佐渡ジオパーク

# 夫《めおと》婦岩《いわ》

佐渡島は、大陸と海の時代を経て、太平洋プレートの強い力が加わったことで隆起してできた。姿を現したときは大佐渡と小佐渡という2つの島だったが、両島から流れ出た土砂などでつながり、現在の姿に。大佐渡七浦海岸の北にある夫婦岩では、大陸から離れる際に起きた火山の熱と海水で凝灰岩が変質したグリーンタフが顕著。高い位置でフジツボの化石が見られ、3000年前の海面が3mも高かったことも推測できる。

『古事記』の国生み神話に由来する夫婦岩。
高さは右が高さ22.6m、左が23.1m



Notes ＊＊隠岐ジオパークは、北側の島後島のある島後と島前と呼ばれる南西部の西ノ島や中ノ島、知夫《ちぶ》里島《りじま》からなる。大陸と海の時代の地層は各所で見られる

## 日本列島を弓形に導いたイベント

# 日本列島の回転とフォッサマグナ

### 急速な回転と沈降が同時に起きて、弓形に

　日本海が拡大した際、別の大きな動きがあった。西南日本が時計回りに、東北日本が反時計回りに回転*したのだ。そのため本州の中央部が折れ目となって東西に引っ張られた。そこにできた「大きな溝」が**フォッサマグナ**で、本州は東北日本と西南日本に分けられた。フォッサマグナの西縁の断層は**糸《いと》魚川《いがわ》―静岡構造線**だが、東縁の正確な位置はわかっていない。一旦、沈降して海に沈んだ溝は、約300万年前に隆起**や火山活動などで埋まり、弓形の日本が完成した。

★フォッサマグナ

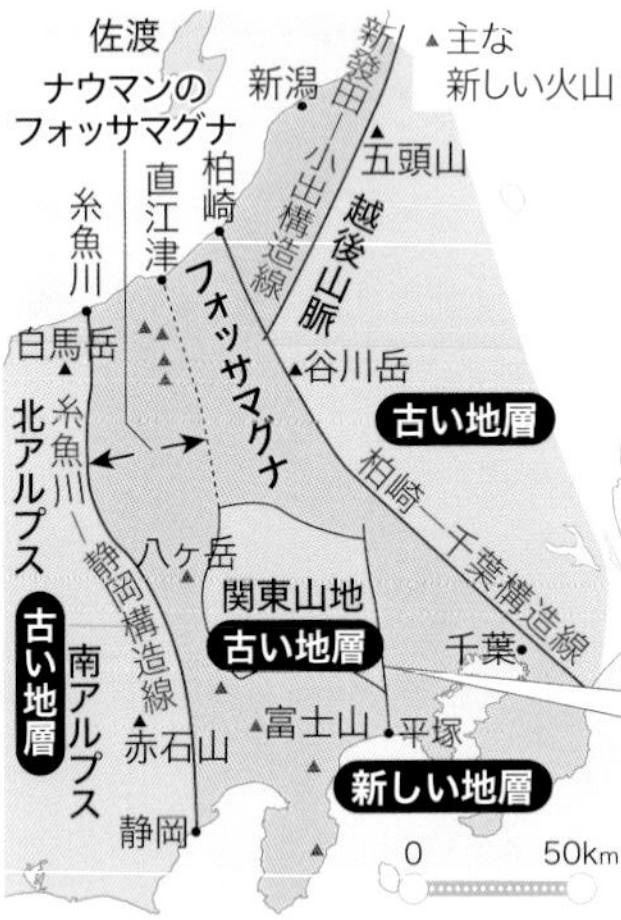


最初にフォッサマグナの存在を発見したドイツの地質学者ナウマンの定義より、実際には東北方面に広がっていることがわかった。オレンジ部分がフォッサマグナを埋めた新しい地層

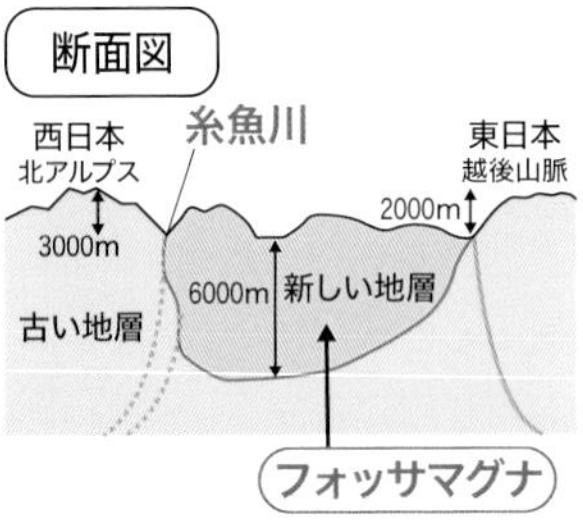


ボーリング調査により、フォッサマグナの溝が地下6000m以上あることがわかっている

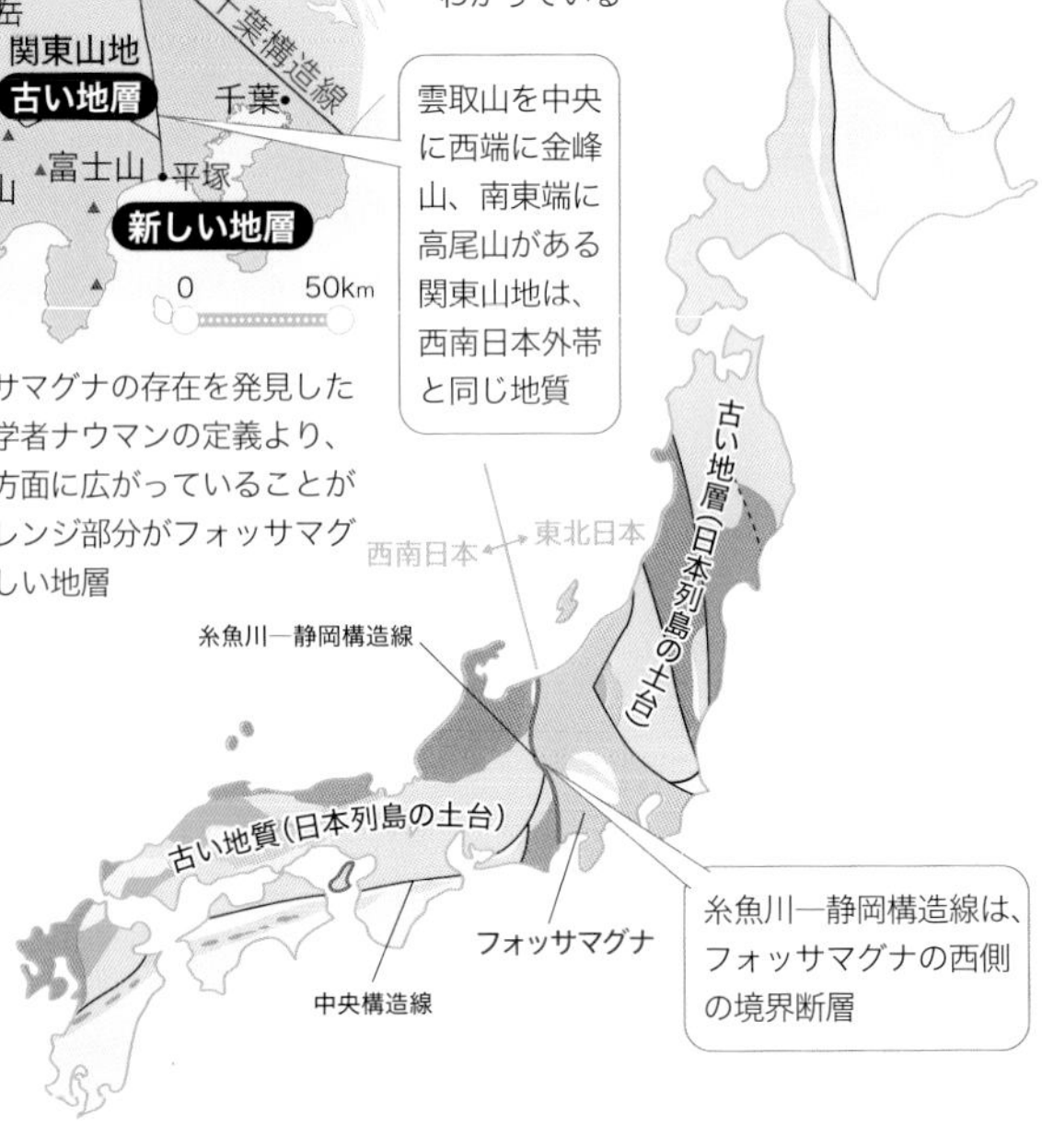


Keywords
★フォッサマグナ
★糸魚川―静岡構造線

地質年代
★新生代新第三紀中新世～新生代新第三紀鮮新世

Notes
＊日本列島が西南と東北で反対に回転をしたことは、地層に記録されている古地磁気の研究で判明している。西南日本は時計回りに約50度、東北日本は反時計回りに約40度回転した

## フォッサマグナの形成

フォッサマグナは、大陸から日本列島のもととなる大地が切り離され、大きな溝ができた第一段階と、それが埋まっていく第二段階に分かれる。

### 第1段階

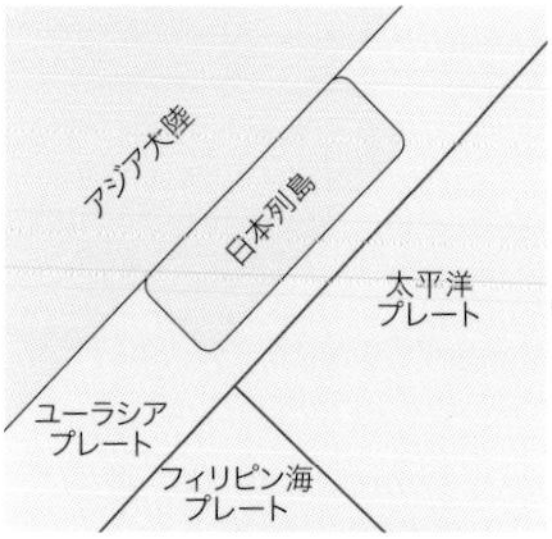


**大陸の一部だった時代**

3000万年ほど前までは、日本列島のもととなる部分は、まだユーラシアプレート上のアジア大陸の東端に位置していた

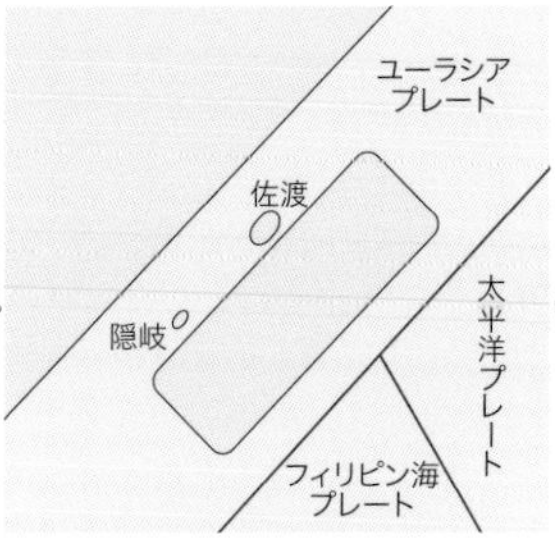


**大陸から離れていく**

約2000万～1500万年前から太平洋プレートの沈み込みによって、背弧海盆の拡大が起き、日本列島のもととなる部分が大陸から離れていった

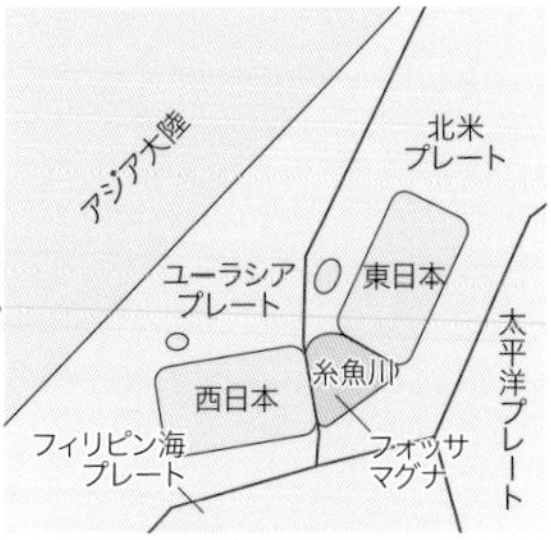


**海峡が地層で埋まる**

1600万年ほど前に、西南日本が時計回り、東北日本が反時計回りに回転したことで、本州中部に割れ目ができ大きな溝がつくられた

### 第2段階

約300万年前には、フォッサマグナの両脇の山地が隆起し、同時にフォッサマグナの海底では火山活動が活発化した

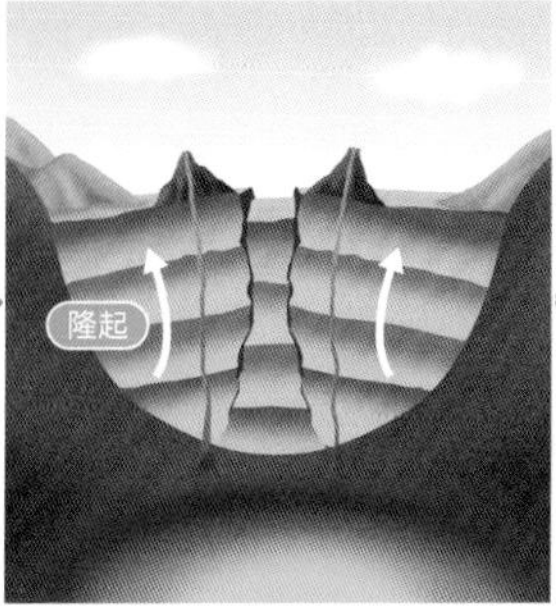


隆起はさらに続き、海底火山を持ち上げ、火山噴火による土砂や、隆起で崩れた山体の土砂などが、フォッサマグナに堆積していった

大きな溝が埋まると、崩れやすい火山堆積物が多い西側は大規模な山崩れを、砂岩や泥岩が多い北部東側は地滑りを起こし、現在の地形に

Close Up

### 中央構造線の発見者、ナウマン

**ナウマンゾウの名の由来となったドイツの地質学者エドムント・ナウマンは、明治政府の招きで、1875(明治8)年、21歳のときに来日。東京大学地質学教室の初代教授となって日本の地質家の養成に尽力した。また、帰国までの10年間に本州・四国・九州の地質を調査。中央構造線の大断層を発見し「大中央裂線」と命名しただけでなく、フォッサマグナを発見したほか、20万分の1の精巧な地質図を作成するなど、日本の地質学に大きな貢献を果たした。**



**Notes** ＊＊フォッサマグナの海底が沈降を続ける一方、周囲の山々は隆起し、大量の土砂が流れ込み、新しく厚い地層が形成された。その後は東西から力が加わって列島を圧縮する隆起が続いた

新潟県　糸魚川ジオパーク

# フォッサマグナパーク

ユネスコ世界GP

2009(平成21)年に日本初の「ユネスコ世界ジオパーク」に認定された糸魚川ジオパーク。いかに多くの貴重な地質を有するかがわかる。その広さは、東京都23区より広く、日本列島形成の歴史や糸魚川の文化史を象徴する24のエリアに分類される。

なかでも注目すべきは、フォッサマグナパークだ。この場所は、フォッサマグナの西端に位置し、長さ約250kmに及ぶ糸魚川―静岡構造線上にあって、日本列島の地質を東西に二分する断層が見られる。国道148号線からフォッサマグナパーク遊歩道を10分ほど歩くと現れる断層は、約4億年前の古い岩石と約1600万年前の岩石が接しているほか、さらに内陸へ10分ほど歩くと、フォッサマグナが海だった頃に海底火山の水中噴火で生じた岩石が積み重なった枕状溶岩も露出している。

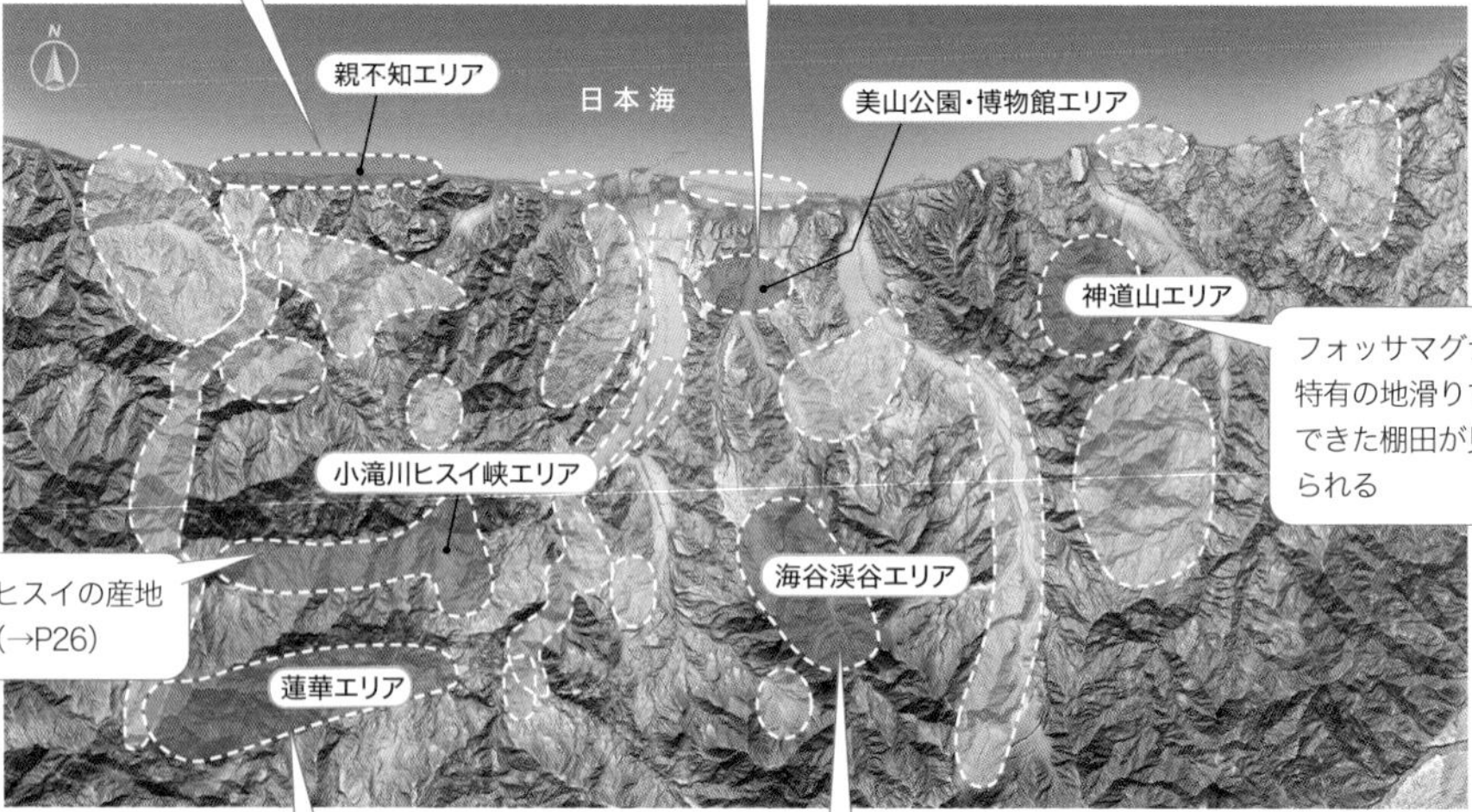
約10km続く親不知の断崖絶壁は、約1億年前に大陸にあった時代の火山噴出物の地層でできている
フォッサマグナパークの糸魚川―静岡構造線断層見学公園では、地層の境界が見られる
断層上にできた白池がある
海底火山の噴出物でできた駒ヶ岳

### 川上教授の巡検手帳

白馬連峰の八方尾根では、かんらん岩が熱水変質した蛇紋岩を観察しよう。八方温泉の水質は強アルカリ性で太古の環境に類似しているため、生命の起源の研究も行われている。

Notes
＊白馬三山とは、主峰で標高2932mの白馬《しろうま》岳、2812mの杓子《しゃくし》岳、2903mの鑓ヶ岳という3000m級のピークが連なる一帯のこと

長野県・富山県

立山黒部ジオパーク／中部山岳国立公園

## 白《は》馬《く》連《ば》峰

新潟、富山、長野、岐阜の4県にまたがる中部山岳国立公園では、フォッサマグナに沿って北から白馬岳がある後立山連峰、剱《つるぎ》岳がある立山連峰、槍ヶ岳がある穂高連峰が連なっている。白馬三山*を含む白馬連峰は、フォッサマグナ地域が隆起してできた山地。その後、氷河期に氷河の侵食の影響を受け、東側は急峻な斜面となった。氷河の影響を受けなかった西側はなだらか。約2000万年分の歴史が凝縮された連山だ。

中央が鑓ヶ岳で、右側が白馬岳。見えているのは急峻な東側の斜面

埼玉県

ジオパーク秩父

## ようばけ

↑海の時代の証拠を示す高さ約100m、幅約400mにわたるようばけの露頭

ようばけでは、約1550万年前に浅い海だった時代の地層が露出する。フォッサマグナの南部にあたり、当時は古秩父湾がここまで広がっていた。ハケとは〝崖〟を示す古い言い方。長大な露頭は、水深約20～200mの海底で堆積したもので、パレオパラドキシアやチチブクジラなど、多くの海生生物の化石が見つかっている。土地の隆起と赤平川の侵食を受けて、現在のような崖になったのは、約10万年前とされる。

→下半分は泥質砂岩、上半分は粗い砂岩泥岩互層

群馬県

下仁田ジオパーク

## 妙《みょう》義《ぎ》山《さん》

妙義山や近くの荒船山は、フォッサマグナが埋まっていく過程で起きた火山活動でつくられた。フォッサマグナが形成された海の時代を過ぎ、600万～500万年前頃に陸地となったこの地域では、火山活動が活発化。約500万～200万年前にマグマの活動によって形成された妙義カルデラ**は、火山活動終了後、長年の風雨によって侵食され、現在のような屏風状に襞を織りなす急峻な地形が成立していったのである。

最大で約700mに及ぶ断崖絶壁が連なる妙義山。紅葉の名所としても名高い

Notes

**カルデラとは陥没地帯を意味し、噴出したマグマがたまっていた地中に空間ができ、大地が陥没してできた凹んだ地形のこと（→P68）

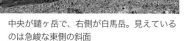

関東と中部地方を現在の姿に導いた

# 伊豆・小笠原弧の本州衝突

## 丹沢山地や伊豆半島、富士山誕生の近因

伊豆のはるか南で、約2000万年前から**海底火山**が活発となり、その後、**伊豆**[*]**小笠原弧**を乗せたフィリピン海プレートは年間数cmの速度で日本列島に接近。約500万年前以降の3回にわたる陸塊の**本州衝突**で、丹沢山地が誕生し、延長部には富士山の基盤も形成された。約100万年前の衝突で本州と伊豆の間の海が埋め立てられ、約60万年前、伊豆半島は現在の位置に。この衝突の力で箱根山が形成され、関東山地や中部地方の地形も押し上げられた。

### 本州に衝突した伊豆・小笠原弧

伊豆半島周辺は、大陸のプレートの下に、海洋プレートのフィリピン海プレートが沈み込み、さらにその下に太平洋プレートが沈み込む複雑な環境下にある。フィリピン海プレートに乗る伊豆・小笠原弧が**プレート運動**により、日本列島に衝突して、丹沢山地や伊豆半島ができた

### 衝突が本州にもたらした影響

衝突による変形で中央構造線の中部地方から関東地方にかけて八の字に折れ曲がり、丹沢山地や箱根、富士山などを形成。海底では、南海トラフや相模トラフが彎曲した

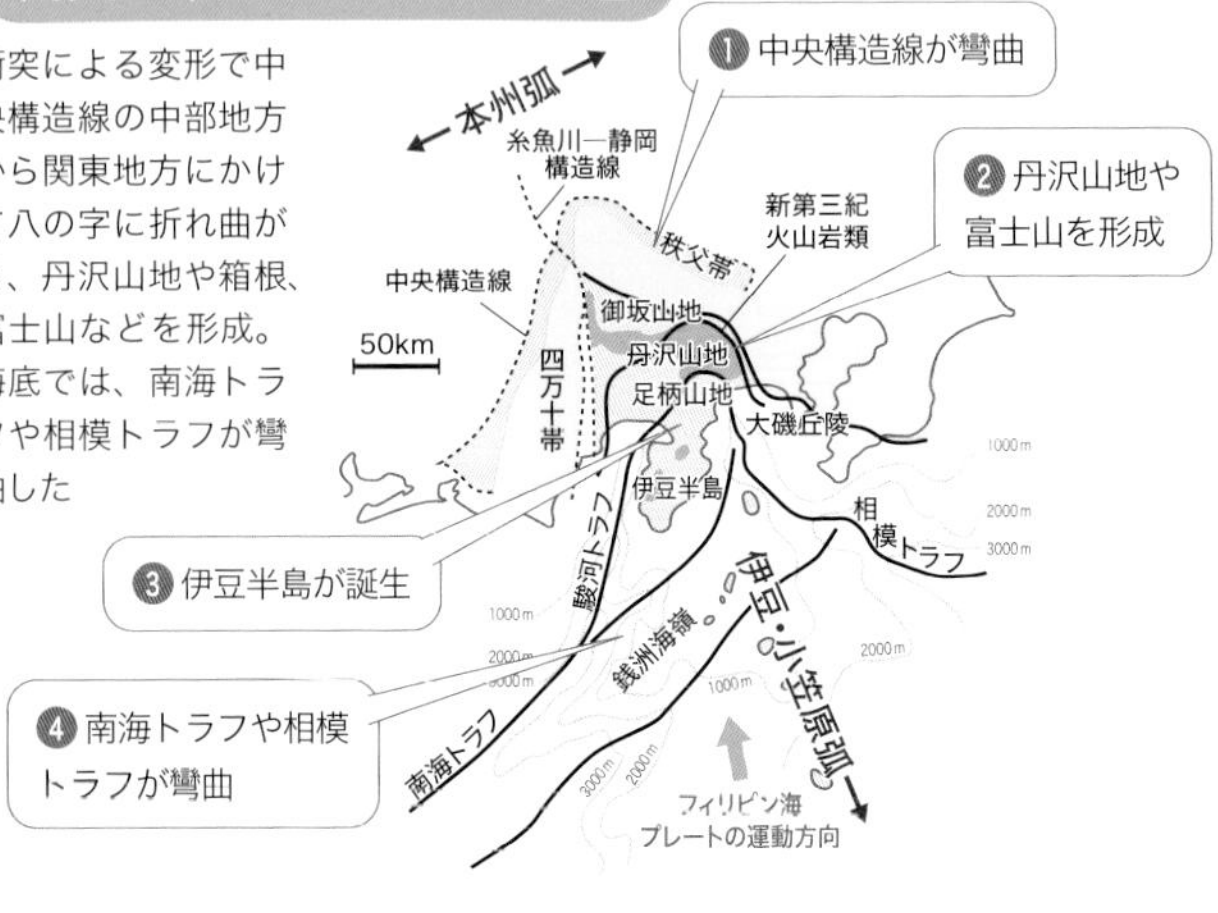


Keywords
★海底火山
★伊豆・小笠原弧
★本州衝突
★プレート運動

地質年代
★新生代新第三紀中新世〜新生代第四紀更新世

Notes ＊小笠原諸島と伊豆半島を生んだ伊豆・小笠原弧は、約5000万年前に新たに形成された海洋性島弧。北部は本州に衝突し、南部は神津島《こうづ》や新島を経由して相模トラフに至るとされる

## 伊豆半島の成り立ち

伊豆半島の成り立ちには、数度の衝突があった。初期は海底火山の丹沢ブロックが本州に衝突し、後にさらに南から北上してきた伊豆ブロックが衝突した。

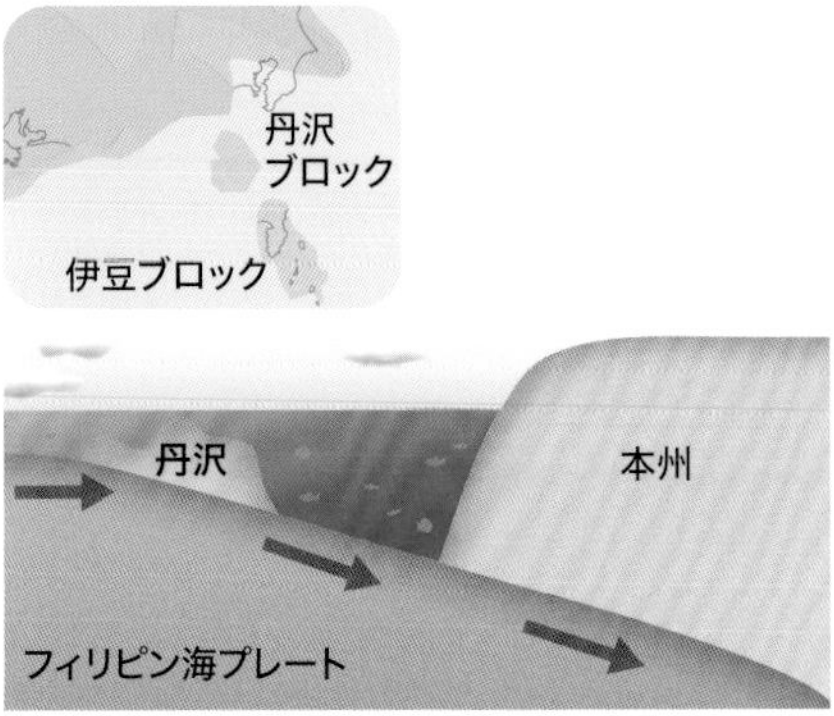


1700万年ほど前、丹沢山地のもととなる部分は、太平洋の海底火山として誕生した

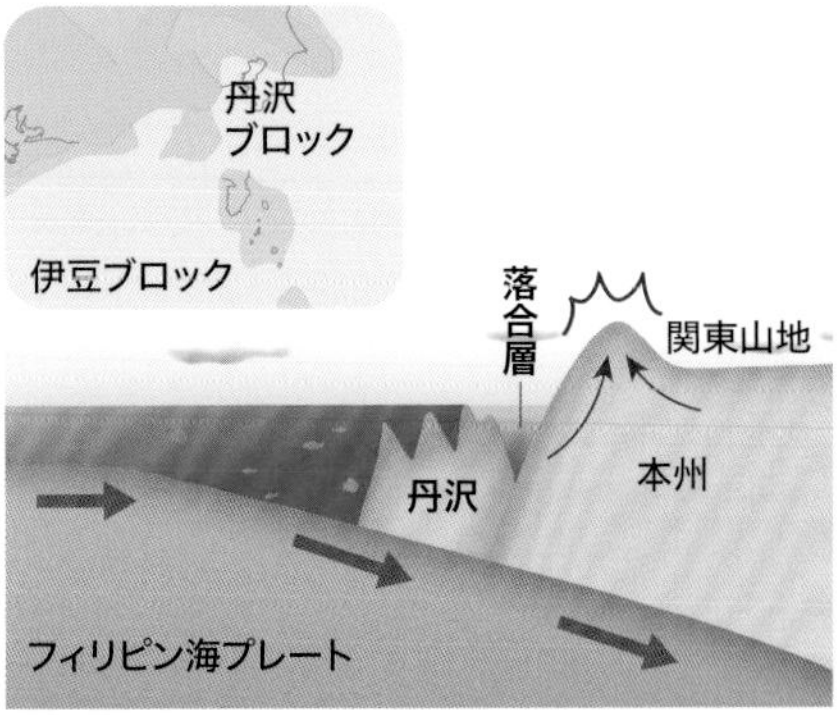


およそ500万年前、フィリピン海プレートの北西方向の移動にともなって海底火山が本州に衝突

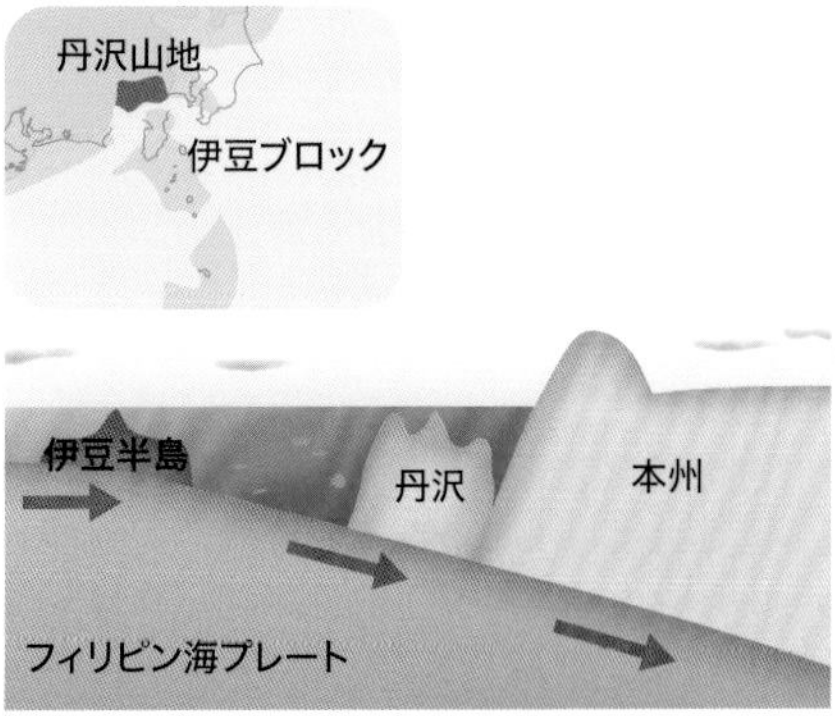


丹沢山地のもととなる火山ができるより前の約2000万年前にさらに南にできた海底火山が徐々に北上

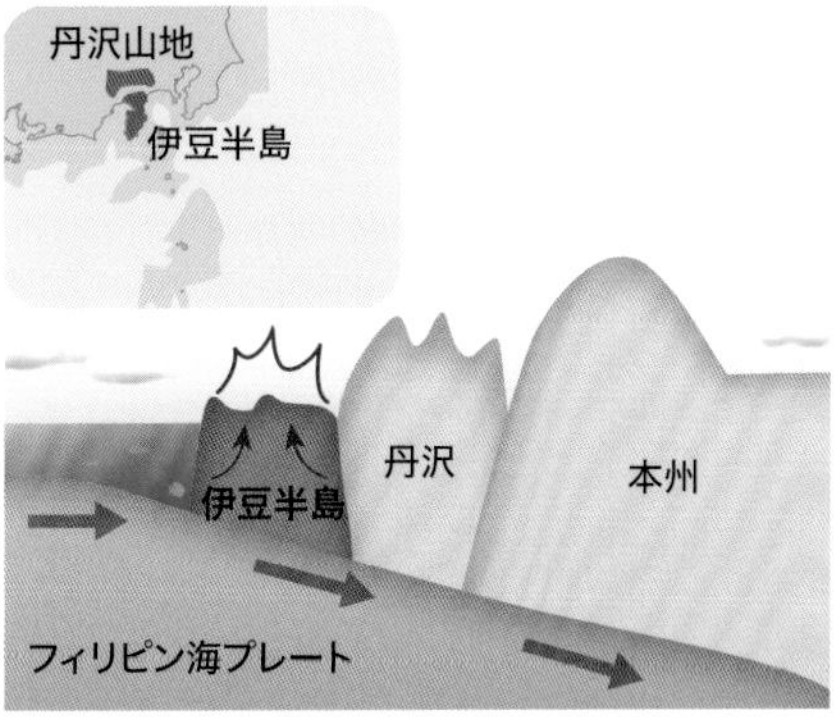


海底火山は本州に衝突後、本州との間が土砂で埋まり、約60万年前に伊豆半島が誕生。丹沢山地は隆起した

## 富士山の生い立ち

＊＊富士山が火山活動を開始したのは約10万年前。繰り返す噴火で流れ出た溶岩が以前からあった周囲の山々を覆い、古富士火山が生まれたのは約1万年前。現在は一つの山に見える新富士の姿になったのは約5000年前で、山体には先小御岳《せんこみたけ》、小御岳、古富士が隠れている。800年の延暦大噴火から1707年の宝永《ほうえい》大噴火まで活発だったが、以来、大規模な火山活動は見られない

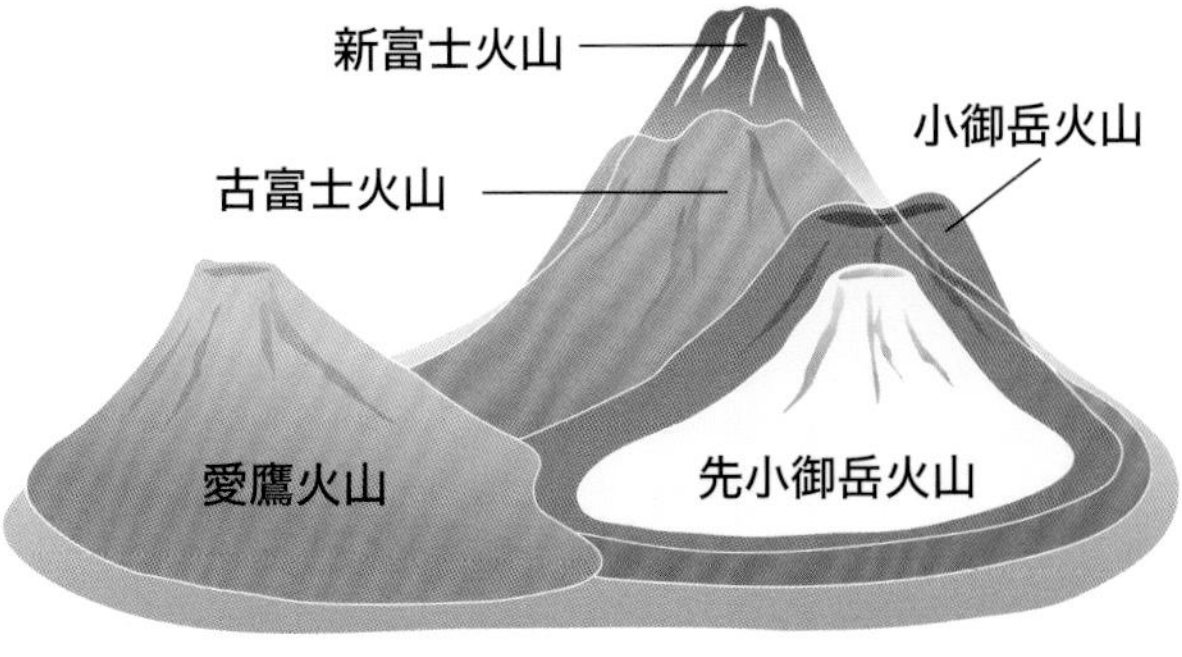




**Notes**　＊＊通常富士山ほどの高山は一般的には隆起や褶曲で生まれるが、富士山は火山で生まれ、日本のほとんどの火山が安山岩なのに対し、玄武岩でできていることなど、個性が際立つ

神奈川県

箱根ジオパーク／富士箱根伊豆国立公園

## 箱根山《はこねやま》

箱根火山は、約50万年前に活動を始めた比較的古い火山。最初に古期外輪山の金時山《きんときやま》や明星ヶ岳などの成層火山ができ、その後、小さな火山活動が続いた後、16万年前頃から浅間山《せんげんやま》や屏風山など新規外輪山が誕生した。５万年前頃からは神山《かみやま》を中心に噴火が活発になり、現在の中央火口丘ができたのは約3万年前。約３０００年前に起きた神山北西の水蒸気爆発で山体が崩壊。このとき流れた大量の土砂でできたのがススキで有名な仙石原《せんごくはら》*だ。その後も新たな溶岩の上昇で冠ヶ岳ができ、大涌谷《おおわくだに》周辺でも水蒸気爆発が頻発。火山由来の温泉とともに、首都圏に近い火山景観が人気だ。

奥にそびえるのは標高1409mの冠ヶ岳。3000年ほど前の神山北西斜面の水蒸気爆発で崩壊した。手前は現在も噴煙を上げる大涌谷

静岡県・山梨県

富士箱根伊豆国立公園

世界遺産

## 富士山《ふじさん》

日本の最高峰である標高３７７６mの富士山は、独立成層火山で美しい円錐形の姿が特徴。基盤は丹沢山地と同じで、南側の山麓は駿河湾まで延びている。海面から山頂まで傾斜面が連続する成層火山としては世界有数の高さを誇る。その凛とした姿は古来、日本人の創作意欲を掻き立てたことから、世界文化遺産にも登録されている。

↑中央から右に向かって崩落しているように見えるのが宝永大噴火（→P61）の際にできた火口

←奥秩父の山並みと富士山。埼玉県や山梨県など北側から見る富士山は、ほぼ左右対称の円錐形に見える

### 川上教授の巡検手帳

伊豆の大地は遠い南洋での火山活動で誕生し、プレート運動で北上して、本州と衝突して現在の姿になった。伊豆の景観には南国生まれ・南国育ちの雰囲気があり、魅力的だ。

Notes ＊仙石原をつくった噴火活動は芦ノ湖も形成し、周辺の景観を変えた。大量の土砂で堰き止められた湿原地帯の仙石原は、広大なススキ草原とともに湿性植物群落も育んだ

静岡県

伊豆半島ジオパーク／富士箱根伊豆国立公園

## 堂《どう》ヶ《が》島《しま》／恵《え》比《び》須《す》島《じま》

ユネスコ世界GP

伊豆半島西海岸の観光名所の一つ、堂ヶ島では2000万～200万年前の海底火山の噴火でできた水底土石流とその上に堆積した軽石や火山灰層が見られる。一方、南伊豆東海岸にある直径200mほどの恵比須島では、海底火山の軽石と火山灰がつくる美しい縞模様や水底土石流の名残が出迎えてくれる。

↑→堂ヶ島海岸の崖にできた海食洞では、洞窟内をクルージング船が周遊する

←遊歩道から見る恵比須島の縞模様の地層

静岡県

伊豆半島ジオパーク／富士箱根伊豆国立公園

## 一《いっ》碧《ぺき》湖《こ》／大《おお》室《むろ》山《やま》

ユネスコ世界GP

東伊豆にある一碧湖は、伊豆半島成立後、約10万年前にできた伊豆東部単成火山群**の火口湖。爆発的な噴火でくぼ地のマール(火口)ができ、細かい大量の火山灰が溜まって水が抜けにくくなり湖に。南にある標高580mの大室山は、伊豆東部火山群の中で最大のスコリア丘。およそ4000年前の噴火で粘り気の弱い熔岩のしぶき(スコリア)などが火口の周囲に降り積もってつくられた。

↑大室山山頂の火口は直径最大300m、深さ70m。360度の大パノラマが望める

→静寂漂う周囲約4kmの一碧湖

静岡県

伊豆半島ジオパーク／富士箱根伊豆国立公園

## 浄《じょう》蓮《れん》の滝《たき》

ユネスコ世界GP

中伊豆の天城山中にある浄蓮の滝は、高さ25m、幅7m、滝壺の深さは15mの大滝。約1万7000年前に滝の南東1kmにある鉢窪山《はちくぼやま》が噴火した際に流れ出た溶岩流によってつくられた。崖には、溶岩が冷え固まる過程でつくられた柱状節理(柱状の割れ目)があり、滝の美しさを際立てている。川端康成《かわばたやすなり》の名作『伊豆の踊子』の書き出しにちなみ、入り口には伊豆の踊子像が立つ。

国道から階段約200段を降りると滝へ。周囲には県指定天然記念物ジョウレンシダが自生

**Notes** ＊＊富士山のように同じ場所で何度も噴火を繰り返す複成火山とは異なり、単成火山は一度噴火すると、同じ場所からは二度と噴火しない変わった性質の火山

# 火山大国日本の始まりを示す
# 活発化し始めた火山活動

## 日本列島成立の頃に活発化した火山活動の証

　日本列島が成立した約1500万年前、各地で同時多発的に大規模な火山活動が起こって、「**火山大国日本**」第一章の幕が開き、数*百万年前まで続いた。北海道では**プレート運動**に伴う活発な火山活動で千島弧ができ、洞爺湖《とうやこ》有珠山《うすざん》が噴火。日本海側の各所ではグリーンタフの元となる海底火山が噴火し、隠岐《おき》が誕生。現在は火**山のない紀伊半島は巨大火山地帯となり、愛知県の奥三河でも大規模な噴火が起きた。栃木県の大谷石《おおやいし》もこの時期の火山活動でつくられた。

### 火山噴火の仕組み

地下から**マグマ**が上がって噴火するのが火山。日本周辺では、海水をたっぷり含んだ海のプレートが陸側のプレートの下に沈みこむ際、水分の働きによって地球内部のマントルが溶けてマグマになる。地下で火山ガスが溶け込んだマグマが浅いところまで来ると、圧力が下がり、マグマ内の火山ガスが地上に上がって噴出する

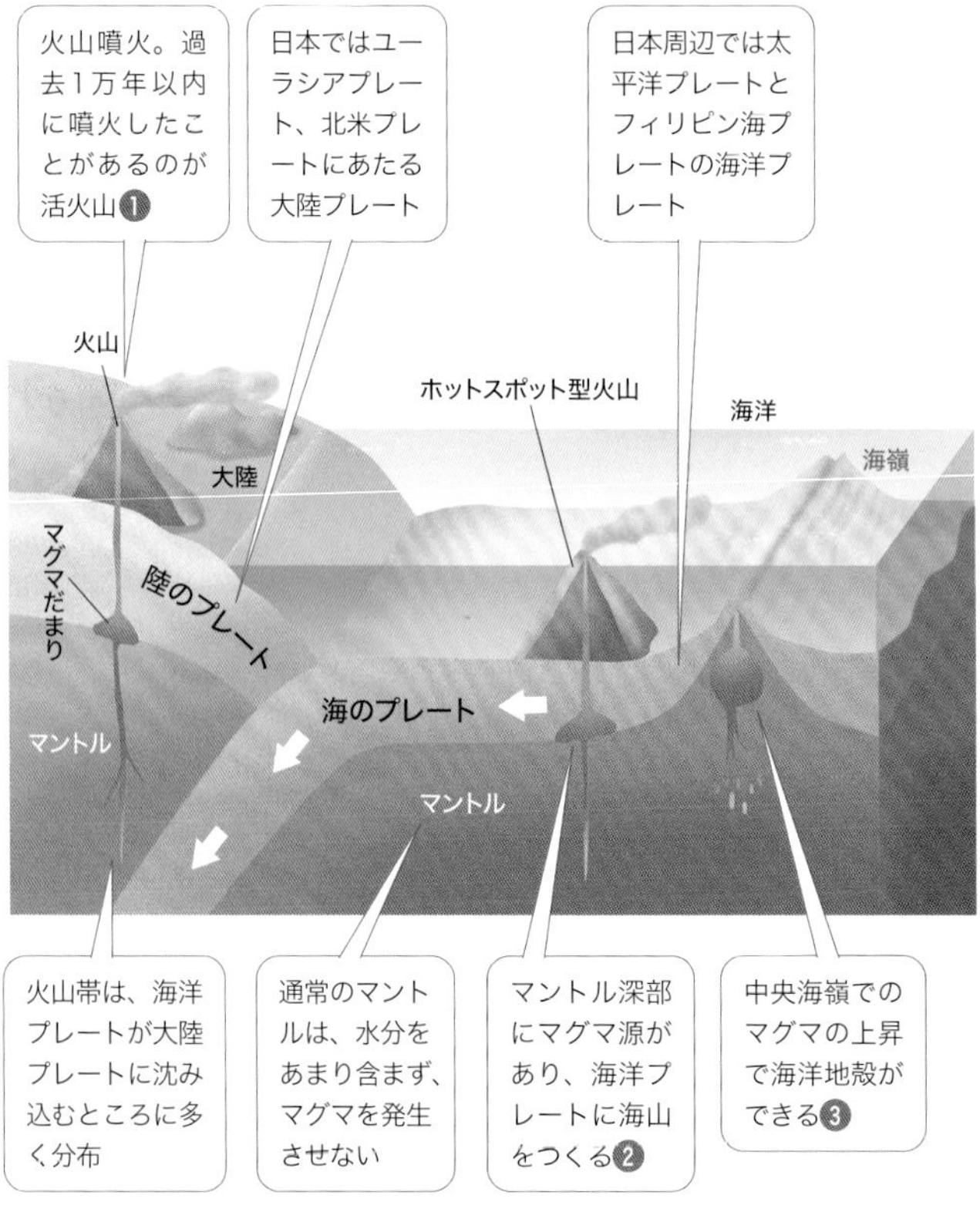
火山噴火。過去1万年以内に噴火したことがあるのが活火山❶
日本ではユーラシアプレート、北米プレートにあたる大陸プレート
日本周辺では太平洋プレートとフィリピン海プレートの海洋プレート
火山
ホットスポット型火山
海洋
海嶺
大陸
マグマだまり
陸のプレート
海のプレート
マントル
マントル
火山帯は、海洋プレートが大陸プレートに沈み込むところに多く分布
通常のマントルは、水分をあまり含まず、マグマを発生させない
マントル深部にマグマ源があり、海洋プレートに海山をつくる❷
中央海嶺でのマグマの上昇で海洋地殻ができる❸

Keywords
★火山
★プレート運動
★マグマ
★温泉

地質年代
★新生代新第三紀中新世

Notes ＊数百万年前に噴火した火山としては、約430万年前の海底火山の噴火で形成された、長崎県の島原半島がある

## マグマが地上に出てくる3通りの仕組み

### ❶沈み込み帯の火山

海洋プレートの沈み込み帯にあたる海溝の陸側に火山が並び、火山帯をつくる。火山フロントより海溝側には火山はない。日本の火山で顕著に見られるパターンで、海洋上では、現在も活発に噴火を続ける小笠原諸島にある西之島がその一例

**西之島**

### ❷ホットスポット型火山

マントル深部からマントルが上昇し、海洋地殻を貫いて海山をつくる。太平洋プレートの移動によって、古い火山ほどホットスポットからずれていき、沈降する。ハワイ諸島では、オアフ島、マウイ島、ハワイ島の順に火山島がつくられた

**ハワイ島**

### ❸中央海嶺型火山

中央海嶺下では、マントルの上昇流でマグマが発生し、新しい海洋地殻を形成。プレート運動で、海嶺の両側のプレートは離れていき、そこへマグマが入り込んで海洋底の拡大が起こる。現在も噴火を続けるアイスランドは、中央海嶺の真上にある

**アイスランド**

## 温泉が湧き出る仕組み

**温泉**には非火山性と火山性があり、日本には火山性温泉が多い。火山性温泉は、雨水や海水などの地下水が1000℃以上の高温のマグマだまりの熱に温められ、マグマ起源の熱水と混ざって、断層などの割れ目や人工的なボーリングによって湧き出すもの。非火山性温泉は、地温の高い地下深部で地下水や化石海水が温められて湧き出すもので、日本では有馬温泉がその一例

→温泉にはマグマの熱と水が必要。プレートが沈み込む際に取り込まれた海水や雨水などの地下水が火山の原因となるマグマの熱に温められて温泉となる

↑火山性温泉のひとつ、箱根の大涌谷温泉。大涌谷では火山性ガスの蒸気が常に噴出している

↑雲仙と改名する前の地名は「温泉山《うんぜんさん》」。雲仙市にある小浜温泉は源泉が105℃の高温で知られる

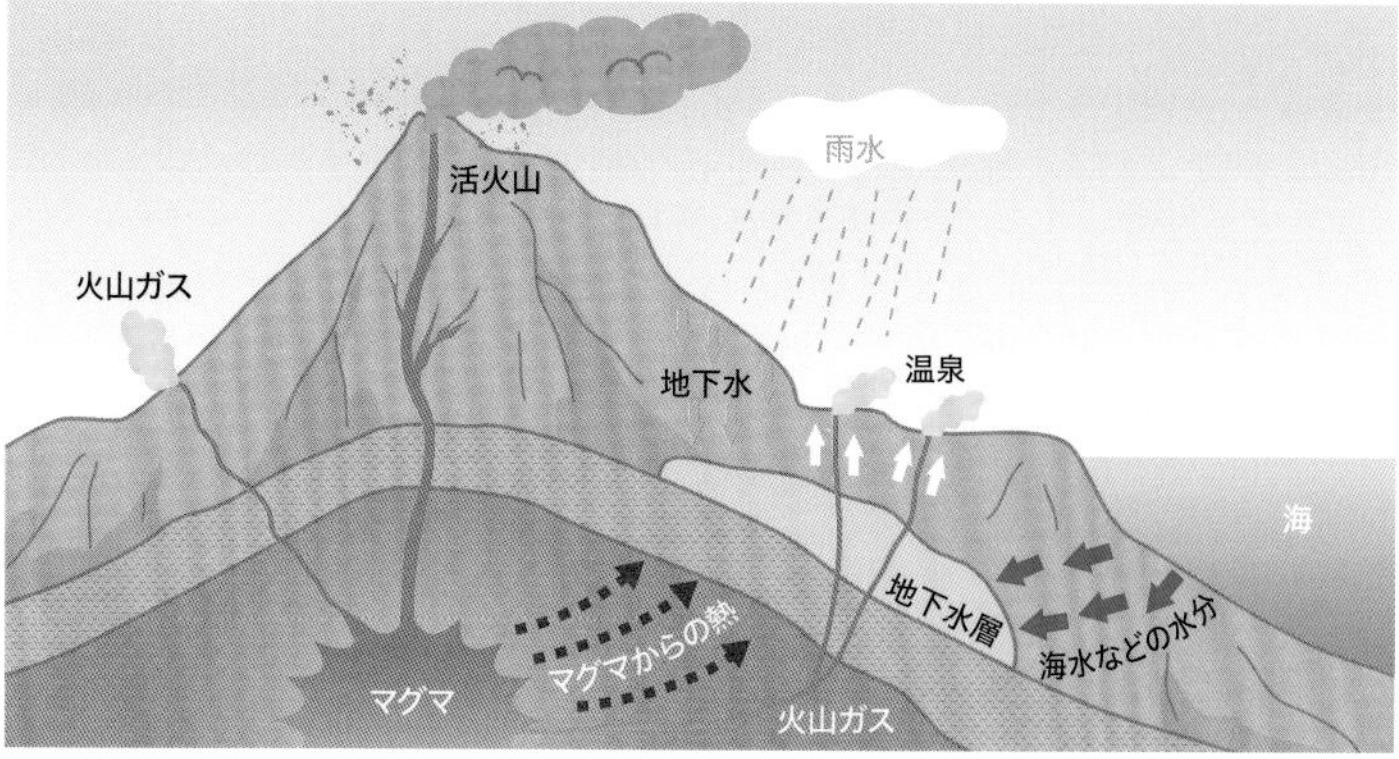




Notes ＊＊休火山、死火山という言葉があったが、死火山とされた御嶽山が1979年に噴火して以来、この名称は使われていない。しかし、日本には太古の昔の火山が数多く存在する

和歌山県

南紀熊野ジオパーク／吉野熊野国立公園

## 古《こ》座《ざ》川《かわ》の一《いち》枚《まい》岩《いわ》／橋《はし》杭《くい》岩《いわ》／那《な》智《ち》の滝《たき》

和歌山県に活火山はないが、古座川の一枚岩は、1500万〜1400万年前頃に火山で熊野カルデラが形成された際、流紋岩質マグマが地表に噴出する際に通り道となった弧状岩脈の一部。紀伊半島最南端近くの橋杭岩も、同じ頃地下から上昇したマグマが熊野層群*に貫入した流紋岩の岩脈だ。約850mにわたり、直線上に岩の塔が並ぶ様は観光名所になっている。熊野那智大社の別宮飛《ひ》瀧《ろう》神社**にある那智の滝も、火山活動でできた岩石が侵食されて形成された滝で、太古の昔の火山を伝える証。

↑高さ133m、滝壺の深さが10mの那智の滝。左は那智山青《せい》岸渡寺《がんとじ》の三重塔

↑幅約15mで、橋脚のように岩塔が並ぶ南紀の名所、橋杭岩

←20km以上にわたる古座川弧状岩脈の一部、古座川の一枚岩

山梨県・長野県

南アルプスジオパーク／南アルプス国立公園

## 甲《か》斐《い》駒《こま》ヶ《が》岳《たけ》／鋸《のこぎり》岳《だけ》

南アルプスのなかでも甲斐駒ヶ岳と鳳凰三山（地蔵ヶ岳・観音岳・薬師岳）は、約1400万年前の火山で流れた溶岩が冷え固まった白い山肌が特徴だ。南アルプスのほかの山々が、主に堆積岩で形成されているのとは異なる。また、隣接する鋸岳もマグマの熱で焼かれてできた固い岩石（ホルンフェルス）からなる。断層などの割れ目が多いため、ギザギザの山容となった。

↑南アルプス北部にある標高2967mの甲斐駒ヶ岳。白みがかった岩石が特徴

←鋸岳の標高は 2685m。岩登りの技術がないと登れないほど険しい山だ

### 川上教授の巡検手帳

草原を歩いて海岸に向かうと、紺碧の日本海を背景に知夫赤壁の岸壁が現れる。日本海の荒波で削られて火山の断面がむき出しになった。夕日に染まる赤壁は息をのむ美しさだ。

Notes ＊海洋プレートの沈み込みによって付加体の海側が盛り上がり、できたくぼみに陸から運ばれた土砂が堆積した前弧海盆堆積体のうち、ジオパークの東側で見られるのが熊野層群

高知県　室戸ジオパーク

ユネスコ世界GP

## ビシャゴ岩《いわ》／日《ひ》沖《おき》-丸《まる》山《やま》海《かい》岸《がん》

室戸岬の先端にあるビシャゴ岩は、約１４００万年前にマグマが地層に貫入して固まった岩。水平に貫入したが、地殻変動でほぼ垂直に回転。山側から海側に向かい、マグマが急冷した部分は鉱物が細かく、ゆっくり冷えた部分は鉱物が粗いという違いが確認できる。その北の日沖-丸山海岸で見られるのは枕状溶岩。溶岩が水面下の火口から噴出したり、陸から海に流れ込んだりして形成された。

↑マグマが砂泥岩の堆積層に貫入したビシャゴ岩。山側が砂岩、海側が斑れい岩

←高さ15m以上もある日沖-丸山海岸の枕状溶岩

愛媛県　石鎚国定公園

## 石《いし》鎚《づち》山《さん》

↑標高1982mの石鎚山。もとは富士山のような円錐形だったと考えられている

石鎚山を中心とする石鎚山系は、約１５００万年前に石鎚山周辺で始まった火山活動によって、火口から噴出した溶岩や火砕流が堆積したことに始まる。それが３００万年ほど前の第三紀末頃から隆起をはじめ、およそ２６０万年前の第四紀には、中央構造線の大断層の活動によって急激に隆起した。現在も年間２㎜ものスピードで隆起は続いており、石鎚山北面は、「石鎚断層崖」と呼ばれるほどの急斜面になっている。

→西日本一の山といわれる石鎚山に向かう天空の道

島根県　隠岐ジオパーク／大山隠岐国立公園

ユネスコ世界GP

## 知《ち》夫《ぶ》里《り》島《じま》の赤《せき》壁《へき》

隠岐の最南にある知夫里島の赤壁は、その名の通り、真っ赤な岩肌が特徴。約６００万年前の火山活動によって形成された火山の断面だ。溶岩がしぶきとなって噴火したとき、鉄分が空気に触れて赤色に酸化したスコリアと呼ばれる岩石で、２００ｍに達するスコリア丘が見られる。知夫里島の西側に面しているため、季節風の影響や波の侵食で、断崖絶壁の海食崖となった。

白い部分は、マグマの通り道に、粗面岩（アルカリ性の安山岩）が割り込んだことを示す

**Notes**　＊＊那智の滝は熊野那智大社の別宮飛瀧神社のご神体だが、滝とセットで見えるのは那智山青岸渡寺。かつて両社寺は滝を中心にした神仏習合の修験道場だったが、1868年の神仏分離令で分離した

## 数百万年の沈黙を経て、再び活発化
# 現在も続く列島の火山活動

### 111の活火山を有する日本列島の今

日本には、*200万年前以降に生まれた火山が、350ほどある。そのうち過去1万年以内に噴火したか現在も噴気活動のある111が**活火山**。**マグマ**は海洋プレートが陸側プレートに沈み込み、深さが100～150kmに達した場所で発生するため、太平洋プレートでは千島**海溝****、日本海溝、伊豆・小笠原海溝、フィリピン海プレートでは相模**トラフ****や駿河・南海トラフの海溝軸にほぼ平行に火山が分布することになった。火山活動は、多くの火山地形も形成した。

### ★火山がつくる地形

日本列島が現在の位置に落ち着き、ほぼ現在の姿になってからも、火山活動や地殻変動、自然現象などの影響を受けて、地形は徐々に変わっていった。火山列島日本だけあり、特に火山の噴火でつくられた地形は多い。下図では、火山によって形成される地形を紹介

強酸性の草津白根山《くさつしらねさん》の湯釜。左のくぼみは、1980年代の噴火で放出された岩の着弾跡

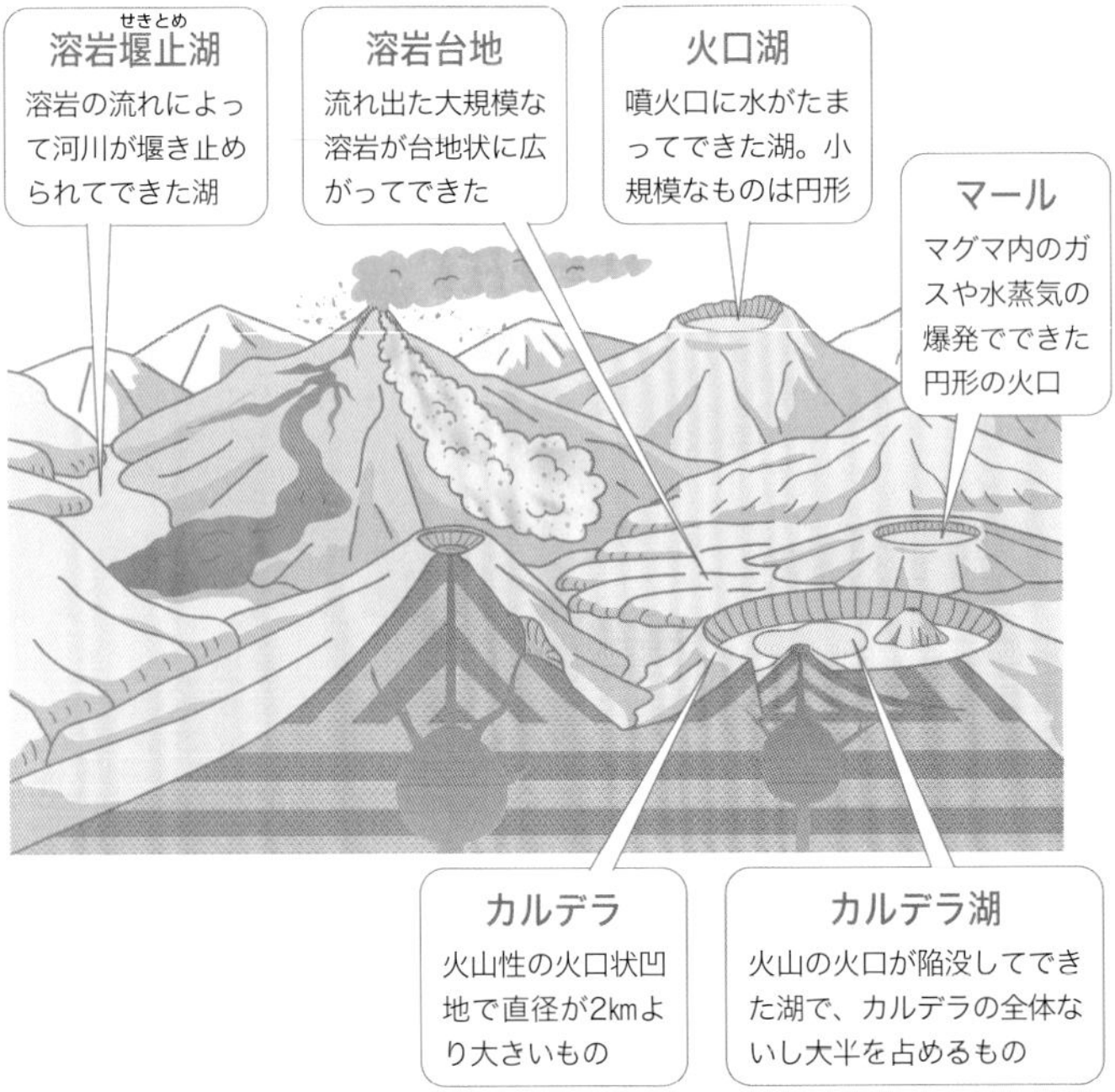
溶岩堰止湖《せきとめ》
溶岩の流れによって河川が堰き止められてできた湖
溶岩台地
流れ出た大規模な溶岩が台地状に広がってできた
火口湖
噴火口に水がたまってできた湖。小規模なものは円形
マール
マグマ内のガスや水蒸気の爆発でできた円形の火口
カルデラ
火山性の火口状凹地で直径が2kmより大きいもの
カルデラ湖
火山の火口が陥没してできた湖で、カルデラの全体ないし大半を占めるもの

Keywords
★活火山
★マグマ
★海溝
★トラフ
★火山フロント

地質年代
★新生代第四紀更新世～

Notes ＊200万年前からの活動が対象となる用語に「活断層」がある。断層のなかで200万年前から現在まで何度も動いた断層をさす

## 火山の種類

### 成層火山

富士山のように、同じ火口から、たびたび噴火を起こす火山を成層火山という。この場合、溶岩流と火山砕屑物が、噴火のたびに幾重にも積み重なっていくため、美しい円錐状の山型になる

### 楯状火山

溶岩には比較的さらさらの粘性が低いものと、どろどろした粘性の高いものがある。粘性が低いと流れやすく、溶岩流が広範囲に及ぶため、傾斜が緩やかで、楯のように盛り上がった山型になる。これが楯状火山

### 溶岩ドーム

楯状火山とは反対に、溶岩の粘性が高く、どろどろとしていて流れにくい場合は、火口から出た溶岩が流れ降りずに、火口近くにとどまって盛り上がり、溶岩ドームと呼ばれる地形が形成される

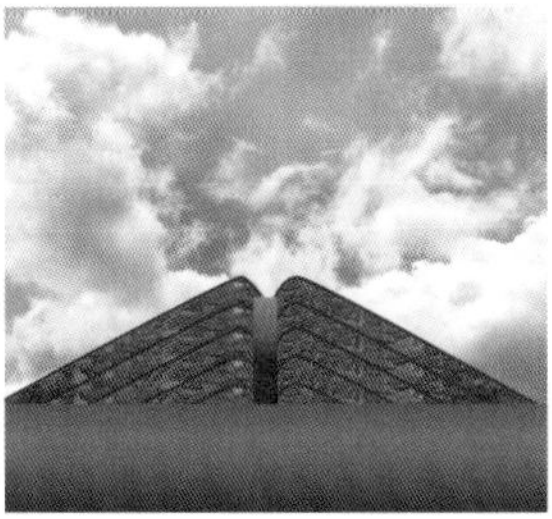

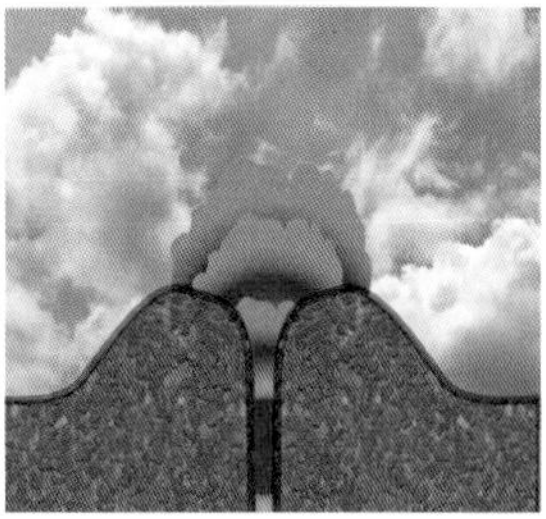

## 一列に並ぶ日本の活火山

下図は日本の活火山。北海道から九州を経て南西諸島まで帯状に並んでいるのがよくわかる。活火山をつないだ線を**火山フロント**といい、海溝に平行に走っている。関西や中国・四国地方に少ないのは、フィリピン海プレートの沈み込みが浅く、マグマが溶ける条件が揃わないためだ。

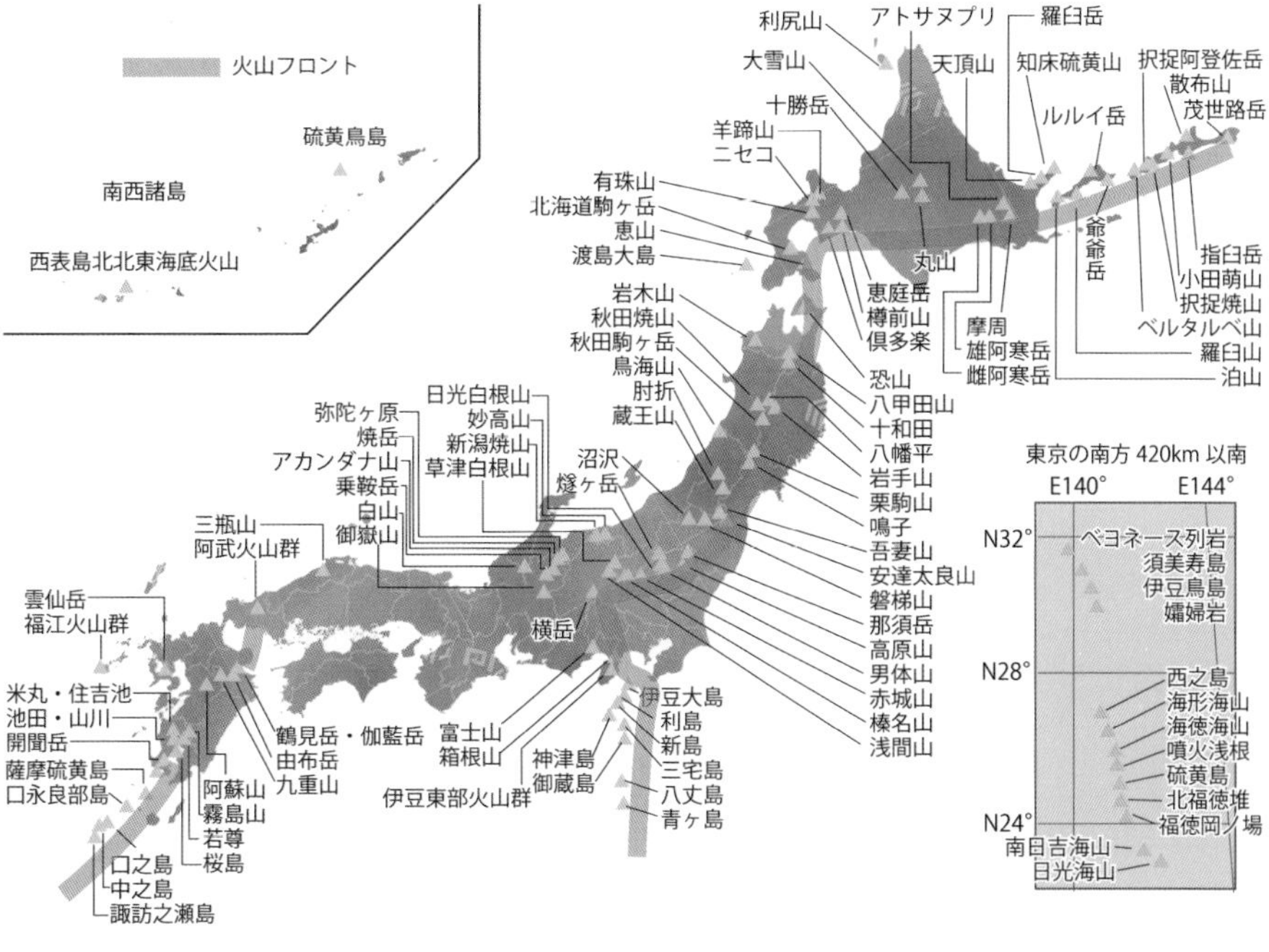


Notes ＊＊海溝やトラフ付近では大地震が発生することがある。海洋プレートの沈み込みに伴い、大陸プレートの端が引きずり込まれ、限界に達すると陸側プレートが跳ね上がる断層運動のためだ

北海道

洞爺湖有珠山ジオパーク／支笏洞爺国立公園

# 有珠山《うざん》／昭和新山《しょうわしんざん》

ユネスコ世界GP

有珠山は、13万～9万年前の火砕流を伴う噴火で形成された洞爺《とうや》カルデラが母体となり、2万～1万年前の大噴火で、洞爺カルデラの南壁に現れた火山。当初は成層火山として成長したが、約7000～8000年前に山頂部が崩壊し、外輪山を持つ*二重式火山となった。長い休止期を経て、1663（寛文3）年に活動を再開。以降、軽石や火山灰を噴出する噴火をくり返し、1910（明治43）年以降は山麓でもマグマ水蒸気噴火などを起こし、火口から火山泥流を噴出したこともある。粘性の高いマグマが上昇して溶岩ドームをつくることも多く、1944～45（昭和19～20）年の噴火の後、隆起したのが昭和新山だ。

↑標高398mの昭和新山は、麦畑から地震と爆発音とともに膨れ上がり、隆起していった

→洞爺湖の南に位置する標高737mの有珠山

群馬県・長野県

浅間山北麓ジオパーク

# 浅間山《あさまやま》

外輪山の黒斑山《くろふやま》や前掛山《まえかけやま》、寄生火山の小浅間山《こあさまやま》などを従える浅間山。約10万年前の黒斑山噴火に始まり、約2万年前に小浅間山や離山《はなれやま》が誕生。浅間高原は約1万3000年前の火山灰などで形成された。前掛山の誕生は約1万年前。有史以降も活動は続き、約200年の沈黙を破って起きたのが天明の大噴火だ。噴出物は町を埋め、周辺は焼け野原に。その溶岩流は鬼押出し園で見られる。

↑標高2568mの浅間山。2000年以降、10回も噴火し、現在も噴火レベル2を維持する活火山

←浅間山は*三重式の成層火山。小諸市方面から見て左手に見えるのが第一外輪山の黒斑山

**川上教授の巡検手帳**

高峰高原から黒斑山へ登ると、約5万年前の古い火口壁に達する。視野いっぱいに広がる前掛山の迫力に圧倒される。冬場は雨裂（ガリー）に残った残雪の筋模様が美しい。

Notes ＊成層火山の中央にカルデラが形成された後、新たな噴火で別のカルデラができて、外輪山が2重になったものが二重式、3重になったものが三重式。いずれも複式（複合）火山とよばれる

熊本県

阿蘇ジオパーク／阿蘇くじゅう国立公園

ユネスコ世界GP

## 阿《あ》蘇《そ》山《さん》

阿蘇山は、約27万年前、14万年前、12万年前、9万年前と4回の大噴火を起こした。4回目が大規模で、噴火による火砕流の堆積物が海を隔てた島原や天草、山口県まで及び、火山灰は北海道東部で10㎝以上も堆積したという。いかに大規模な噴火だったかがわかる。カルデラが形成された約7万年前からカルデラ内に中央火口丘群ができ、数千年ほど前に阿蘇五岳が並ぶ現在の姿になった。

↑2014～21年まで17、18年を除き毎年噴火した。写真は2021年の火口

←カルデラの縁を通るミルクロード沿いからの阿蘇山

長崎県

島原半島ジオパーク／雲仙天草国立公園

ユネスコ世界GP

## 普《ふ》賢《げん》岳《だけ》／平《へい》成《せい》新《しん》山《ざん》

右が標高1486mの平成新山で、左に沿うように見えるのが標高1359mの普賢岳

1990（平成2）年から約5年続いた雲仙岳の噴火は、198年ぶりの大噴火だった。1792（寛政4）年に1万5000人を超える死者を出した「島原大変肥後迷惑」＊＊では山体崩壊した眉山《まゆやま》の土砂が町を埋めた。約50万～十数万年前に古期火山体、10万年前以降の新たな噴火で普賢岳や眉山などが形成され、平成の大噴火では、平成新山が出現した。

鹿児島県

桜島・錦江湾ジオパーク／霧島錦江湾国立公園

## 桜《さくら》島《じま》

桜島の成り立ちは比較的新しく、約2万5000年前に姶良《あいら》火山が特大級の噴火を起こして火山は吹き飛び、大きなくぼ地の姶良カルデラを形成した。それが現在の鹿児島湾（錦《きん》江《こう》湾）となり、1万3000年前に姶良カルデラの南端で始まった噴火活動で誕生したのが桜島だ。桜島は北岳と南岳から成る複合火山で、北岳は6000年ほど前まで噴火を続け、南岳は4000年ほど前から活動を始め、現在も活動は続いている。

北岳の標高は1117m。1954（昭和29）年から現在まで毎年噴火する日本で最も活発な火山



Notes ＊＊島原大変は、眉山の山体崩壊で土砂が町を飲み込んだことに由来し、肥後迷惑は、それに起因する津波が島原や対岸の肥後国（現・熊本県）に及んだことから名付けられた

## 知っておきたい地学用語 2　岩石

**地球表面は岩石でできており、その岩石が積み重なったものが地層。岩石は成因により火成岩、堆積岩、変成岩に大別できる。ここでは、日本列島を形成する主な岩石の特徴を紹介。**

### ★安山岩《あんざん》

火山岩の一種で、主に火山活動でつくられる。緻密なため、建築・土木用に使用されることが多い。

### ★花崗岩《かこう》

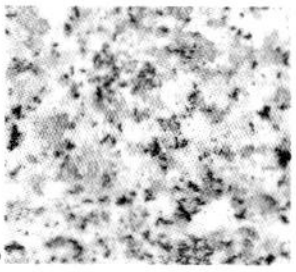

深成岩の一種で、灰白色で黒いごまのような点々がある。主要鉱物は石英・正長石・斜長石・雲母・角閃石など。御影石とも呼ばれる。

### ★火山岩

火成岩の一種で、マグマが地表や地表付近で急激に冷やされた岩石。マグマの粘り気は含まれる珪酸の量で変わり、53.5%未満のものが玄武岩、53.5～62%のものが安山岩、70%以上のものが流紋岩と呼ばれる。

### ★火成岩

マグマが冷え固まってできた岩石。火山岩と、半深成岩、深成岩に分けられる。

### ★かんらん岩

深成岩の一種でマントル上部を構成する岩石。厚さ50～60kmの大陸地殻の下にある。かんらん石(ペリドット)、輝石類、クロム鉄鉱などで構成される岩石。

### ★凝灰岩《ぎょうかい》

堆積岩の一種で、火山灰や火山砂などの火山噴出物が凝結してできた岩石。建築や土木の石材に適している。

### ★結晶片岩

変成岩のうち、黒雲母、白雲母、角閃石などが規則正しく配列し、縞模様をつくる岩石。泥岩が変成した泥質片岩、砂岩が変成した砂質片岩などがある。

### ★玄武岩《げんぶ》

塩基性の火山岩。地下深部でゆっくり冷え固まる斑れい岩に対し、玄武岩は火山活動により地表で固まったもの。写真は兵庫県の玄武洞。

### ★黒色片岩

泥質岩を起源とする結晶片岩のうち、グラファイト(石墨)を含む、黒色の岩石。

### ★深成岩《しんせい》

マグマが地下深くでゆっくり冷えて固まった岩石。花崗岩、閃緑岩、斑れい岩、かんらん岩など。

### ★蛇紋岩《じゃもん》

かんらん岩が地下深部で水と反応することで変質した岩石。マグマ由来ではないが分類は火成岩の仲間。緑～暗緑色で非常にもろく、地滑りを起こしやすい。

### ★石灰岩

サンゴやウミユリ、貝類など、炭酸カルシウムからなる生物の遺骸が固まった堆積岩の一種。白色～灰色で傷つきやすく、塩や酸に触れると発泡しながら溶ける。

### ★堆積岩

岩石の破片や生物の遺骸などが水や風、氷河などで運ばれ、堆積してから固まった岩石(続成作用)。砂岩、礫岩、泥岩などに分類され、地表など浅い場所に存在。

### ★チャート

放散虫など珪質の殻をもつ生物の殻が溜まった堆積岩。遠洋深海の堆積物であるが、現在の海洋にはない。

### ★斑れい岩

深成岩の一種でマグマからできる火成岩だが、地下深部でゆっくり冷え固まったもの。斜長石、角閃石《かくせんせき》のほかにかんらん石や輝石を含む。

### ★変成岩

接触変成岩と広域変成岩がある。接触変成岩は、岩石が高温や圧力を受けて(変成作用)つくられる。主に泥岩が熱を受けて緻密になったホルンフェルスはその一例。広域変成岩はプレートの沈み込みで、沈み込んだプレートが大規模な変成作用を受けたもの。

### ★流紋岩《りゅうもん》

粘性のあるマグマが地表付近で急に冷え固まった二酸化ケイ素が70%以上の火山岩。溶岩は白っぽく、火山ガラスは黒色を示すことが多い。写真は三陸復興国立公園内浄土ヶ浜の流紋岩。

# 第3章 地表の変化

地球の表面は、地殻変動や火山活動、風化、侵食、運搬、堆積など数多くの自然現象によって、絶えず変化している。

その結果、現在の地表は、人智を超えたダイナミックなものから、美術工芸品のように繊細なものまで、実に多彩な表情を見せてくれる。

仏ヶ浦（青森県）

# 日本の多彩な地表や地形

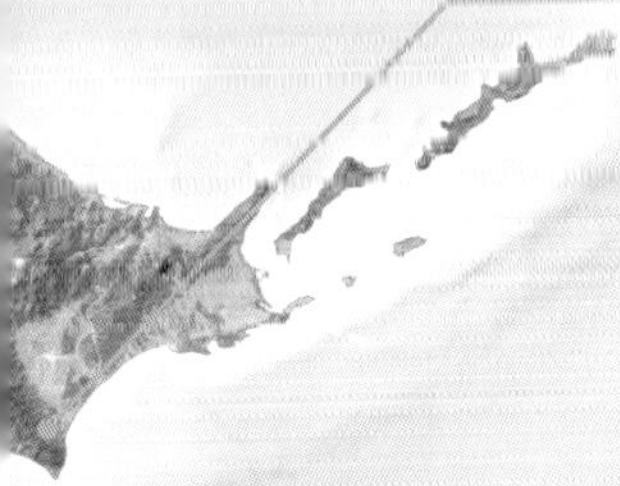

## カール

氷河の侵食作用でできた半椀状の窪みで氷河地形の代表格。圏谷とも呼ばれる。北海道や日本アルプスに多く見られる

幌尻岳の七ツ沼カール(→P90)

## リアス海岸

深い谷間に海が入り込んでできた、入り江や湾と岬が連続する複雑な海岸線。地盤の沈降または海面の上昇で生じる

碁石海岸(→P78)

## 風化

岩石が大気や水と接触することで、割れたり穴が開いたりなどにより破砕する、または変質する現象。物理的風化と化学的風化に分かれる

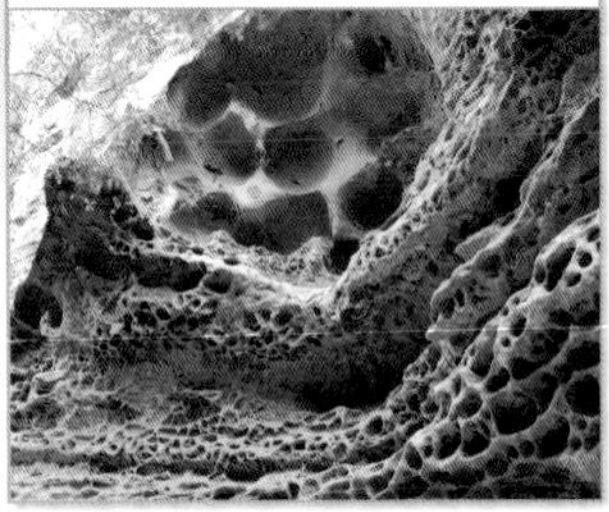

保呂の虫喰岩(→P82)

## 褶曲《しゅうきょく》

地層や岩盤が側方から大きな力を受けて、うねる、あるいは曲がりくねったようになる構造。大規模な褶曲は造山山脈で見られる

フェニックス褶曲(→P94)

## 海岸段丘

波の侵食によってできた海岸線に沿った崖や台地が、その後も断続的に隆起と侵食を繰り返した末に、階段状の地形となったもの

枦山・西山台地(→P79)

## 自然が作り上げた地球の豊かな表情

山や谷、丘や平野といった地形は、地殻変動や火山活動、水の流れ、風などの自然現象により、地表面が変化することで形成される。複数のプレートがぶつかり合う位置にある日本列島では、活発な地殻変動により特に山地が発達し、温帯多雨という気候条件ゆえに著しい侵食作用を受けるなどした、複雑な地形が発達している。

## V字谷

川の侵食でできた谷のなかで、川底を削る力が強く作用し、V字のようになった谷。川の流れの早い上流部で発達する

黒部峡谷(→P83)

## 扇状地

山間を流れる急流河川が広い平坦地に出た時、その流れが弱まることで、河川によって運ばれてきた土砂が扇状に堆積して緩斜面となった土地

黒部川扇状地(→P86)

## 砂州

海岸や湖岸の沖合に土砂が堆積し、岸と平行になるように細長く延びた地形。沿岸を流れる沿岸流で土砂が運ばれることによってできる

天橋立(→P87)

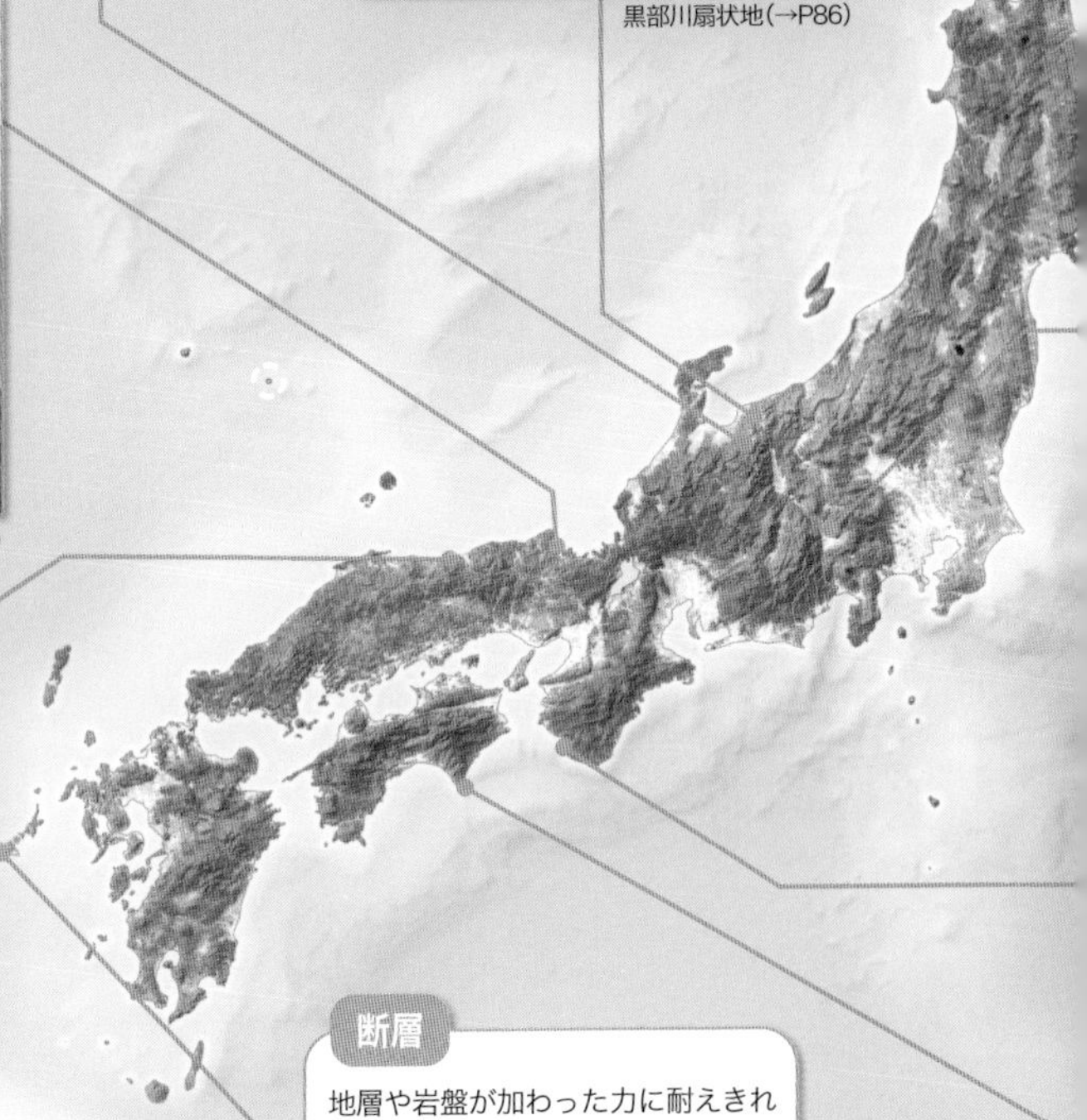

## 砂丘

風に運ばれた砂が堆積してできる小さな丘や堤状の地形。砂漠などの内陸にできる内陸砂丘、海岸にできる海岸砂丘などがある

鳥取砂丘(→P87)

## 断層

地層や岩盤が加わった力に耐えきれずに破断し、割れた面に沿って相対的に地層がずれた構造。縦ずれ断層と横ずれ断層に大別される

玉之浦(→P95)

大地の上下による地表の変化

# 隆起と沈降でできた地形

**陸地が盛り上がれば隆起**
**陸地が沈み込めば沈降**

地球表面を覆うプレートの運動はさまざまな地質現象を起こし、その中で地形変化の主なものが隆起と沈降だ。隆起は地殻変動などで陸地が海水面に対して上昇すること、沈降は陸地が海水面に対して下降することを指す。隆起では**河岸段丘**や**海岸段丘**、沈降では**リアス海岸**や**フィヨルド***などの地形がつくられ、大規模な隆起は山地を形成する。日本列島では隆起した地域が多いとされ、最も隆起した場所は飛騨山脈、最も沈降した場所は関東平野といわれる。

## ★隆起と沈降の違い

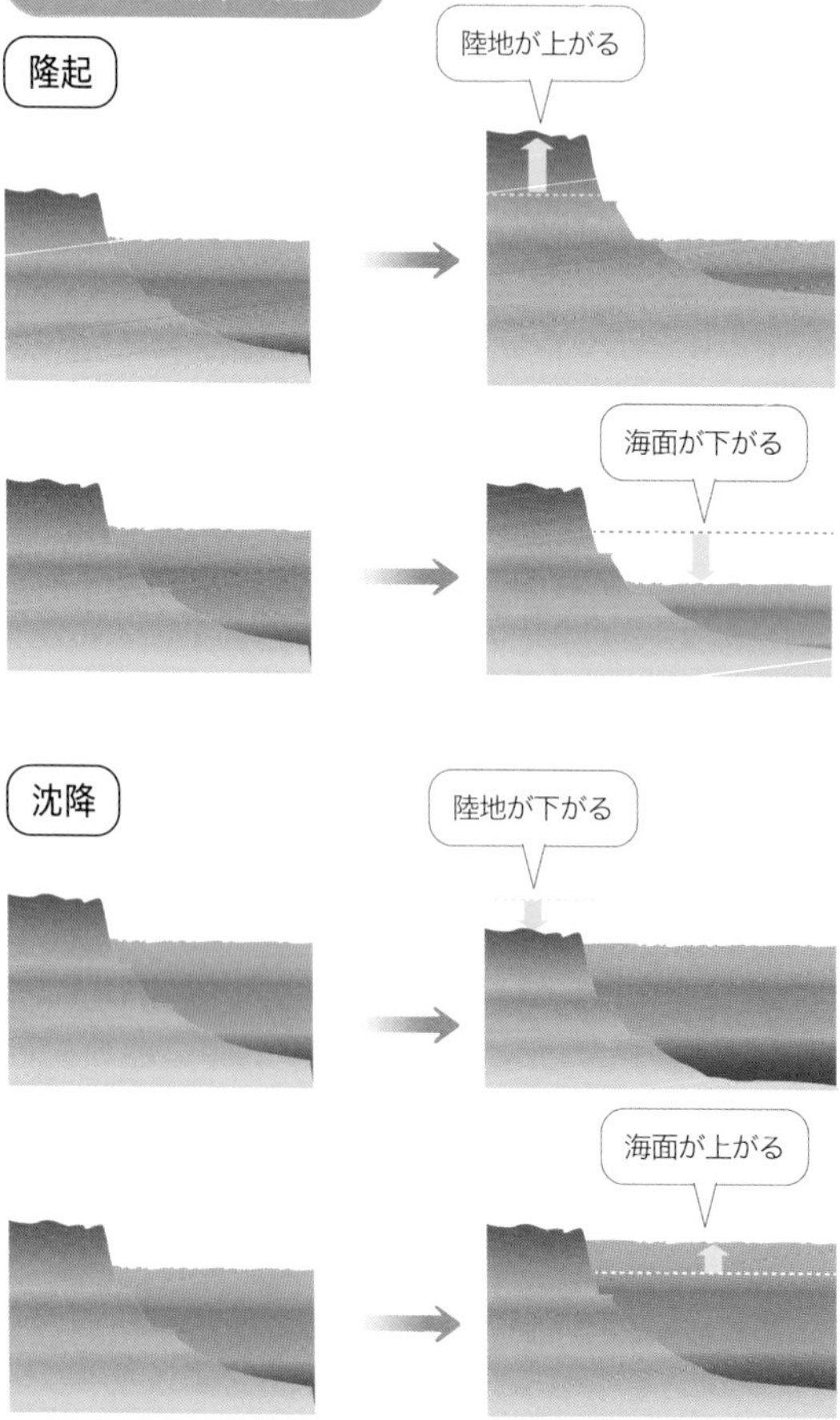


隆起は陸地が上昇して起こる場合（上）と、逆に海水面の下降で起こる場合がある（下）。現在陸上で見られる新しい（または若い）地層のほとんどは、海や湖の底などの堆積層が隆起により露出したもの

沈降は隆起とは正反対に、陸地が下降して起こる場合（上）と、海水面の上昇で起こる場合がある（下）。内陸で沈降が広い範囲にわたって生じると、盆地や地溝帯が形成される


Keywords
★河岸段丘
★海岸段丘
★リアス海岸
★フィヨルド
世界では
★ヒマラヤ山脈
★地中海沿岸


Notes ＊氷河の侵食作用で形成された谷に、地盤の沈降あるいは海面の上昇によって海水が浸入して形成された奥深い入り江。山岳氷河が発達した高緯度地方に分布し、日本では見られない

## ★隆起と沈降によってできる代表的な地形

### 隆起によってできる海岸段丘・河岸段丘

海岸線に沿って、波の侵食でできた崖や台地が、その後、断続的に隆起と侵食を繰り返した末に、階段状の地形となったものを海岸段丘と呼ぶ。海成段丘とも呼ばれ、隆起以外に沈降の過程を含む場合もある

川沿いの片岸または両岸において、川底の隆起と侵食を繰り返した末に古い河床が刻まれ、川に向かって階段状になった地形を河岸段丘と呼ぶ。河成段丘とも呼ばれ、主に川の中・下流域で発達する

### 沈降によってできるリアス海岸

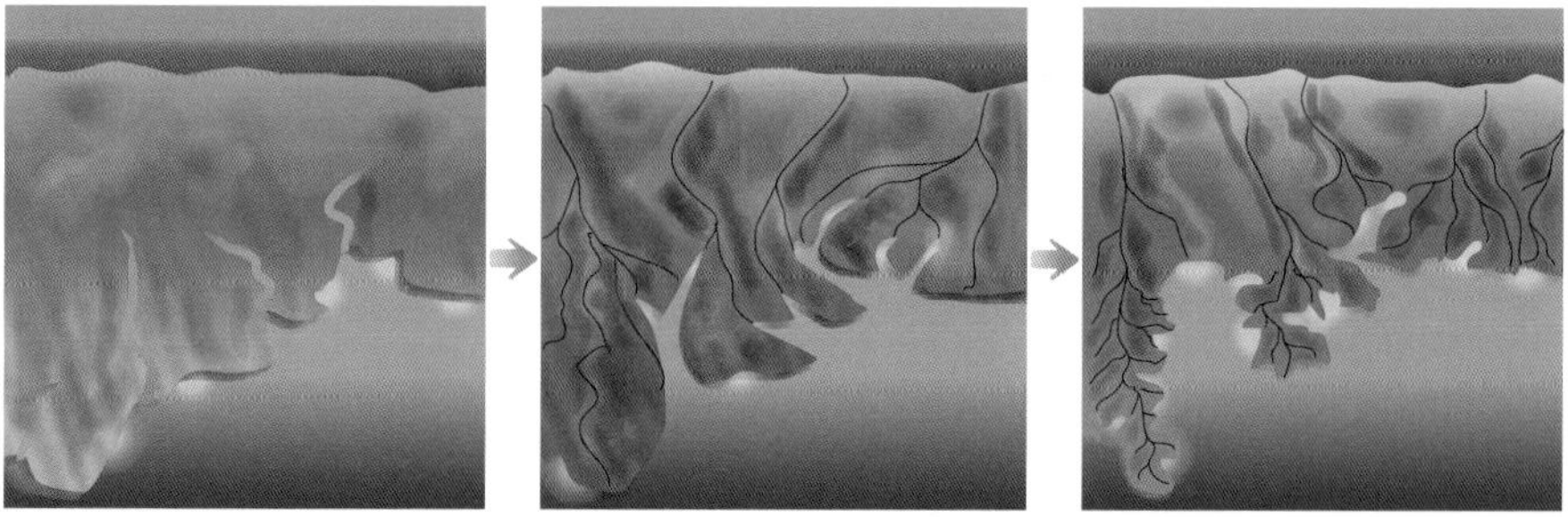

リアス海岸は、起伏の激しい山地などが、地盤の沈降(または海面上昇)によって海面下に沈み込んで生じた海岸。元来は谷だった場所に海水が入り込み、鋸の刃のような入り組んだ海岸線を特徴とする

Close Up

### 地震で隆起した能登半島の海岸線

**2024(令和6)年1月1日に発生した能登半島地震では、石川県の輪島市などで、約15㎞にわたって最大約4mの隆起が起こったと発表された。さらに、その後の地殻変動の解析で、最大5㎝ほどの地盤の沈降が見られることが確認されている。**

↑地震が起こる前の輪島市の海岸線の様子

↑地震後には海底がむき出しになり、海岸線が一変した



**Notes** ＊＊日本列島においては、隆起および沈降の速度はいずれも最大で1000年に1m程度。ただし、ほとんどの地域では、この速度以下だといわれる

青森県・岩手県・宮城県

## 三陸海岸《さんりくかいがん》

三陸ジオパーク/三陸復興国立公園

三陸海岸は日本有数のリアス海岸として知られる。この海岸は、海岸線の中間点に当たる宮古市付近を境に、北部と南部では地形が大きく異なる。南部では主にリアス海岸が見られ、特に箱崎半島や広田崎、碁石海岸、唐桑半島などで、岬と入江が連続するリアス海岸が形成されている。一方の北部では、主に数十万〜数万年前にできた海岸段丘が広がり、北山崎や鵜の巣断崖に見られるような、高さ数百m級におよぶ断崖絶壁が続く。複雑*に入り組んだ地形のリアス海岸は、外海に比べて波風が穏やかなため、古くからカキなどの養殖が盛んに行われ、海岸段丘の平坦面は酪農などに利用されてきた。

↑碁石海岸は約1億3000年前の海底の堆積層が隆起し、現在の変化に富む海岸線となった

→断崖が8kmにわたって続く北山崎

三重県

## 英虞湾《あごわん》

伊勢志摩国立公園

志摩半島の南部に位置する大きな入海で、日本有数のリアス海岸として知られる。数億年前に隆起を始めた海底が、最終氷期に日本最大といわれる隆起海食台地となり、侵食によって多くの河川や谷が形成された。その後、約1万年前の氷期の終わりとともに沈降し、低平な台地の先が典型的なリアス海岸となった。湾内の島は、かつては山だったもので、その数は大小50以上におよぶ。

↑英虞湾周辺のいくつかの展望台からはリアス海岸の絶景が望める

←リアス海岸特有の穏やかな内海は、日本で初めて真珠の養殖に成功した場所でもある

### 川上教授の巡検手帳

英虞湾を眺めるなら横山展望台。海と陸がつくるパノラマを眺めると雄大な気分を味わえる。氷河時代の陸上侵食と後氷期の海進がつくった自然の造形はまさしく絶景だ。

Notes | *リアス海岸でできた湾内は穏やかな反面、ひとたび津波が押し寄せると、狭い入江に海水が集中することで水位がより高くなり、砂浜海岸などに比べ被害が大きくなりやすい傾向がある

高知県 室戸ジオパーク

## 枦《はぜ》山《やま》-西《にし》山《やま》台《だい》地《ち》

ユネスコ世界GP

室戸地域では1万年当たり平均20mという、沿岸地域としては世界有数の速度で大地が隆起しているといわれる。特に室戸岬から西側の地域には「崎山台地」や「枦山-西山台地」など、最終氷期の約12万5000年前に形成された、広大な海岸段丘が広がっている。隆起速度が速いことから、標高200mにも及ぶ、この時代として屈指の高さを誇る段丘も見られる。

枦山－西山台地の壮大な景観。日当たりや水はけが良い海岸段丘は農地に適する

沖縄県 沖縄戦跡国定公園

## 喜屋武《きゃん》岬《みさき》

沖縄本島では南部のほとんどの地域が、主にサンゴに由来する琉球石灰岩で覆われており、その南端に位置する喜屋武岬一帯では琉球石灰岩の海岸段丘が見られる。高さ10〜20mの断崖が連なる海岸沿いでは、崖の下部にできる窪みが拡大して落石が盛んに起こり、これによって崖が徐々に後退し、現在も地形が刻々と変化をしている。

喜屋武岬を含む本島南部の海岸は、太平洋戦争における沖縄戦の、最後の激戦地だった

新潟県・長野県 苗場山麓ジオパーク

## 中《なか》津《つ》川《がわ》右《う》岸《がん》の河《か》岸《がん》段《だん》丘《きゅう》

日本一の大河・信濃川沿いには河岸段丘が多く、なかでも支流の中津川との合流点付近には、高度差約650mの中に10段＊＊にもおよぶ段丘地形が見られる。約43万年前から形成が始まったもので、段丘面に苗場山の溶岩が流れ込み、大地の隆起と氷河期および間氷期における中津川の侵食活動が繰り返された結果、現在の姿になった。全国に数ある河岸段丘のなかでも、四十数万年前の段丘が残るのは珍しいといわれる。

各段丘面の堆積物の厚さは5〜10mで、高い段丘ほど時代が古い

Notes ＊＊古い段丘から谷上《たにあげ》面、米原《まいばら》Ⅰ面、米原Ⅱ面、卯《う》ノ《の》木《き》面、朴《ほお》ノ《の》木《き》坂面、貝坂《かいざか》面、正面《しょうめん》面、本《もと》ノ《の》木《き》面、大割《おおわり》野《の》Ⅰ面、大割野Ⅱ面で構成されている

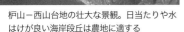

## 自然現象がもたらす地表の変化

# 風化と侵食でできた地形

### 自然の営みによって破壊され、削られる地表

地表にある岩石や土壌は、内的および外的な営力*によって、絶えずその様相を変化させている。こうした影響のなかで、岩石などが大気や水と接触することで破砕または変質する現象は風化作用と呼ばれ、一般的に**物理的風化**作用、**化学的風化**作用の2種類に分類される。一方、雨水や河水、海水、氷河などの自然の外的営力によって岩石や土壌が**削磨**されていく現象が侵食作用と呼ばれる。深い谷や奇観、奇岩などは、こうした風化や侵食の影響によるものだ。

## ★風化の成因と主な種類

**物理的風化は機械的風化とも呼ばれ、岩石が破壊されたり劣化したりする作用。化学的風化は、化学反応により岩石の成分の一部が溶けたり岩石の変質が起こったりする作用。**

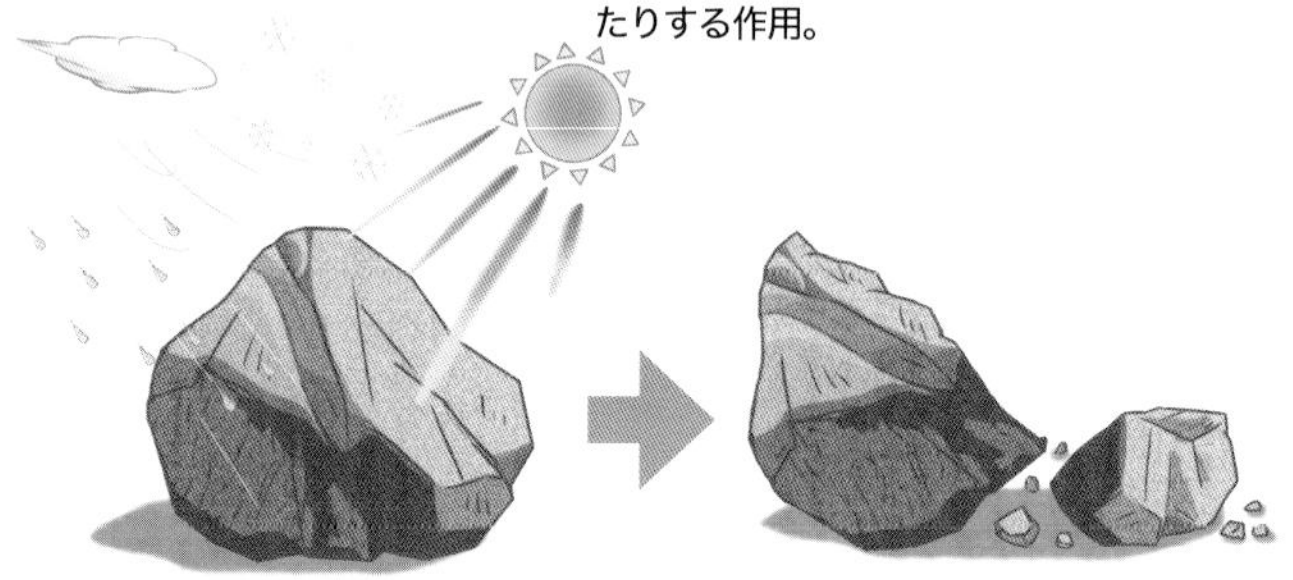

### 物理的風化

| | |
|---|---|
| 除荷作用 | 岩石を覆っていた氷河などの物体が除去されたことによって生じる風化 |
| 熱風化 | 日射などの影響で、岩石が加熱膨張や冷却収縮を繰り返すことで生じる風化 |
| 乾湿風化 | 岩石が吸水や乾燥することによって、膨張と収縮を繰り返して生じる風化 |
| 塩類風化 | 岩石内の水に含まれる塩分が乾燥して結晶になる際に、その圧力で生じる風化 |
| 凍結風化 | 岩石の割れ目や隙間に入り込んだ水が、凍結時に膨張することで生じる風化 |

### 化学的風化

| | |
|---|---|
| 溶解 | 鉱物などが水に溶けることによって生じる風化。特に石灰岩で顕著 |
| 酸化還元 | 酸素を含む地下水などの浸透により岩石が酸化されることで生じる風化 |
| 水和 | 岩石が水と接触して化学反応を起こし、粘土鉱物が形成されることで生じる風化 |
| 加水分解 | 水分や空気中の湿気によって発生する分解反応の影響で生じる風化 |

### 生物風化

物理的、化学的を問わず動物や植物、微生物などの働きで生じる風化

**Keywords**

★営力
★物理的風化
★化学的風化
★削磨

**世界では**

★グランド・キャニオン国立公園
★ウルル-カタ・ジュタ国立公園

**Notes** ＊地球の表面に作用して、それを変位、変形させて地形をつくる力。営力には地球の内部から作用する内的営力と、外部から作用して地形を変化させる外的営力とがある

## ★侵食の成因と主な種類

侵食は、地球内部から働く地殻変動や火山活動などの作用ではなく、外部から働きかける自然の営力によって起こる。営力の種類によって分類され、それによって生じる地形も異なる。

| | |
|---|---|
| 雨食 | 雨水による侵食。雨滴が直接侵食するほか、流れが侵食作用を及ぼす場合などがある |
| 海食 | 波浪や潮流、海流など海水の運動が、海岸やその付近に与える侵食作用 |
| 氷食 | 氷河に覆われた岩石や土砂が、氷河の移動によって削られて生じる侵食作用 |

| | |
|---|---|
| 河食 | 河川による侵食作用で、岩石などを物理的に削る場合や、化学的に溶かす作用がある |
| 風食 | 吹きつける風や、風が運ぶ土粒子などで岩石や地表が削られる侵食作用 |
| 生物 | 軟体動物や海綿などの生物が、石灰岩などを削ったりすることで生じる侵食作用 |

## ★地形変化の過程を表す「地形輪廻」

地形輪廻は河川の侵食により地形変化の過程で、アメリカの物理学者W・デイヴィスが提唱した**地形発達・変化のモデル。侵食輪廻とも呼ばれる。

### ❶幼年期

隆起の止まった平坦な地形(原地形)において河川の侵食が始まり、深い谷が刻まれていく

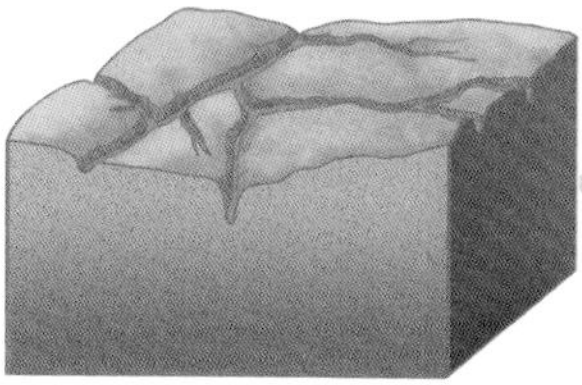

### ❷壮年期

幼年期よりもさらに侵食が進む。平坦面は失われ、深い谷ができ、山の起伏が最大となる

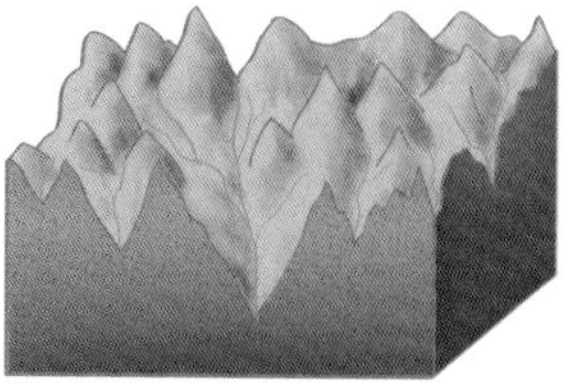

### ❸老年期

さらに川の侵食が進むことで谷底が広がる。山稜も侵食で崩れ、なだらかな山地に変わる

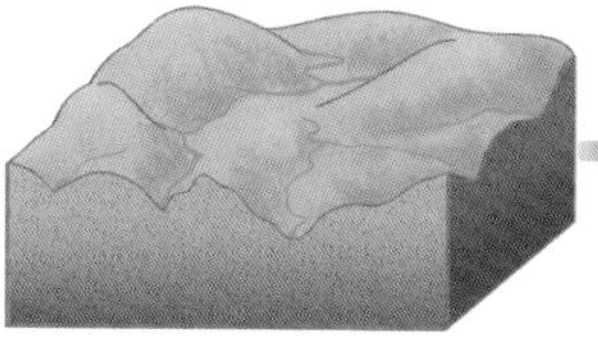

### ❹準平原

地形輪廻の最終段階でほぼ高低差のない平坦な地形になる。この後の隆起で再び原地形となる

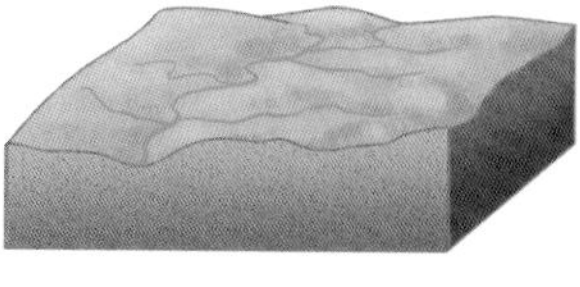

**Notes** ＊＊デイヴィスの地形輪廻はあくまでも一つの理想概念に過ぎず、実際には地盤運動や気候変化、火山活動などによって輪廻は中絶されることが多い

和歌山県　南紀熊野ジオパーク

## 保《ほ》呂《ろ》の虫《むし》喰《くい》岩《いわ》

南紀の白浜町では幅約30m、高さ約20mの岩壁に、まるでハチの巣のような無数の穴が開いている光景が見られる。虫に食われてできたようなこの窪みは「タフォニ」と呼ばれる、風化作用でできた穴。この場所では、厚い砂岩と礫《れき》岩の地層からなる岸壁の礫岩部分に見られる。岩盤表面から海水を含む水分が蒸発する際、塩分の結晶化に伴って岩石が破壊される塩類風化で形成されたと考えられている。南紀熊野ジオパークではこのような虫食い岩が107カ所で見られ、なかでも保呂の虫食い岩は規模が大きい。地元では、虫食い岩から剥がれ落ちた砂を患部にすり込むと治癒するとの言い伝えがある。

↑タフォニは海岸地域のほか、乾燥あるいは半乾燥地域で見ることもできる

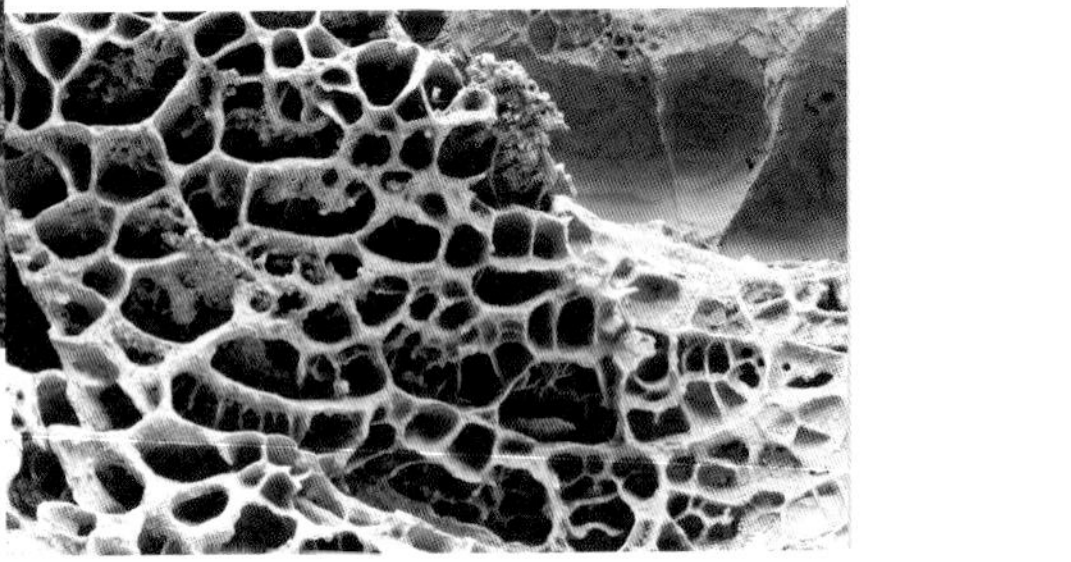

→塩類風化で岩石内部の物質が除去された

千葉県　銚子ジオパーク／水郷筑波国定公園

## 屏《びょう》風《ぶ》ヶ《が》浦《うら》／犬《いぬ》岩《いわ》

千葉県の銚子市から旭市までの海岸線に、約10kmにわたって連なる高さ40～50mの断崖。海水の侵食によってできた海食崖で、切り立った崖が続く様子が英仏海峡のドーバー＊断崖に似ることから「東洋のドーバー」と呼ばれる。一方の犬岩は、海からそそり立つ高さ約15mの岩体。風化と侵食の影響により、耳を立てた犬のように見えることから、犬岩と呼ばれる。

↑屏風ヶ浦は波浪の影響で剥離・落下した土砂が潮流で運び去られることで形成された

←犬岩の地層は約2億～1億5000万年前のジュラ紀のものとされ、千葉県最古といわれる

### 川上教授の巡検手帳

屏風ヶ浦の海食崖は実に見事というしかないほどの絶景だ。高さ50mもある崖が果てしなく続く。海食で削られた大地は、沿岸流で運ばれて九十九里浜の砂浜海岸を作った。

Notes　＊イギリスとフランスの間に位置するドーバー海峡では、海岸に石灰岩からなる堆積岩のチョークが露出し、特にイギリス側ではホワイト・クリフと呼ばれる白い断崖が見られる

富山県

立山黒部ジオパーク／中部山岳国立公園

## 黒《くろ》部《べ》峡《きょう》谷《こく》

黒部峡谷は50万年以上前に、地殻変動により急激に隆起してできた立山連峰、後《うしろ》立山連峰一帯の花崗岩質の岩石を、黒部川の流れが侵食することで形成された。標高３０００ｍ級の山々が多いうえ、黒部川は日本屈指の急流河川。斜面を勢いよく深く削り、尾根から谷底までの標高差が１５００～２０００ｍに及ぶ、日本一深いといわれるＶ字谷が形成された。国の特別名勝・特別天然記念物にも指定されている。

黒部峡谷は新潟県の清津峡、三重県の大杉谷とともに、日本三大渓谷に挙げられる

岩手県

三陸ジオパーク

## 龍《りゅう》泉《せん》洞《どう》

1200mの区間が一般公開されており、鍾乳石の多彩な造形や、大規模な地底湖などを見学できる

龍泉洞は山口県の秋芳洞、高知県の龍《りゅう》河《が》洞《どう》と並ぶ「日本三大鍾乳洞」の一つ。約2億数千万年前の火山島の上にサンゴなどの生物の殻が堆積してできた石灰岩が、大陸縁に付加したあとに隆起して地上に押し上げられ、長い年月をかけて雨水に侵食されて形成された。洞内は明らかな部分だけで３６００ｍ以上、全容は５０００ｍ以上に達するとされる。

青森県

下北ジオパーク／下北半島国定公園

## 仏《ほとけ》ヶ《が》浦《うら》

下北半島の西海岸に位置する景勝地で、白緑色をした高さ１００ｍになる奇岩や巨岩が２～３㎞にわたって連なる。地質は約２０００万年前の海底火山活動によってできた脆い凝灰岩であるため、海食や、冬の寒さに起因する風化などの影響で、現在見られるような姿になった。古くから、霊場恐山**の奥の院といわれて信仰を集め、奇岩には「如来の首」「十三仏」「五百羅漢」など仏にちなんだ多くの名前がつけられている。

あまりにも壮大な景観であるため、全体像を把握するなら観光船からの見学が望ましい



Notes

＊＊下北半島中央部に位置する活火山で、カルデラ湖である宇曽利山湖《うそりやまこ》の湖畔に、比叡山、高野山と並ぶ日本三大霊場の一つである恐山菩提寺がある

土砂を運ぶ水の働き

# 運搬と堆積でできた地形

## 自然の力で運ばれた土砂はやがて堆積して地層になる

風化や侵食によって細かくなった地表の岩石や砂は、水や風、氷などの影響で、元あった場所から移動させられる。これを**運搬**作用と呼ぶ。こうして運ばれた土砂は、水の流れや風の運搬エネルギーが低下する場所で、地表に蓄積される。これが**堆積**作用だ。風化、侵食、運搬、堆積は地形を形作る4大要素といわれ、**堆積物**は時間の経過とともに**地層**を形成し、地球の過去の環境や気候の変化、生物の進化などに関する多くの情報を我々に教えてくれる。

### ★運搬の過程と堆積物の種類

河川では上流から中流では侵食や運搬が盛んで、下流から河口では堆積が盛ん。土砂は粒が大きい礫、砂、泥の順で堆積する。

流れが速いところ
勾配が急な上流では水の勢いが強く、大量の土砂が削られ下流へ運ばれていく
湾曲しているところ
湾曲部では流れの速い外側では侵食・運搬作用が強く、遅い内側では土砂がたまる
流れが遅いところ
河口などの流れが緩やかな場所では運搬のエネルギーが減少し堆積作用が強まる

**礫**

いわゆる小石。直径が2㎜より大きく、一つ一つの粒子が肉眼で識別できる

**砂**

直径1/16〜2㎜の粒子。手触りがざらざらしており、泥よりも色が淡いことが多い

**泥**

直径1/16㎜より小さくて手触りは滑らか。基本的に黒色で乾くと褐色になることがある

Keywords
★運搬
★堆積
★堆積物
★地層
世界では
★ナイル川デルタ
★ナミブ砂漠
★デスバレー国立公園

Notes ＊河川によって運ばれた土砂が堆積してできた平野は沖積平野と呼ばれ、広義では、扇状地や氾濫原、三角州なども沖積平野に含まれる

## ★運搬と堆積がつくる主な河川地形と海岸地形

**湿潤気候の日本列島では、水を営力とする運搬や堆積作用に伴う河岸地形や海岸地形が多い。**

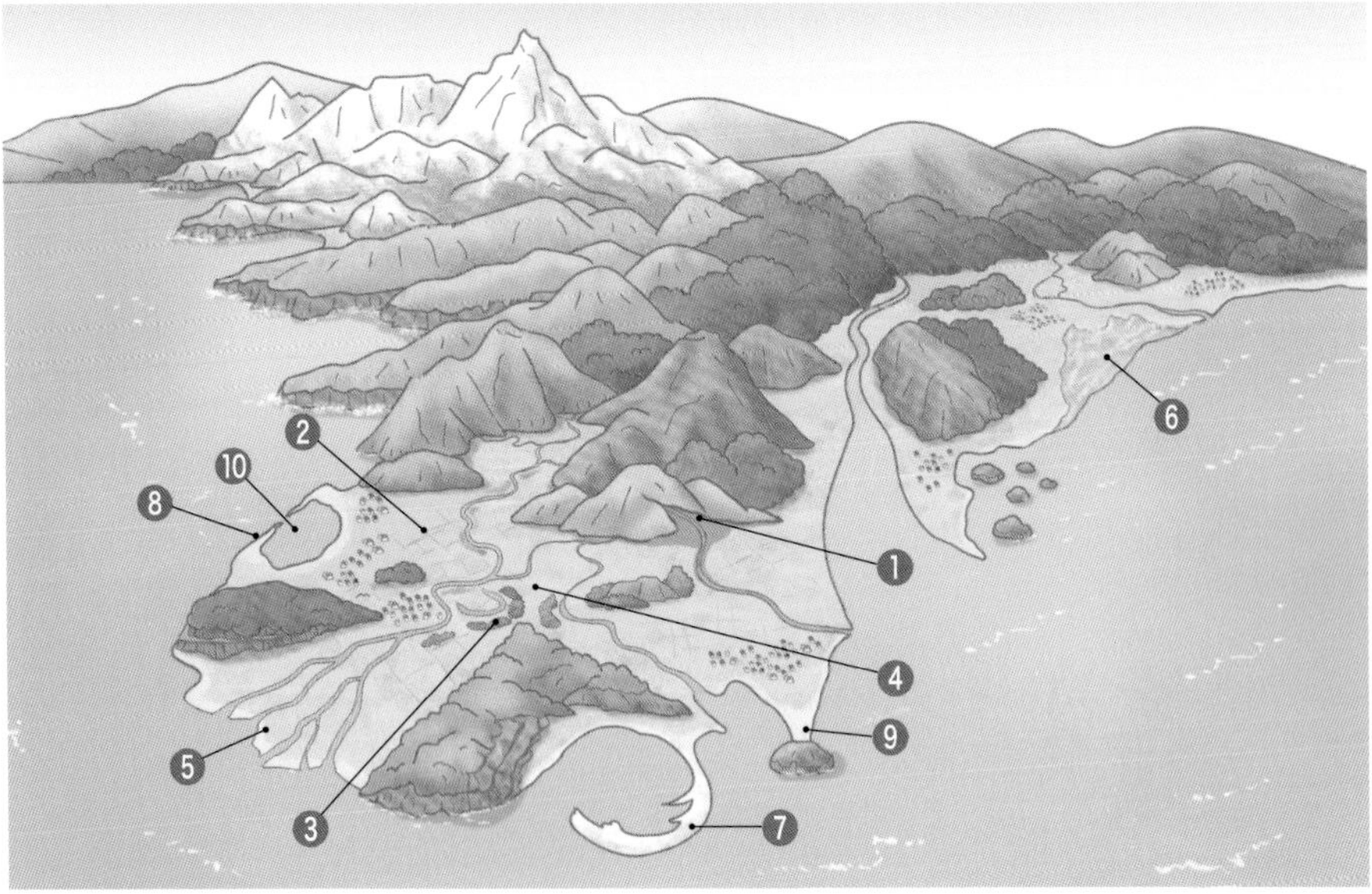


### ❶ 扇状地
川の中流から*平野にかけての谷口にできる扇状または半円形の地形。谷口から扇頂、扇央、扇端に分かれる

### ❷ 氾濫原
低地の平坦な平野部において、河川がS字に蛇行する場所。多くは扇状地と三角州との間にできる

### ❸ 自然堤防
川の運ぶ土砂などが洪水時に両岸にあふれ出して堆積し、河川流域に堤防のように形成された微高地

### ❹ 後背湿地
洪水時にあふれた水が自然堤防に妨げられて流路に戻れず、低地に留まり続けたことでできる低湿地

Close Up

### 火山灰の堆積でできた地層

**伊豆大島ジオパークでは、起伏のある台地に火山噴出物が堆積した地層を見ることができる。**

### ❺ 三角州
河川に運ばれた土砂が、流れの非常にゆるやかな河口部分に堆積してできた**放射状の地形。ギリシャ文字のΔ(デルタ)にちなみ、デルタとも呼ばれる

### ❻ 砂丘
風による運搬・堆積作用で形成された丘状の地形。内陸の乾燥・半乾燥地域にできる内陸砂丘や、海岸から運ばれた砂によってできる海岸砂丘などがある

### ❼ 砂嘴《さし》
河川によって運ばれた砂礫が主に沿岸流など流れる水の働きによって、岬や半島の先端から海に向かって細長く突き出るように堆積することで形成された地形

### ❽ 砂州《さす》
砂嘴がさらに成長して、対岸の陸地や島と連結するようになった地形。一般的には海面上にあるものを指すが、海面下にあるものは海底砂州と呼ばれる

### ❾ 陸繋砂州《りっけいさす》
陸地と島とを連結する1本あるいは2本以上の砂州のことで、トンボロとも呼ばれる。陸繋砂州によってつながれた島は陸繋島と呼ばれる

### ❿ 潟湖《せきこ》
湾口に発達した砂嘴や砂州などによって、外海と切り離されることで形成された海岸の浅い湖。ラグーンとも呼ばれ、通常は汽水湖になる



Notes
＊＊河口付近ではまず堆積物による中州ができ、この中州を避けるような放射状の川の流れが生まれ、それぞれの川がさらに土砂を堆積させ、最終的に三角形状の地形ができる

富山県
立山黒部ジオパーク

# 黒《くろ》部《べ》川《かわ》扇《せん》状《じょう》地《ち》

黒部川は3000m級の北アルプスから黒部峡谷を一気に流れ下る急流河川。そのうえ黒部川流域の降水量は日本有数といわれ、侵食された山間部の大量の土砂が下流域に広大な扇状地を形成した。黒部市愛本を扇の要とする角度が約60度で、扇頂から海岸の扇端までの距離は13・5km。面積は約120km²で、典型的な扇状地としては日本最大の広さ。扇状地への河川流入量は年間約24億m³にものぼるため地下水も豊富で、海岸沿いでは「黒部川扇状地湧水群」*が形成されている。黒部川は水に溶けにくい花崗岩の間を流れるため、水質はカルシウムや鉄などの成分が少なく、名水として知られる。

↑扇状地には扇形でない場所も多いが、黒部川扇状地では綺麗な扇形が確認できる

→豊富な湧水地では天然の杉林も見られる

北海道
とかち鹿追ジオパーク／大雪山国立公園

# 然《しかり》別《べつ》湖《こ》

標高810mの地点にある然別湖は、北海道で最も高所にある湖。約3万年前の噴火で川がせき止められてできた堰止湖で、周囲は約13km。複雑な湖岸線には9つの湾が形成されている。ヤンベツ川は然別湖に流入する唯一の河川で、河口には小規模な三角州が発達している。上流にも、かつての三角州の地層があることから、水面が現在よりももっと高い場所にあったことをうかがわせる。

↑三角州は非常に小規模ながら三角の形状がよくうかがえ、現在も形成途上にある

←然別火山群の山々に囲まれた然別湖の北側からの眺め。写真の左下に三角州が見える

### 川上教授の巡検手帳

鳥取砂丘は砂漠をイメージさせる人気スポット。砂漠の砂は微細でさらさらしているが、鳥取砂丘の砂はざらざらしていて粒の違いから川が運んだ土砂が堆積したものだとわかる。

Notes ＊富山県では4つの湧水が環境省の「名水百選」に選定されているが、扇状地の海岸付近で湧出する黒部川扇状地湧水群は、これらのなかでも特に豊富な湧水量を誇っている

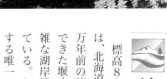

鳥取県

山陰海岸ジオパーク／山陰海岸国立公園

## 鳥《とっ》取《とり》砂《さ》丘《きゅう》

ユネスコ世界GP

鳥取砂丘は、鳥取市の海岸にある東西16km、南北2.4kmの範囲にわたって広がる、日本を代表する海岸砂丘。中国山地から千代川《せんだいがわ》によって日本海へ運ばれた大量の砂が、潮流や波浪によって海岸に集められ、さらに、冬季の北西の季節風に吹き寄せられて堆積し、形成されたと考えられている。最大高低差は90mにもなり、西から末恒《すえつね》、湖山《こやま》、浜坂、福部《ふくべ》の4つの砂丘に分かれる。

浜坂砂丘の景観。これ以外の3つの砂丘では農地化や宅地化が進んでいる

静岡県

伊豆半島ジオパーク／富士箱根伊豆国立公園

## 三《さん》四《し》郎《ろう》島《じま》とトンボロ

ユネスコ世界GP

三四郎島は西伊豆の瀬浜海岸の沖合200mほどの場所にある伝兵衛《でんべえ》島《じま》、中ノ島、沖ノ瀬島、高島からなる4つの島の総称。見る角度によって3島あるいは4島に見えることが名の由来といわれる。陸地との間には石や岩が堆積した細長い浅瀬があり、平水時には海水によって隔てられているが、干潮時には海底が露出し、一番手前の伝兵衛島と陸地が結ばれるトンボロ(陸繋砂州)が見られる。

→潮位が100㎝になると海底は見えなくなる

↑干潮時、水位が30㎝以下となる時間帯には歩いて行き来することができる

京都府

丹後天橋立大江山国定公園

## 天《あまの》橋《はし》立《だて》

日本三景のひとつである天橋立は、宮津湾の海面上に、5000本にも及ぶ松並木と白砂による「白砂青松《はくしゃせいしょう》」が、約3.6kmにわたって続く砂州。**現在は内海になっている阿蘇海と、外海の宮津湾の海流がぶつかり、これらの海流に運ばれた砂が徐々に堆積することで砂州が形成された。この砂州が海面上に現れ始めたのは今から約2200年前といわれ、約200年前に現在の姿になったと考えられている。

砂州の幅は約20〜170m。歩いて渡った場合、片道約50分かかるといわれる



Notes

**天橋立は砂嘴と表現されることもある。天橋立は宮津湾を南北に分断するが、南側が厳密には陸地とつながっておらず、人工の橋で結ばれていることも、その理由の一つとされる

# 氷河でできた地形

日本の山々を覆った氷河のダイナミックな働き

## 山岳地域で見られる氷河が流れたあとの地形

降雪量の多い場所では、積もった雪は自重で固まって氷の塊となり、低い方へ流れ出す。この流れが氷河だ。氷河は流動する過程で岩盤を**侵食**し、岩屑を**運搬**し、**堆積**する。氷河の速度は年間約10ｍで、河川などに比べて10万分の1程度といわれるが、**質量**と**粘性**が大きく、その力は強大。こうした作用で氷河地形が形成される。温暖湿潤気候の日本には雪渓*はあっても氷河はないといわれてきたが、現在は国内で7つの氷河の存在が明らかになっている。

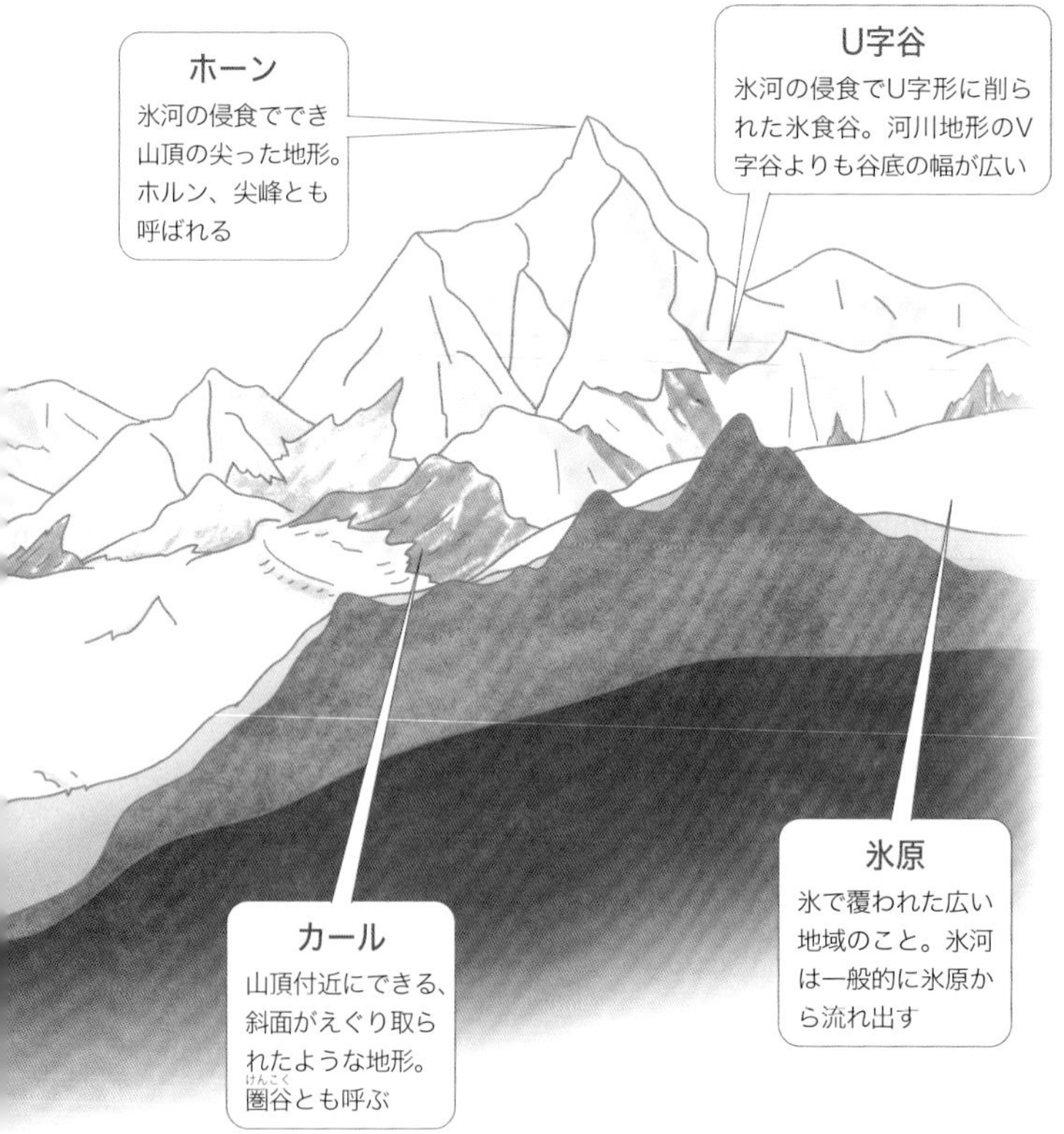
ホーン
氷河の侵食ででき山頂の尖った地形。ホルン、尖峰とも呼ばれる
U字谷
氷河の侵食でU字形に削られた氷食谷。河川地形のV字谷よりも谷底の幅が広い
氷原
氷で覆われた広い地域のこと。氷河は一般的に氷原から流れ出す
カール
山頂付近にできる、斜面がえぐり取られたような地形。圏谷《けんこく》とも呼ぶ

Keywords
★侵食
★運搬
★堆積
★質量
★粘性

世界では
★カナディアン・ロッキー
★スイスアルプス

Notes
*特に山岳地域において、谷地形などに局地的に多量に降り積もった雪が、夏に遅くまで溶けきらずに残雪として残ったものを指す。残雪が溶けないまま越年すると万年雪と呼ばれる

## ★氷河時代の日本列島

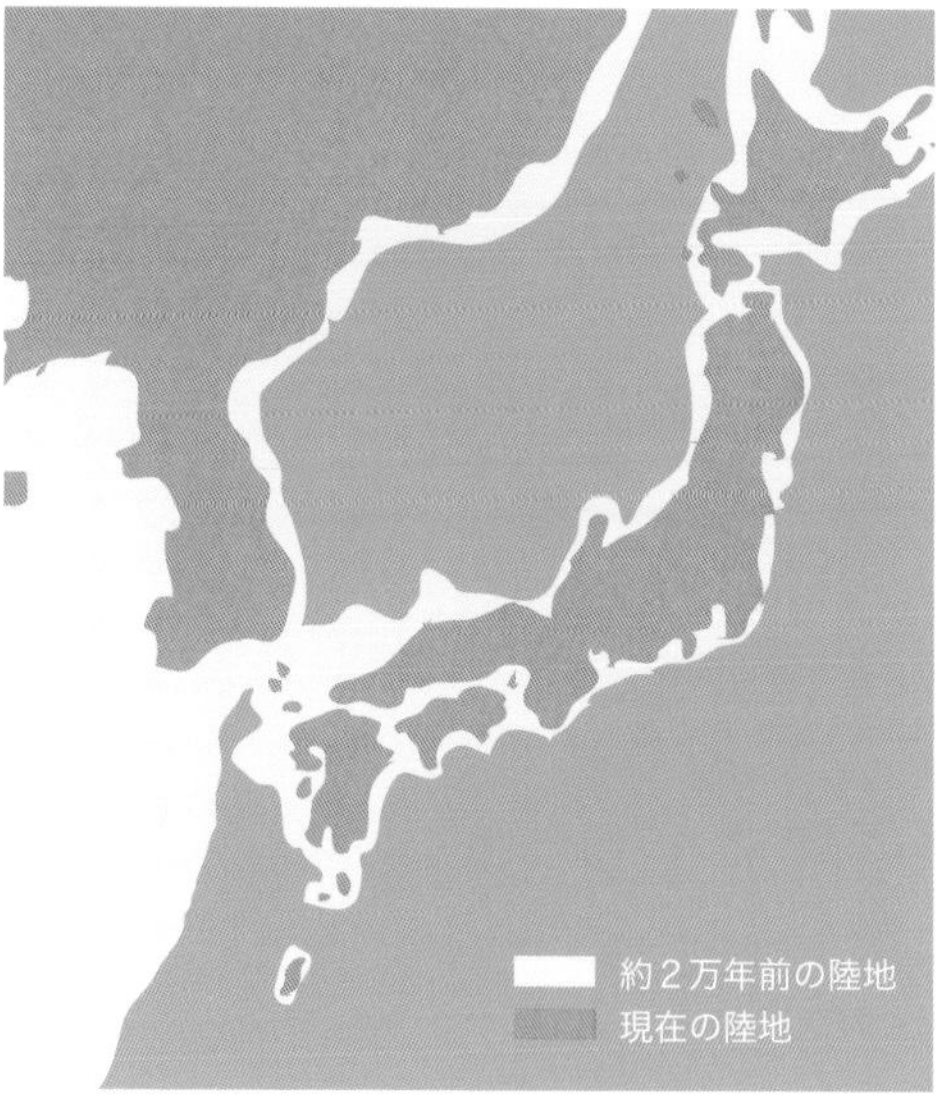
約２万年前の陸地
現在の陸地

約2万年前は日本列島と大陸が陸続きだった。この頃は氷期の中でも特に寒冷な時代だったが、日本では山岳部に氷河が出現した程度で、平地部が氷河に覆われるようなことはなかったといわれている。

## ★さまざまな氷河地形

氷河による侵食は氷河の底面で行われるため、氷河がその場から消えて初めて観察できる。日本に現存する氷河は少ないが、山岳部を中心に氷河地形が残る場所は多く、過去の氷河の分布や規模、流動方向などを知ることができる。

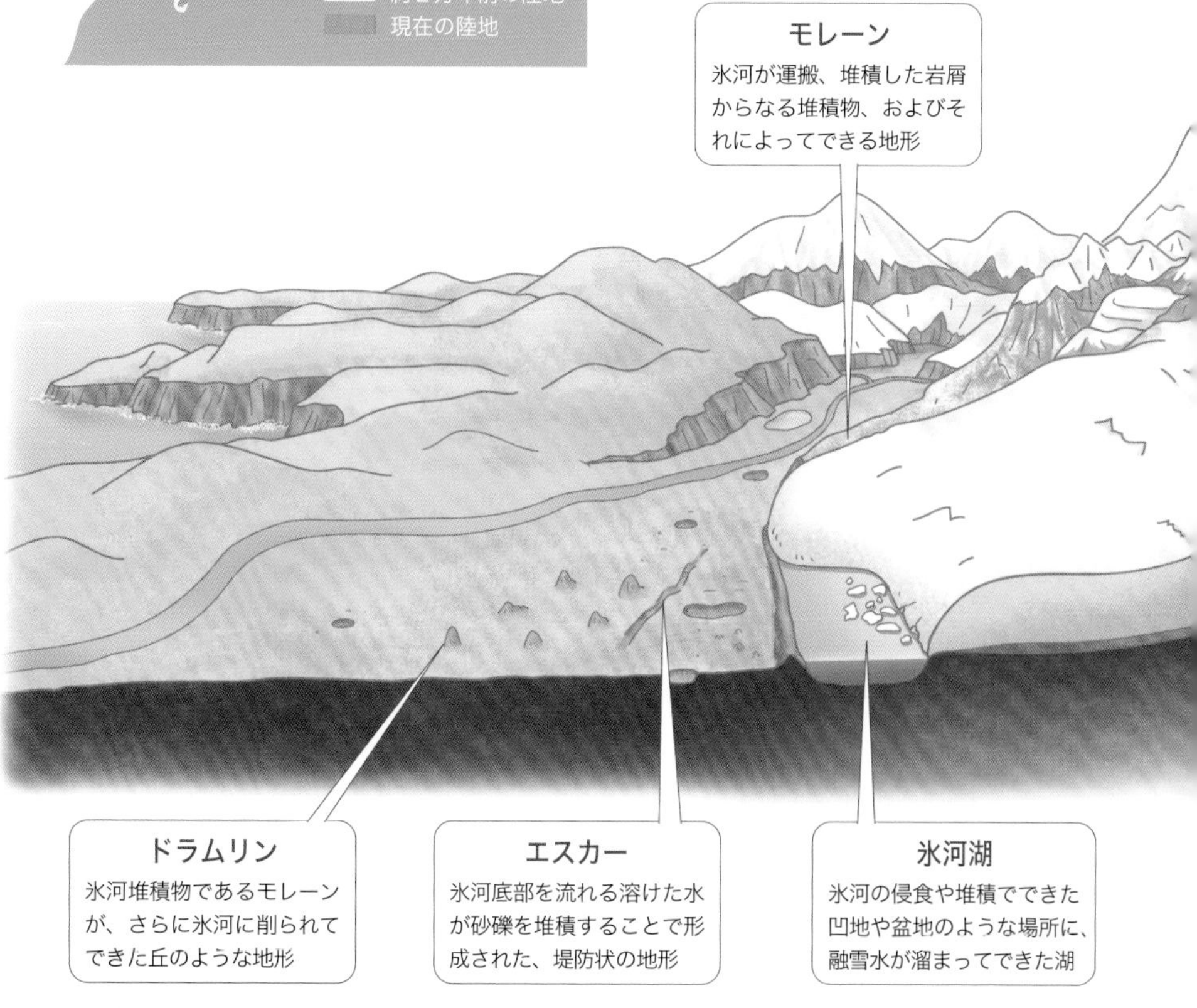
モレーン
氷河が運搬、堆積した岩屑からなる堆積物、およびそれによってできる地形
ドラムリン
氷河堆積物であるモレーンが、さらに氷河に削られてできた丘のような地形
エスカー
氷河底部を流れる溶けた水が砂礫を堆積することで形成された、堤防状の地形
氷河湖
氷河の侵食や堆積でできた凹地や盆地のような場所に、融雪水が溜まってできた湖

**Notes** ＊＊御前沢《おまえざわ》氷河、内蔵助《くらのすけ》氷河、三ノ窓氷河、小窓氷河、池ノ谷氷河（いずれも富山県）と、カクネ里氷河、唐松沢氷河（ともに長野県）の計7つ

富山県

# 立山《たてやま》連峰《れんぽう》

立山黒部ジオパーク／中部山岳国立公園

↑剱岳東面の三ノ窓氷河は日本最大の氷体で長さ1200m

立山連峰*は北アルプスの北部に連なる連峰群で、標高2600mを超える高峰を20以上も擁する山岳地帯。山頂付近では薬師岳の圏谷群や大汝《おおなんじ》山《やま》の山崎圏谷(いずれも国の天然記念物)、剱岳《つるぎだけ》東側の氷食谷群など、約11万〜1万年前の最終氷期に形成された圏谷やU字谷などの氷河地形がいたるところで見られる。のみならず、日本に現存する7つの氷河のうち、御前沢・内蔵助・三ノ窓・小窓・池ノ谷の5つの氷河がある氷河密集地帯。これらの氷河の活動により、現在も氷河地形が形成されつつある場所だ。

↑富士ノ折立《ふじのおりたて》北側の圏谷にある内蔵助氷河は日本最古の氷体といわれる

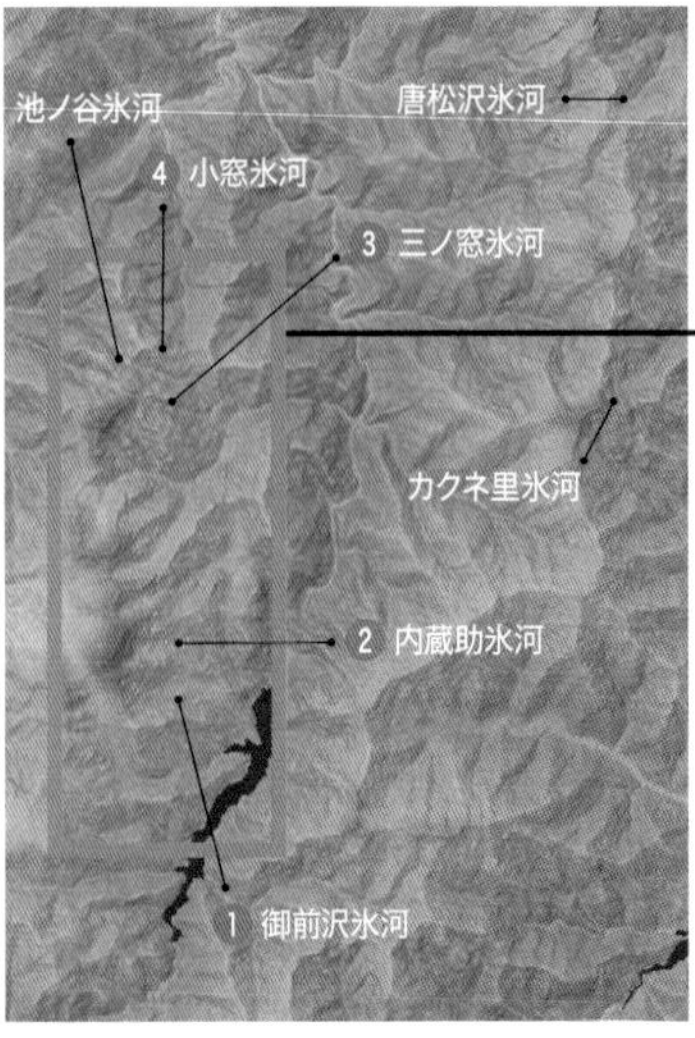


←御前沢・三ノ窓・小窓氷河は2012年、池ノ谷・内蔵助氷河は2018年に氷河と判明した

↑東の方角から見た立山連峰

## 川上教授の巡検手帳

ロープウェイで一気に標高2700mまで登ると、三方を尾根で囲まれた千畳敷カールの底に着く。開けた谷を屏風のように囲む山並が異様に見えるのは氷河地形だからなのか。

Notes　*立山連峰は飛騨山脈のうち黒部川で東西に区切られた西側の支脈を指し、東側には後立山連峰が連なる。なお、立山は雄山《おやま》、大汝山、富士ノ折立の3つの峰からなる

長野県・山梨県

南アルプスジオパーク／南アルプス国立公園

## 仙《せん》丈《じょう》ヶ《が》岳《たけ》

仙丈ヶ岳は南アルプスの北部に位置する標高3033mの山。隣にそびえる甲斐駒ヶ岳の鋭い山容に比べ、女性的で緩やかな山容から、〝南アルプスの女王〟と呼ばれる。南アルプスは北アルプスほど氷期の積雪量が多くなかったことから氷河地形が少ないとされるが、仙丈ヶ岳では小仙丈沢カール、藪沢カール、大仙丈沢カールと3つの圏谷が見られる。このうち藪沢カールでは長さ約2kmの氷河があったと考えられている。

藪沢カールでは、現在仙丈小屋の立つ標高約2880m地点がカール底と考えられている

北海道

日高山脈襟裳国定公園

## 幌《ぽろ》尻《しり》岳《だけ》の七《なな》ツ沼《ぬま》カール

七ツ沼カールは、7つ以上の小湖沼からなる主カールと、小さな副カールからなる

日高山脈**に多いカール地形のなかでも特に有名なのが、標高2025mの幌尻岳にある七ツ沼カール。椀状に窪んだ七ツ沼カールは、なだらかなカール底と、それを取り囲むような急峻なカール壁からなり、典型的なカールの形態を呈する。この場所では、5万~4万年前と約2万年前の2回、氷河が発達した時代があったと考えられている。

長野県

中央アルプス国定公園

## 木《き》曽《そ》駒《こま》ケ《が》岳《たけ》の千《せん》畳《じょう》敷《じき》カール

中央アルプスでは濃《のう》ケ《が》池《いけ》カール、駒飼いの池カール、千畳敷カール、摺《すり》鉢《ばち》窪《くぼ》カールなどの氷河地形が知られている。このうち標高2931mの宝《ほう》剣《けん》岳《だけ》の直下、東から北東に向けて広がる千畳敷カールはその規模が大きく、平坦なカール底、裸岩壁からなるカール壁を持つ典型的なカール地形で有名。約2万年前の最終氷期に形成されたと考えられており、カール底と下流に続く谷には11列のモレーンも見られる。

千畳敷は紅葉の美しさでも名高く、ロープウェイからは絶景を堪能できる

Notes　**日高山脈には、十勝側を向いた東斜面と北斜面に、100前後ものカールがあるといわれ、十勝平野からはいくつものカールが眺められる

大地に加えられた強大な力

# 褶曲と断層でできた地形

## 水平な地層が曲がる褶曲
## 地層が上下左右にずれる断層

褶曲とは、地層や岩盤が側方から大きな力を受けて曲がりくねったようになる構造を指し、褶曲をつくる**変形作用**＊を褶曲作用と呼ぶ。広い範囲で起こった大規模な褶曲は山脈を形成し、ヒマラヤ山脈やアルプス山脈などは**褶曲山脈**と呼ばれる。断層は、地層や岩盤が加わった力に耐えきれずに破断し、割れた面に沿って相対的にずれた構造で、破断した面を**断層面**、断層を生ずる運動を**断層運動**と呼ぶ。大きな褶曲を生じるような力により、断層が生じる場合もある。

### ★褶曲の成因と主な種類

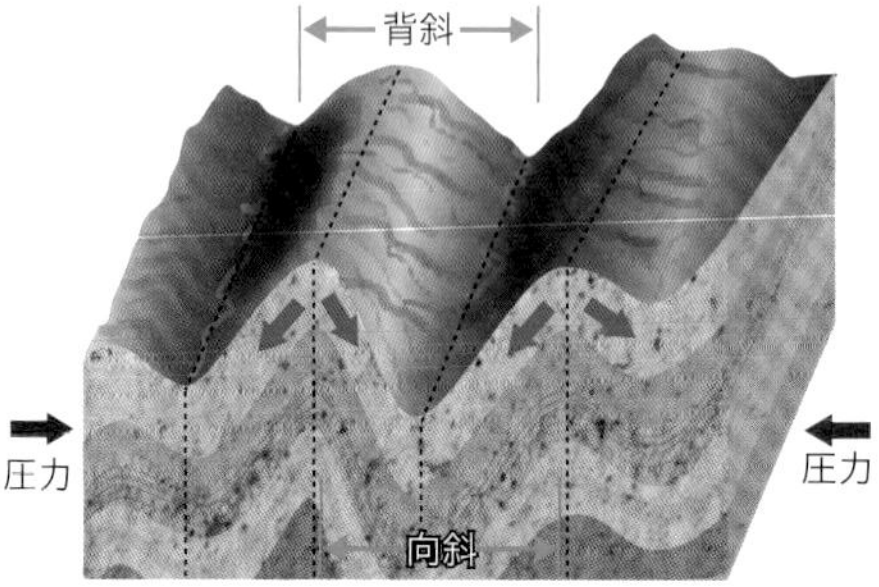


褶曲は横からの力による地層の短縮や、堆積層の固結前の海底地滑りなどで生じる。褶曲構造では盛り上がった部分が背斜、へこんだ部分が向斜と呼ばれる。また、各地層の褶曲の曲率が最大の部分を連ねた面を褶曲軸面(図中の点線)と呼び、褶曲構造はこの傾斜によって分類される。

①直立褶曲

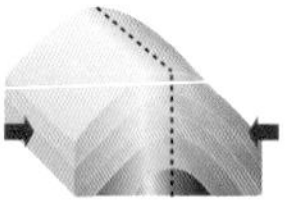

褶曲軸面の傾斜がほぼ90度になるもの。正立褶曲とも呼ばれる

②横倒し褶曲

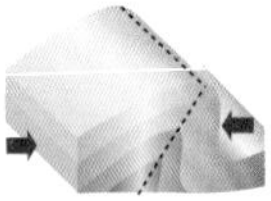

褶曲軸面が傾き、地層の両翼が軸面と同じ向きに傾いているもの

③横臥褶曲

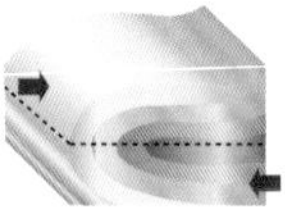

褶曲作用が極度に進み、軸面が折り畳まれるように水平になったもの

④箱型褶曲

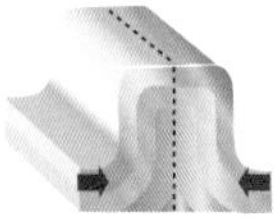

箱を逆さまに伏せたように、角ばった肩のような背斜を持つもの

⑤開いた褶曲

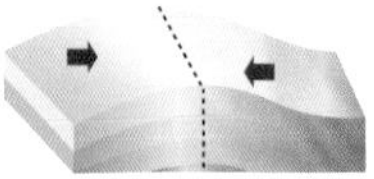

褶曲面の曲率が最大になる点(ヒンジ)を挟む両翼の角度が大きいもの

⑥閉じた褶曲

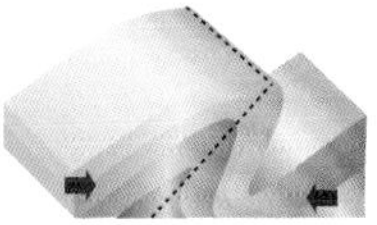

開いた褶曲とは反対にヒンジを挟む両翼の角度が小さいもの

⑦V字褶曲

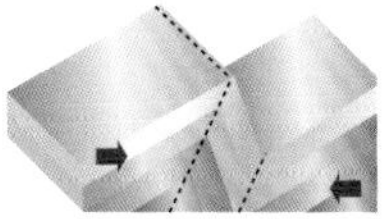

地層が急に折れ曲がったような波形をもつものでキンク褶曲とも呼ばれる

Keywords
★変形作用
★褶曲山脈
★断層面
★断層運動

世界では
★ヒマラヤ山脈
★アルプス山脈
★ピレネー山脈

Notes ＊褶曲はあくまでも地殻の変形作用であるため、凹凸などのある地形に沿って火山灰などが降り積もってできた場合などは、たとえ地層が曲面状に見えても褶曲とは呼ばれない

## ★断層の成因と主な種類

**地球の表面を覆う岩盤が割れて生じた地層のずれである断層は、プレート運動や地殻変動などの要因で、地殻に働く応力によって生じ、断層が動く方向(ずれ方)によって「縦ずれ断層」と「横ずれ断層」に大別される。**

### ①正断層

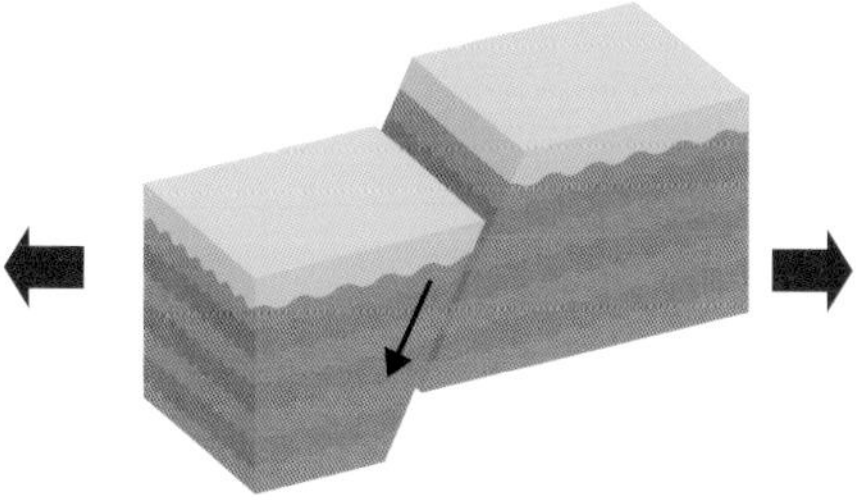

岩盤を引っ張る力により、傾斜した断層面に沿って、断層面より上部の地盤がずり下がったもの

### ②逆断層

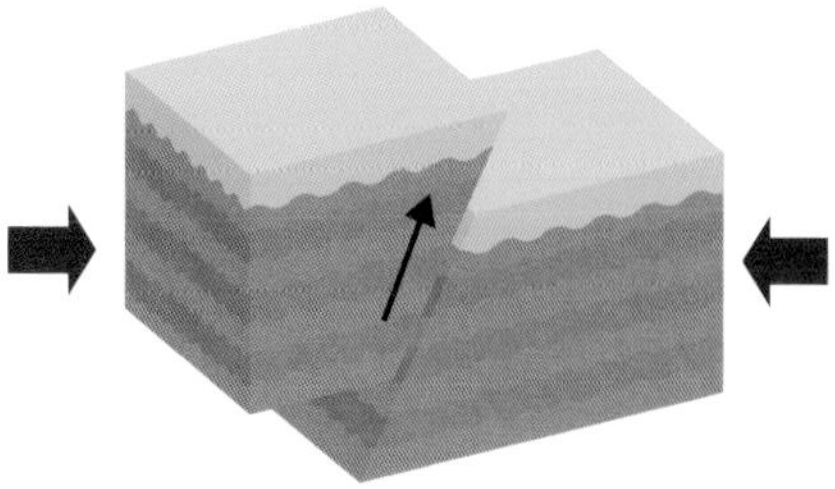

岩盤を押し合う力により、傾斜した断層面に沿って、断層面より上部の地盤がずり上がったもの

### ③左横ずれ断層

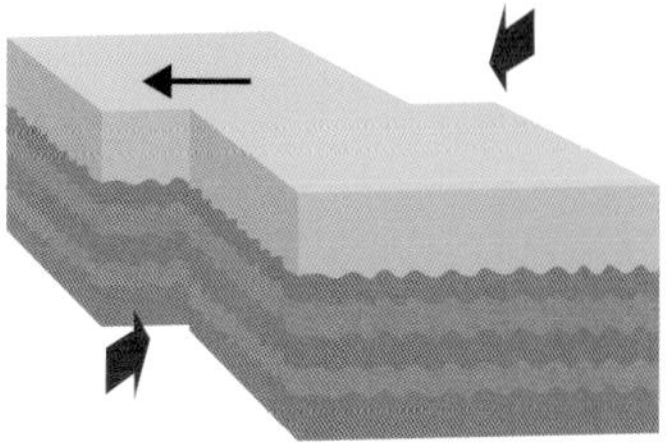

相対的に水平方向にずれる場合において、断層線に向かって向こう側の地塊が左にずれたもの

### ④右横ずれ断層

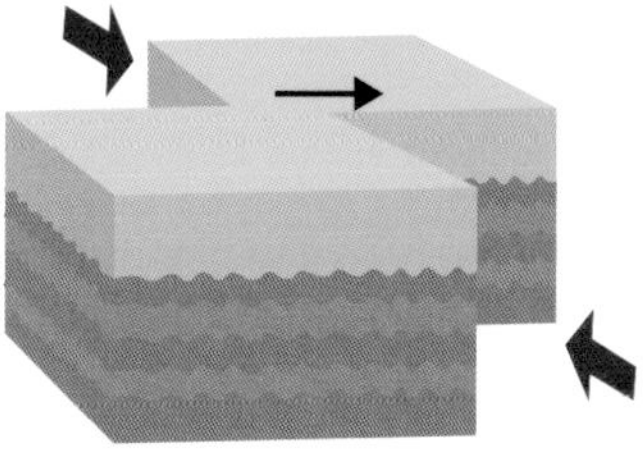

相対的に水平方向にずれる場合において、断層線に向かって向こう側の地塊が右にずれたもの

## ★日本の主な活断層

**断層のなかで、特[＊＊]に数十万年前以降に繰り返し活動し、将来も活動すると考えられる断層のことを「活断層」と呼ぶ。日本の陸域には約2000の活断層があり、未発見の活断層も多いといわれる。下の図中の赤い線は主な活断層。**

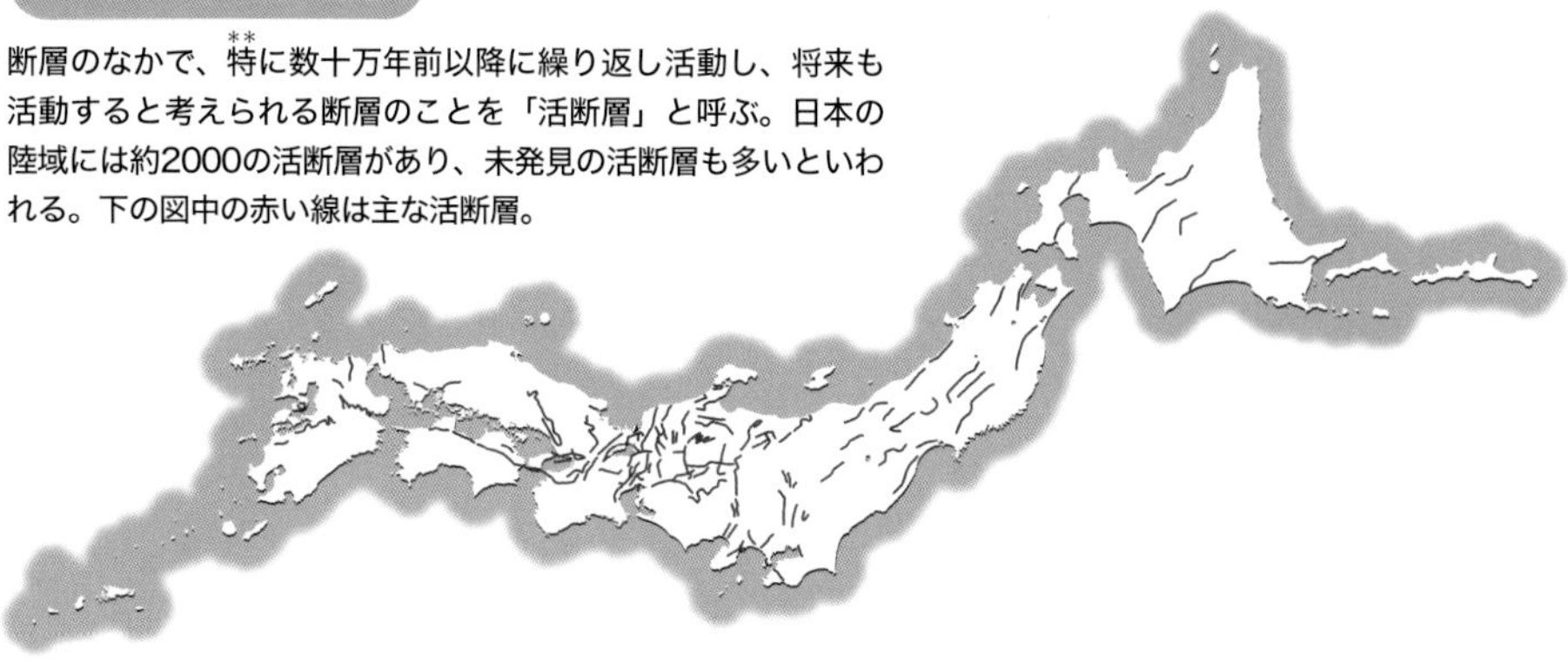

Notes ＊＊第四紀(260万年前以後)中に活動した証拠のある断層のすべてを活断層と呼ぶ場合もある

和歌山県
南紀熊野ジオパーク／吉野熊野国立公園

## フェニックス褶《しゅう》曲《きょく》

＊フェニックス褶曲は約4000万～2000万年前の海溝に堆積した砂岩と泥岩の互層が、海洋プレートの沈み込みによって陸側に押し付けられて付加体となる際に形成されたもの。地層は全体として上下が逆さまの逆転層になっている。一帯の海岸沿いには折れ曲がったような岩が多いが、そのなかでもフェニックス褶曲は、砂岩層が完全に固まる前の柔らかい状態のときに強大な力で押し曲げられたことが明瞭にわかること、間近で褶曲の全貌を観察できる数少ない露頭であることなどから世界的に有名。褶曲構造の好例として、中学校の理科の教科書や、海外の文献などにも掲載されている。

↑ロールケーキのような見事な褶曲。地質的には牟《む》婁《ろ》層群と呼ばれる堆積層に見られる

→人と比べるとスケールの大きさがわかる

群馬県
下仁田ジオパーク

## 大《おお》桑《くわ》原《はら》の褶《しゅう》曲《きょく》／宮《みや》室《むろ》の逆《ぎゃく》転《てん》層《そう》

群馬県の下仁田地域は「クリッペ」＊＊とも「根なし山(地塊)」とも呼ばれる地質が多いことで知られる。桑原の褶曲では、このクリッペを構成する地層が移動する時の変形でV字に折れ曲がった様子が観察できる。そこから南西に1.5㎞ほどにある宮室の逆転層では、大桑原の褶曲よりもさらに強大な力によって、V字を超えて地層が上下逆さまに逆転するまで曲がった様子を見ることができる。

↑大桑原の褶曲した地層は、約8000年前に海底に堆積した跡《あと》倉《くら》層と呼ばれる

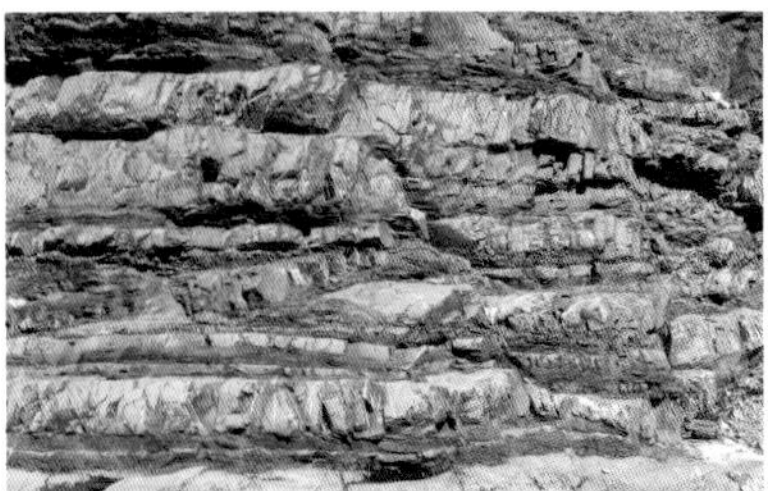

←宮室の逆転層では黒っぽい泥岩から灰色の砂岩へと、上位に向かって粒度が大きくなる

### 川上教授の巡検手帳

下仁田町の南牧川の河床では、上下がひっくり返った珍しい地層が観察できる。砂岩から泥岩への変化に注意して観察する。生痕化石なども地層の上下判定に使われる。

Notes ＊「フェニックス」の名の由来には、褶曲付近の地名「天鳥《あまどり》」が海外でフェニックスとして紹介された、褶曲の様子を翼を畳んで休むフェニックスに見立てた、など諸説ある

秋田県

鳥海山・飛島ジオパーク

## 宮《みや》沢《ざわ》林《りん》道《どう》の大《だい》褶《しゅう》曲《きょく》露《ろ》頭《とう》

右上から左下に向かって地層が波打つ横臥褶曲が、幅約20ｍ、高さ約50ｍにわたって見られる場所で、日本を代表する褶曲露頭のひとつ。約１２００万年前に海底に堆積した女《おんな》川《がわ》層が、堆積後の隆起によって陸地に姿を現したもの。日本列島付近では約３０００万年前から始まるプレートの東西の動きによって東日本全体が隆起し、奥羽山脈や出羽丘陵ができ始めるが、この褶曲もその時の変形でできたと考えられている。

その見た目から「ジグザグ褶曲」「アコーディオン褶曲」とも呼ばれる

長崎県

五島列島ジオパーク／西海国立公園

## 玉《たま》之《の》浦《うら》

玉之浦町の島山島では、赤灯台のバックに広がる五島層群の断層が観察できる

五島列島はおよそ２２００万〜１７００万年前に大陸の砂や泥が堆積した五島層群を基礎とし、その後の火山の噴火によって台地が形成された。福江島南西の玉之浦地区では、島々を引き離そうとする断層運動や、褶曲によって、傾きやずれを生じた五島層群がむき出しになっている。付近の大瀬崎では、高さ１００ｍに達する五島層群の大断崖も見られる。

富山県

立山黒部ジオパーク

## 横《よこ》山《やま》楡《にれ》原《はら》の衝《しょう》上《じょう》断《だん》層《そう》

富山県と岐阜県の県境付近では広い範囲にわたって、下位にあった地層が上位の地層の上に乗り上げる衝上断層が見られ、特に富山市楡原の神通川沿いでは、白亜紀前期に形成された手取層群の上に、それよりも古いジュラ紀の花崗岩類が乗り上げている様子がよく観察できる。これは約７０００万〜６０００万年前の白亜紀末に、南日本を中心に起こった大規模な地殻変動によって生じたものと考えられている。

飛騨片麻岩類が35度ほどの傾斜角度で手取層群に乗り上げている

Notes　＊＊衝上断層などにより、古い層の上に新しい層が乗り上げてできた山などをナップと呼び、このナップが侵食されたことで取り残された古い層をクリッペと呼ぶ

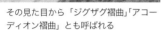

日本の陸地に入り込んだ海

# 縄文海進とその後

## 縄文時代の人々が直面した海水面の急激な上昇

1万2000年ほど前に直近の氷期が終わると地球の気候は温暖*化に転じ、各地で海水面の上昇する**海進**が起こった。日本では、縄文時代前期に当たる約6500～6000年前に海面の高さがピークを迎えたことから「**縄文海進****」と呼ばれている。その時代の海面は現在より2～3mも高く、海水が陸地の奥深くへ浸入したことで、複雑な入り江を持つ海岸線が列島各地に作られた。その後の**海退**で海水面が下がり、現在の日本の海岸線が形成された。

Keywords
★海進
★縄文海進
★海退

世界では
★サントス海進
★フランドル海進

### ★堆積でわかる「海進」と「海退」

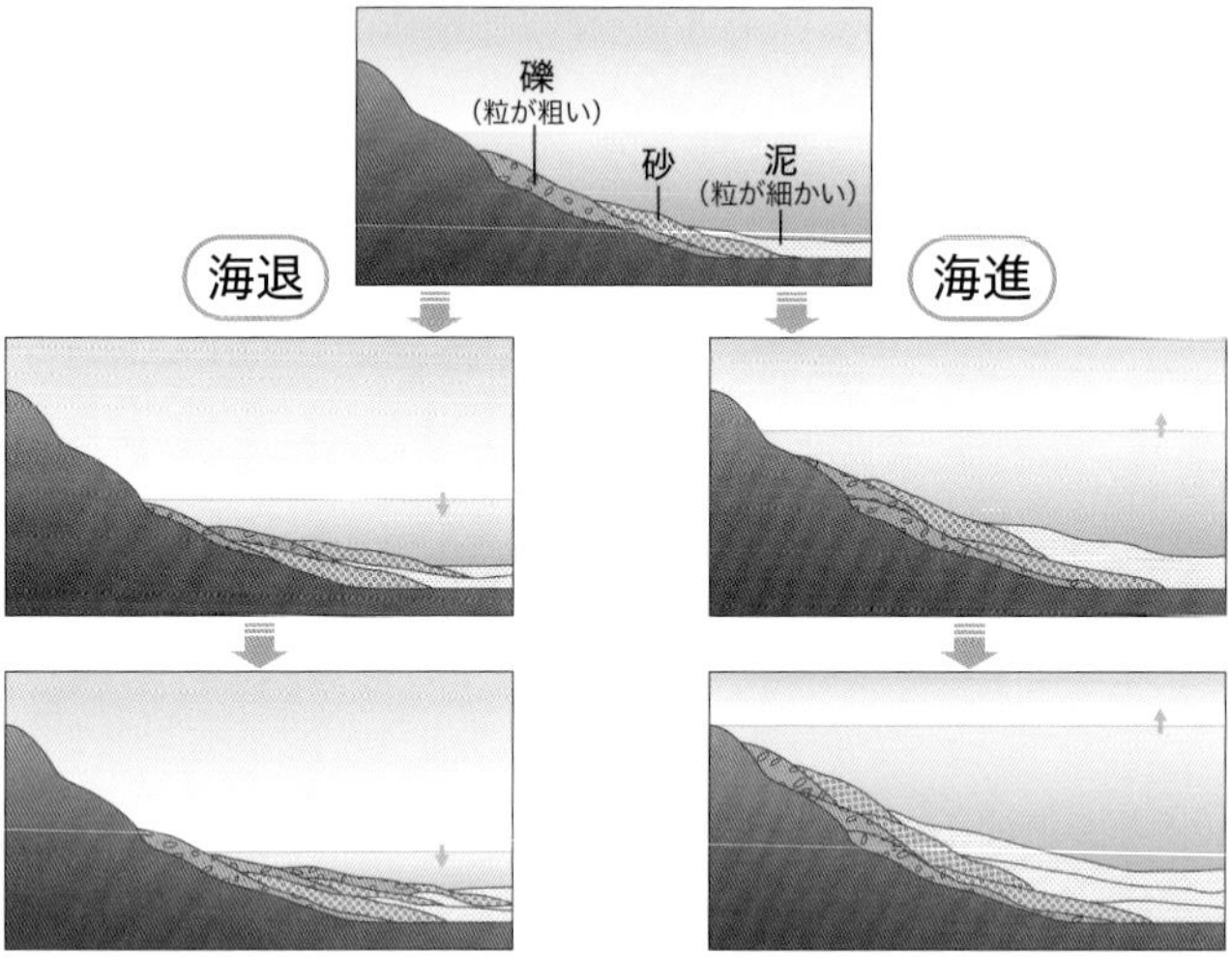


陸地に比べて相対的に海面が下降し、海岸線が海側に後退すること。海退に伴い、粒の粗いものが上部に堆積するようになる

陸地に比べて相対的に海面が上昇し、海岸線が陸側へ前進すること。海進に伴い、粒の細かいものが上部に堆積するようになる

### ★縄文海進はこうして起こった

縄文時代の海進は、陸地の氷河が溶け始め、大量の水が海に流れ込むことで海水面が上昇することで起こった。日本で起こった海進は、北アメリカ大陸やヨーロッパ大陸の北部にあった、厚さ数千mにも達する巨大な氷床の融解が原因だと考えられている。

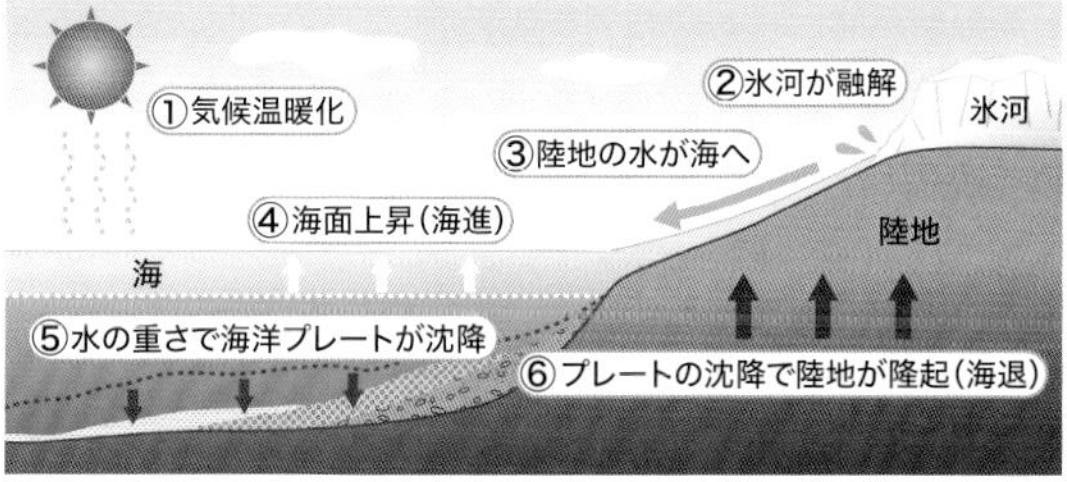


Notes
＊約6000年前の縄文時代前期は地球の気候が最も暖かかった時期で、現在より平均で2℃ほど気温が高かったとされる

## 貝化石からわかる海面変化

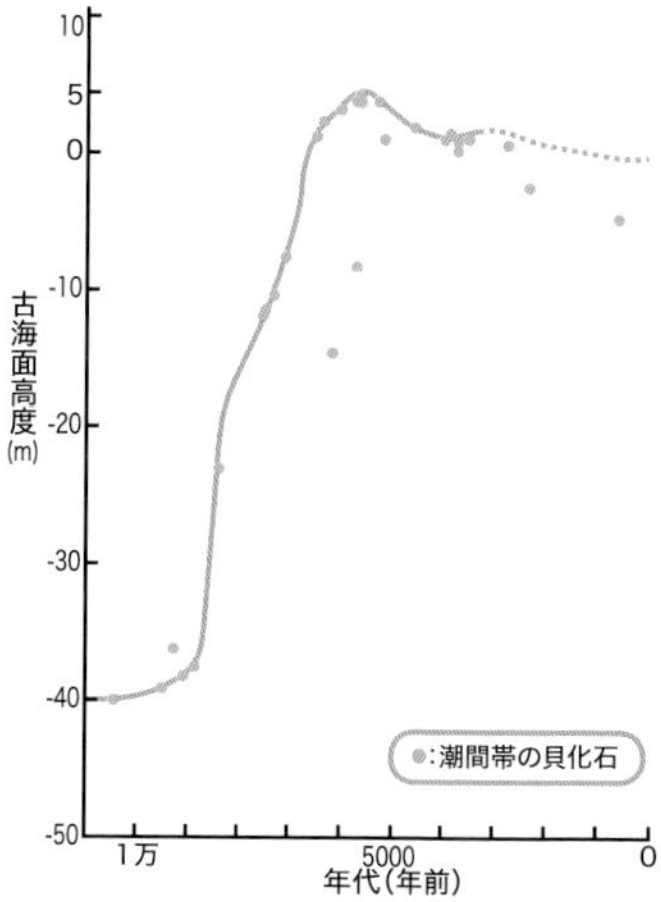


堆積層以外にも、平野部から発見される貝の化石を調べることで、その貝が生きていた時代と、その時代の海面の高さを知ることができる。上のグラフは横浜港周辺の貝化石などから推定された、1万5000年前以降の海面変化を表したもの。

## 日本地図で見る海岸線の変化

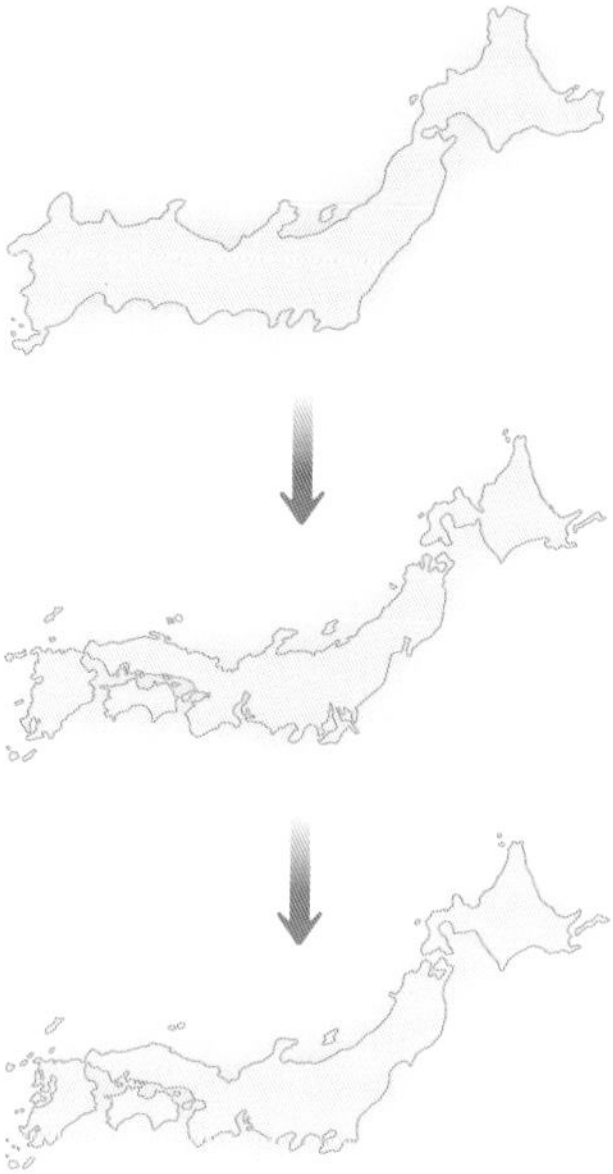

**約2万年前**

最終氷期の中で最も寒い時期で、地球上の水の多くが氷床として地上にあり、海面は現在より120m程低かった

**約6000年前**

縄文海進が最も進行し、日本列島各地で海が内陸に深く浸入したため、現在に比べて陸の範囲が小さかった

**約3000年前**

縄文海進は約6000年前をピークに、以後は断続的に海退を繰り返しながら現在の海岸線が形成されていった

## 関東平野における縄文海進

**縄文時代前期(約6500年前)**

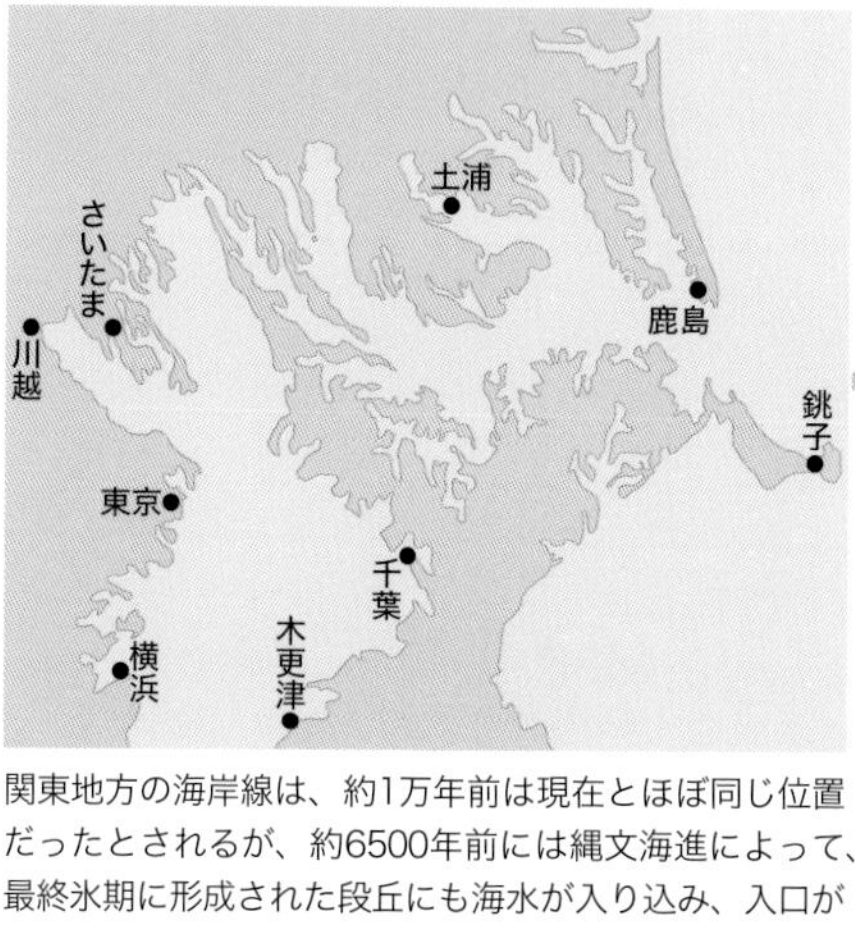


関東地方の海岸線は、約1万年前は現在とほぼ同じ位置だったとされるが、約6500年前には縄文海進によって、最終氷期に形成された段丘にも海水が入り込み、入口が狭く奥行きの深い内湾や溺れ谷などが形成された。現在は海なし県の埼玉県もほとんどが海だった

**現在**

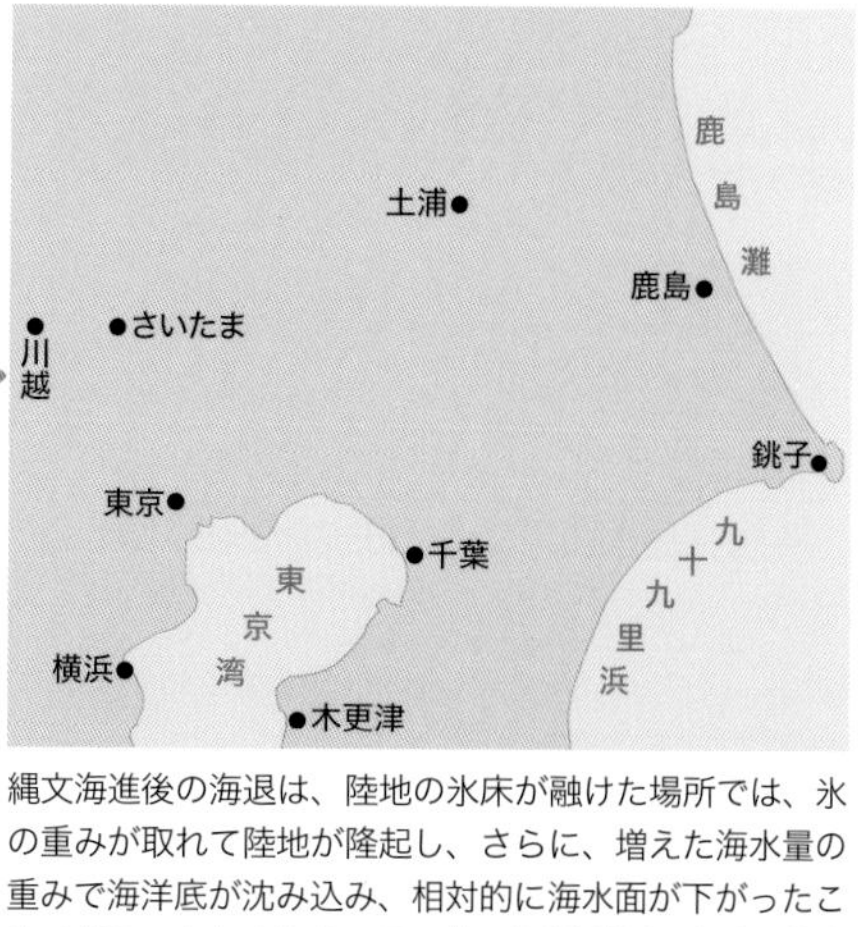


縄文海進後の海退は、陸地の氷床が融けた場所では、氷の重みが取れて陸地が隆起し、さらに、増えた海水量の重みで海洋底が沈み込み、相対的に海水面が下がったことで起こったとされる。その後、河川が運ぶ土砂の堆積物による陸地化なども加わり、現在の地形になった



Notes ＊＊地質学においては、日本では東京の有楽町で海進の現象が最初に調べられたため「有楽町海進」と呼ばれるほか、「完新世海進」「後氷期海進」などと呼ばれる

茨城県

## 霞《かすみ》ヶ《が》浦《うら》

筑波山地域ジオパーク／水郷筑波国定公園

茨城県南東部に広がる霞ヶ浦は面積約220㎢で、日本では琵琶湖に次いで大きな湖沼*。10万年前以前の関東平野は「古東京湾」と呼ばれる海だったが、約3万〜2万年前の陸地化に伴って、霞ヶ浦水系を作る川ができた。その後、約6000年前の縄文海進により内陸に海が入り込んで入り江となり、現在の霞ヶ浦が形づくられた。霞ヶ浦周辺には貝塚が点在し、西方には、縄文海進時の波浪で形成された侵食崖が発達している。また、かすみがうら市の崎浜では、霞ヶ浦一帯が古東京湾時代だった13万〜12万年前に棲息していたマガキの群落が、そのまま化石化した「化石床」を見ることができる。

↑面積は広い霞ヶ浦だが、水深は平均4m、最大でも7mという浅い湖で知られる

→崎浜のカキ化石床。地層を掘った古墳も残る

千葉県

## 河《か》岸《がん》公《こう》園《えん》

銚子ジオパーク

銚子市に位置する利根川の河口は、もともと鬼怒川水系の河口で、縄文海進の時代には現在の霞ヶ浦や印旛沼、手賀沼までをつなぐ、古鬼怒湾と呼ばれる大きな内湾の入り口の南の端に当たっていた。この内湾は、その後の海退や、鬼怒川などが運ぶ土砂の堆積で狭まっていった。現在、利根川河口の南岸には河岸公園があり、公園周辺の利根川沿いの土地には縄文時代の貝塚が多く見られる。

↑公園からは利根川の流れと、銚子市と茨城県神栖市を結ぶ全長約1.5㎞の銚子大橋を望む

←かつて利根川は東京湾へ注いでいたが、江戸時代の東遷により銚子へ流れるようになった

### 川上教授の巡検手帳

鳴門海峡の渦潮は言葉では表せないほどの迫力だ。吸い込まれるような巨大な渦が目まぐるしく変化する様子に緊張感も高まる。縄文海進で鳴門海峡の潮流も激しさを増した。

Notes ＊約12万5000年前は間氷期で、海面上昇により海岸線が内陸側に移動した。この海岸線の移動を下末吉海進と呼び、これにより鹿島灘を湾口とする浅い海が関東平野にできたとされる

青森県
下北ジオパーク

# 北部《ほく》《ぶ》海岸《かい》《がん》

北部海岸は、津軽海峡に面したむつ市の関根から東通村《ひがしどおり》稲崎までに至る海岸線。ここでは高さ約20mの断崖が、東西約8kmにわたって延びる。かつての海底が隆起したもので、地層の上部は約12万年前、下部は約40万年前のもの。隆起後、縄文海進や海退を通じて繰り返された海面の変動により、海岸段丘が形成された。周辺からは縄文時代の竪穴住居跡は多く発見され、段丘上からも土器や遺跡が発見されている。

北部海岸は波浪の働きや、山から流れる水などの侵食で、現在も姿を変えつつある

兵庫県
山陰海岸ジオパーク
ユネスコ世界GP

# ゾウ岩《いわ》

現在は住宅地の中にあるが、縄文時代はこの場所まで海が来ていたことを示す

本来の名前は龍ヶ鼻だが、見る角度によってゾウの姿に見えることから、ゾウ岩の通称で呼ばれている。波浪などの力で岩が削られた地形である「ノッチ(波食窪)」の一部だったが、その後の海面低下により海岸から離れて取り残された。一帯は、縄文海進の時代は現在より5mほど海面が高く、その頃の波で削られたと考えられている。

中国・四国・九州
瀬戸内海国立公園

# 瀬《せ》戸《と》内《ない》海《かい》

瀬戸内海は近畿、中国、四国、九州に囲まれ、東西幅約４５００km、面積1万７０００m²に及ぶ日本最大の内海。かつて一帯は草原**だったとされ、最終氷期が終わる頃から海水が流入し始め、約７０００年前には現在の瀬戸内海の形がほぼできあがったようだ。その後、縄文海進により海面は現在より3mほど上昇し、その後の海退時の水面低下に伴い、約５０００年前には現在の海岸線に落ち着いたといわれる。

陸地だった名残で、現在でも海底からナウマンゾウの骨が見つかることがある



Notes ＊＊かつて陸地だった閉鎖性の海域であることから、瀬戸内海の平均深度は約38mと浅く、最深部でも460m程度といわれる

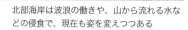

# 知ってておきたい地学用語3 地形

地形に使われる用語にはカタカナのものが目につく。特にヨーロッパ由来のものが多く、比較的近年に研究されたものは、英米語由来のものが多いようだ。ここではそういったカタカナの地形用語の主なものを紹介する。

### ★キレット

山の尾根の窪んだ部分(鞍部)のなかで、特にV字状態に深く切れ込んだ場所。日本語の「切戸」に由来。

### ★ケスタ

緩く傾斜し、硬い層と軟らかい層が交互に重なった地層が侵食されることで、非対称の丘陵が連続して形成された地形。スペイン語の「傾斜」に由来。

### ★サーフベンチ

石灰岩の海岸地形で、波食棚が強波によって平均海面よりも高い位置に形成されている地形。

### ★ソールマーク

水流や生物活動などで地層の下底面上に形成される堆積構造の跡。写真は南紀熊野ジイパークの和深海岸。

### ★タービダイト

海底の混濁流によって、砂と泥が深海に堆積して交互にたまった乱泥流堆積物のこと。

### ★バッドランド

多数の谷が侵食され、岩肌がむき出しになった土地。アメリカのバッドランズ国立公園(写真)のように、乾燥地帯や火山灰台地などで形成される。

### ★ファンデルタ

ファンとは扇状地、デルタとは三角州。ファンデルタは扇状地がそのまま海または湖へ接しているもので、山から海や湖までの距離が短い場合に形成される。

### ★フェンスター

低角の衝上断層(逆断層)の下層のうち、侵食作用によって地表に露出している部分。ドイツ語の「窓」。

### ★ペディメント

乾燥地域の山地前面に発達するなだらかな侵食緩斜面。砂礫の運搬面であることから、表面は一般的に薄い砂礫層に覆われている。ギリシャ建築の破風に由来。

### ★ポットホール

岩盤にできる円形の穴。岩のくぼみや割れ目に入り込んだ小石などが回転して、深く削られることで形成され、甌穴《おうけつ》とも呼ばれる。写真は群馬県の四万甌穴群。

### ★マッドランプ

河口付近で2～4m程度の低い島が尖塔状に海面上に突き出たもの。粘土の上に砂が急速に堆積すると下位の粘土が流動するため、上位にある砂を押し上げたり、突き破ったりして突き出す。泥塊とも呼ばれる。

### ★メサ

侵食に強い硬い層が取り残されてできた孤立丘で、テーブルマウンテンのような形状になったもの。写真の左奥は、メサがより侵食を受けてタワー状になったビュート。メサはスペイン語の「テーブル」、ビュートはフランス語の「丘」に由来し、いずれも、主に乾燥地帯で発達する。アメリカのモニュメント・バレー(写真)が有名。

### ★リップルマーク

堆積層の表面を水や空気が流れることで、周期的な波状の模様が作られた規則的な微地形のこと。漣痕とも呼ばれる。写真は高知県の白浜海岸。

### ★リニアメント

線状構造のことで、地表に現れた直線的な地形を指す。断層による変位によってできるものや、性質の異なる地層の境界である場合などがある。主に空中写真によって地表に認められる。

### ★ローム

砂より小さく粘土より粗いシルト、および粘土の含有割合が25～40%程度の、粘り気のある土壌のこと。ロームで構成された地層はローム層と呼ばれる。「ローム」とは元来は土壌学における用語。

# 第4章 日本列島の生命の歴史

40～35億年前に最初の生命が誕生して以来、
長大な時間をかけて、進化と絶滅を繰り返してきた。
古生代カンブリア紀からヒトが日本列島で定住を始めるまで、
生物が歩んできた悠久の歴史の道をたどってみよう。

フクイラプトル・キタダニエンシスの化石（福井恐竜博物館）

# 生命の誕生と進化

地球上に生物が誕生したのは、40億〜35億年前と考えられている。そして、進化と絶滅を繰り返しながら、最近になってヒトの祖先が出現した。

| 0億年前 | 10億年前 | 現在 |
|---|---|---|
| 核生物の出現 | 多細胞生物の出現 | 顕生代 |

| | 中生代 | | | 新生代 | | |
|---|---|---|---|---|---|---|
| | .5億年前 | 2億年前 | 1.4億年前 | 6600万年前 | 2300万年前 | 260万年前 |
| | 三畳紀 | ジュラ紀 | 白亜紀 | 古第三紀 | 新第三紀 | 第四紀 |
| おもな出来事 | ●三畳紀末に生物の大量絶滅が起きる<br>●**哺乳類の出現**（多くは食虫性で小型）<br>●恐竜、翼竜、ワニの出現 | ●**大型恐竜（竜脚類）の繁栄**<br>●裸子植物の繁栄<br>●鳥類（初期の鳥類）の出現 | ●白亜紀末、隕石衝突による生物の大量絶滅が起きる<br>●被子植物（胚珠が子房で包まれている種子植物）の出現<br>●**大型肉食恐竜の繁栄** | ●恐竜の近縁である恐鳥類が出現<br>●浅い海では大型有孔虫が繁栄<br>●哺乳類が環境に応じて多様化 | ○森林に代わり草原が広がる<br>○クジラ、イルカ類の多様化<br>○**哺乳類の繁栄、霊長類の進化** | ○6回目の生物の大量絶滅に突入中？<br>○大型哺乳類の絶滅<br>○人類の出現と繁栄 |

| | | |
|---|---|---|
| 動物 | 爬虫類時代 | 哺乳類時代 |
| 植物 | 裸子植物時代 | 被子植物時代 |

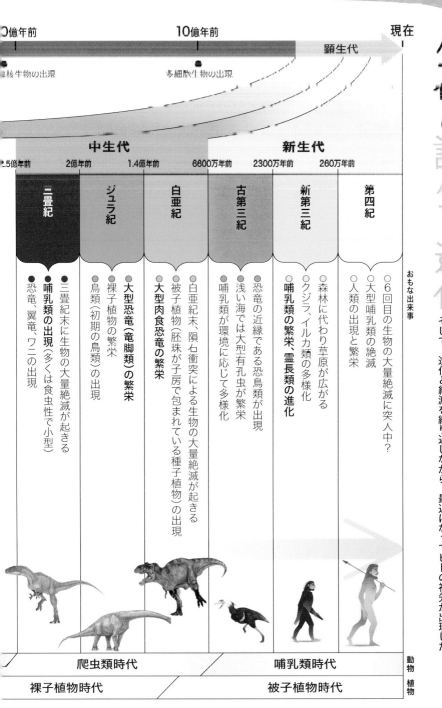

46億年前　40億年前　30億年前

先カンブリア時代

- 地球の誕生
- 生命の誕生

## 古生代

5.4億年前　4.8億年前　4.4億年前　4.1億年前　3.5億年前　2.9億年前

### カンブリア紀

- 脊椎動物や、脳を持つ生物の出現
- 三葉虫の出現（古生代を通して生息）
- 多様な生物の出現**「カンブリア大爆発」**

### オルドビス紀

- オルドビス紀末に生物の大量絶滅が起きる
- 無顎類の多様化が進む
- オウムガイ類などの軟体動物が繁栄

### シルル紀

- 顎のある魚類が出現する
- ウミサソリが海の生態系の頂点に
- 植物の本格的な陸上進出が進む

### デボン紀

- デボン紀後期に生物の大量絶滅が起きる
- 両生類、昆虫の出現
- アンモナイトの繁栄（中生代末まで生息）

### 石炭紀

- シダ植物の大森林が形成される
- 両生類の多様化・繁栄
- 翅《はね》をもった昆虫の出現

### ペルム紀

- ペルム紀末に**史上最大の生物の大量絶滅**が起きる
- 多様に進化したサメの繁栄
- 大型の草食・肉食単弓類の繁栄

©Museums Victoria

無脊椎動物時代　魚類時代　両生類時代

藻類時代　シダ植物時代

約5億3880万〜4億8540万年前

# 古生代の生物が大進化した カンブリア大爆発と海の生物

Keywords
★カンブリア大爆発
★眼の獲得

地質年代
★古生代カンブリア紀

## 多種多彩な生物が突如として現れた

地球に生命が誕生したのは40億〜38億年前だと考えられている。それから30億年近くかけて、ゆっくりと進化し続けてきたが、あるとき、急激なスピードで進化を遂げた。わずか1000万年ほどの間に、脚や殻、眼など、新たな器官をもつ生物が現れた。**「カンブリア大爆発」**ともいわれる、地球史上類を見ない大事件であった。

ヒトは「脊椎動物門」、昆虫は「節足動物門」のように、現生動物は「門」という基本的な階級（20〜30ほどある）に分類される。カンブリア時代以前にはわずか3門だったが、カンブリア大爆発によって現在のすべての門に属する動物が出揃ったのだ。

なぜカンブリア大爆発が起こったのかは不明だが、動物が**「眼」を獲得***したことが転機だったとする説が有力である。物体の姿を捉えられるようになったことで、捕食者と非捕食者の争いが激化。被捕食者は、逃げるための脚を発達させたり、殻を硬くして防御力を高めたりした。一方の捕食者も敏捷性を向上させ、より強靱な牙を獲得。こうした生存競争が急速な進化を促したというのである。

### バージェス頁岩

カナダのブリティッシュコロンビア州、ワプタ山周辺の標高約2300mにある「バージェス頁《けつ》岩」という地層（写真）で数多くのカンブリア紀の生物の化石が発見された。中国雲南省澄江市でもほぼ同時代の化石が見つかっている

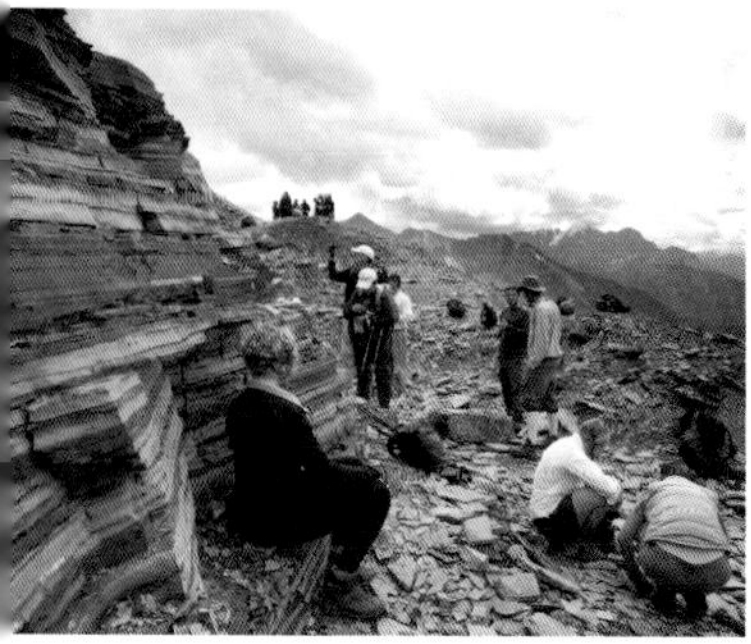

### カンブリア紀の地球

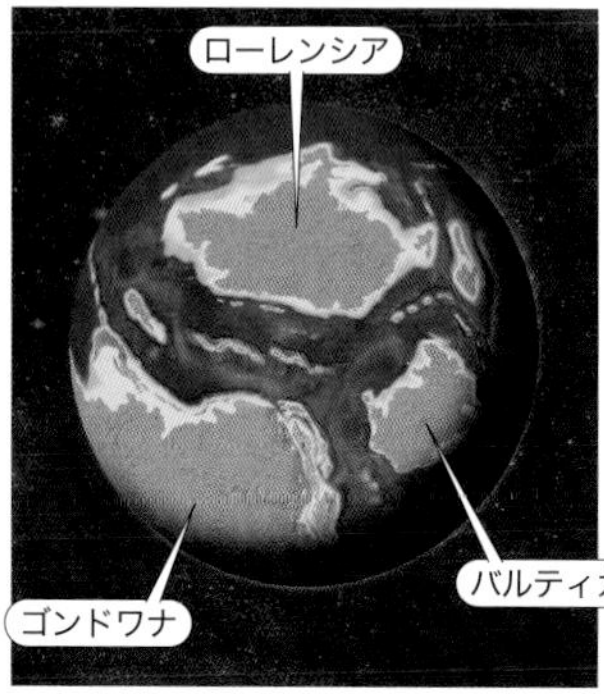


ゴンドワナは現在のアフリカ、南米、オーストラリア、南極、インドが集まった大陸。ローレンシアは現在の北米とヨーロッパの一部、バルティカは現在のユーラシア大陸北西部を含む大陸

Notes ＊カンブリア紀に海の成分が変化し、生物が硬い組織を作れるようになったとする説もある。この海の成分の変化は現在から9億年前までの間に一度生じているとされる

## カンブリア紀の海

すべての生物はまだ海中で暮らしていた。カンブリア紀以前の生物は、海底の表層だけに生息していたが、カンブリア紀になるとはるかに活動的になり、海中を泳ぐものや、海底に穴を掘って進むものもいた。なかでも生態系の頂点に君臨したのが、アノマロカリスだった。

ピラニア
サボテンのトゲのように多数の突起を有した円筒状の海綿動物
左右のヒレを連動させて動かしてエイのように泳いだとされる節足動物
オパビニア
5つの眼、長い前頭部の突起物をもつ、奇妙奇天烈な姿をしていた節足動物
細長い体に、細長い肢《あし》と7対のトゲをもっていた


## 貝のような腕足動物の繁栄

腕足動物とは二枚貝に似ているが、二枚貝の殻が左右対称なのに対して腕足動物は腹側と背側にあり、分類上は異なる動物。カンブリア紀に登場し、古生代を通じて繁栄した。写真はオルドビス紀(約4億8500万～4億4300万年前)のプラティストロフィアの化石

(写真: 地質標本館)

## 多様に進化した三葉虫

カンブリア紀の生物のうち、古生代末までの約3億年間を生き延びたのが三葉虫**である。成虫の大きさが5㎜ほどのものもいれば90㎝ほどの巨大なものもいたし、形もさまざまに進化。硬い殻は化石に残りやすく、地質時代を決める示準化石となる場合が多い

**Notes** ＊＊三葉虫が繁栄できた大きな要因は、硬い甲羅にあった。ほかの多くの生物の殻はカニのようなキチン質であったが、貝殻のような炭酸カルシウムを主成分とした甲羅をもつ三葉虫がいた

茨城県

## 小《お》木《ぎ》津《つ》山《やま》自《し》然《ぜん》公《こう》園《えん》

かつて、日本最古の地層は、岐阜県高山市に分布する約4億5000万年前（後期オルドビス紀）の地層で、カンブリア大爆発が起こった約5億年前の地層は日本には存在しないと考えられていた。しかし2008（平成20）年、日立市の小木津山自然公園で採取した斑岩を年代測定した結果、約5億6000万年前のものと判明。日立市から常陸太田市にかけて広がる山地に約5億年前の地層があることが分かった。さらに2018年に同市の日立鉱山*不動滝鉱床から新鉱物「日立鉱」が発見された。

↑茨城大学の研究チームがカンブリア紀の地層を発見した、小木津山自然公園の入口付近

→日立鉱山の煙突の一部が残る

愛知県

## 蒲《がま》郡《ごおり》市《し》生命《いのち》の海《うみ》科《か》学《がく》館《かん》

実物の隕石や化石を展示し、地球史や生物の進化などを学ぶことができる。「海のまち蒲郡」の科学館とあって、海や生命の誕生、海を舞台に進化を遂げた古生物についての展示が充実。とくにカンブリア紀の古生物に関する展示は国内屈指で、アノマロカリスやハルキゲニアなどの化石が見られる。ショップにあるカンブリア紀の生物をモデルにしたグッズも人気を集めている。

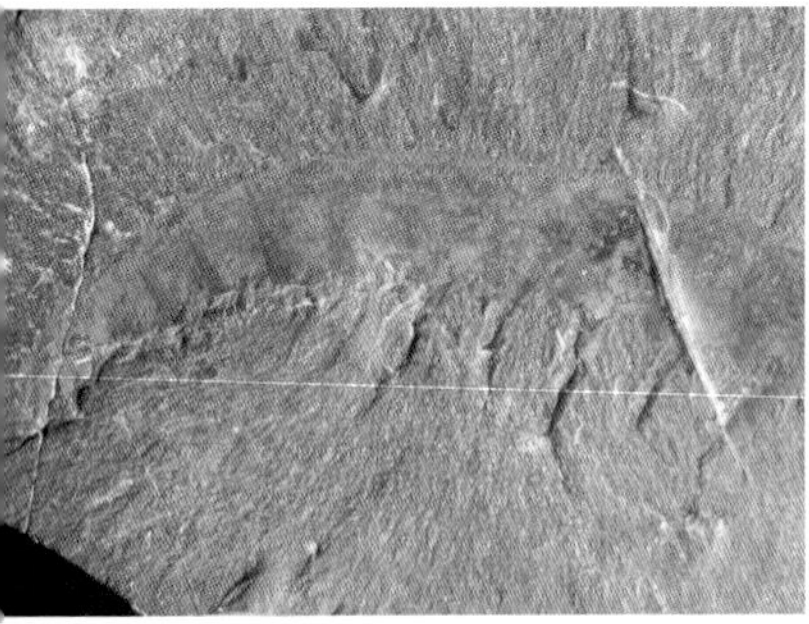

↑カナダ南西部で見つかったアノマロカリスの触手部分の化石

←3階の展示室。先カンブリア時代のエディアカラ生物群から時代順に古生物の化石を展示している

**川上教授の巡検手帳**

蒲郡市生命の海科学館では、中国の澄江で発見されたカンブリア大爆発の主人公たちの化石を見学できる。奇妙奇天烈な生き物たちの姿が細部まで残っていることは驚きだ。

Notes ＊後に日立製作所をはじめ、多角的に事業を展開した大実業家、久原房之助が赤沢銅山を買収して改称した鉱山。金や銅、亜鉛などを採掘したが、1981年に閉山した

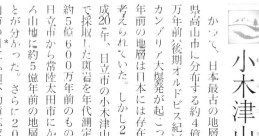

岐阜県　中部山岳国立公園

## 福《ふく》地《じ》化《か》石《せき》産《さん》地《ち》

高山市にある奥飛騨温泉郷の一つ、福地温泉は古生代の化石産地としても知られている。周辺には飛騨外縁帯という日本最古級の地層が分布しており、オソブ谷上流の「一の谷」周辺の地層からは、ハチノスサンゴや層孔虫、三葉虫、腕足動物など、デボン紀前期(約4億年前)の化石が発見されている。貴重な化石が多数産出されることから一の谷は国の天然記念物に指定され、立ち入りは禁止されているが、福地温泉にある「福地化石館」に数多くの化石が展示されている。また、温泉街に整備された1周約４００ｍの化石遊歩道では、道すがらの岩肌を観察するとサンゴの化石などを見つけることができる。

↑福地化石館では化石の展示のほか、**日本最古の化石に関する解説もある

→軽装でも散策できる化石遊歩道

岩手県　三陸ジオパーク

## 南《なん》部《ぶ》北《きた》上《がみ》帯《たい》の古《こ》生《せい》界《かい》（樋《ひ》口《ぐち》沢《さわ》ゴトランド紀《き》化《か》石《せき》産《さん》地《ち》）

大船渡市日頃市《ひころいち》町の盛川沿いに、樋口沢石灰岩の露頭があり、ここでシルル紀(旧称ゴトランド紀)中期(約４億２０００万年前)の化石が１９３６(昭和11)年に発見された。当時、日本最古の地層は約3億年前のものと考えられていたため、１億年近くさかのぼる大発見だった。発見されたのは、クサリサンゴやハチノスサンゴなどの床板サンゴ類が多く、その他三葉虫やコノドント類などの化石も見つかった。その後、福地化石産地などで、より古い年代の地層が発見されたが、層序が分かりやすく化石も豊富に含有していることから学術上の価値は高いままである。

↑比較的市街地に近い場所にある樋口沢石灰岩の露頭

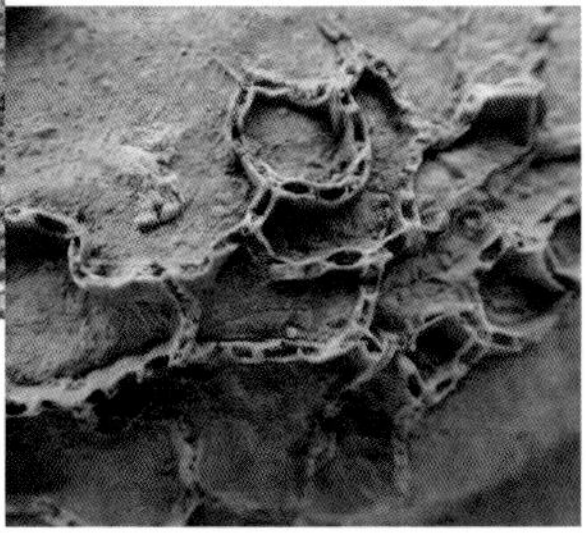

→岩手県立博物館に収蔵されているクサリサンゴの化石

Notes　**日本最古の化石は、一の谷の約4億5000万年前の地層から発見された。コノドント(ラテン語で「円錐状の歯」という意味)という微少な生物で、ウナギのような細長い体をしていた

約4億8500万～2億5100万年前

# 古生代の海で進化した生物たち
# 古生代のサンゴと多様な海の生きもの

## 石灰岩へと姿を変えた古生代のサンゴ

古生代を通して繁栄した生物の一種が**サンゴ**である。サンゴはイソギンチャクやクラゲと同じ刺胞動物の仲間で、石灰質の硬い外骨格をもつものである。カンブリア大爆発の際に出現したサンゴは、オルドビス紀以降に生息域を拡大して浅海にサンゴ礁を形成。多くの生物を育む舞台をつくった。

その外骨格は石灰岩のもととなり、日本各地の石灰岩産地*を中心にサンゴの化石が数多く見つかっている。古生代に繁栄したサンゴであったが古生代末に絶滅した。

## 古生代の海を彩ったサンゴの歴史

最も原始的なサンゴとされるのが床板《しょうばん》サンゴで、オルドビス紀からシルル紀に繁栄した。細長い管状の個体が集まり、鎖状につながり群体を形成したクサリサンゴや、断面が八角形のハチノスサンゴがその仲間である。四放サンゴはオルドビス紀初期に出現し、ペルム紀末に絶滅。ウミユリはペルム紀末の絶滅を免れたものが、中生代に進化し、現在もその子孫が世界の海洋で見られる（イラスト：加藤愛一）

## サンゴが石灰岩になった？

古生代の海に生息していたサンゴや有孔虫類、貝形虫などは石灰質の外骨格をもっていた。これらの生物が死んだ後も骨格部分は残り、それが堆積して長い時間をかけて固くなった堆積岩の一種が石灰岩（写真）である

Keywords
★サンゴ

地質年代
★古生代オルドビス紀～ペルム紀

Notes ＊石灰岩産地の石灰岩は、3億～2億年前の赤道付近の海山の山頂部に発達したサンゴ礁の生物遺骸が堆積したもの。約1億年かけて移動し、現在の日本列島付近の海溝に沈んで付加体となった

## 古生代の海の生物

### 顎《あご》のない魚「無顎類《むがくるい》」の登場

アランダスピス。全長は15～20㎝で、オーストラリア中央部で化石が発見された

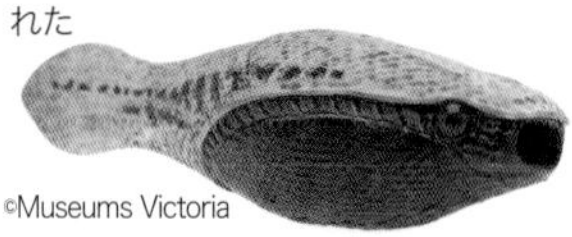

©Museums Victoria

### 革新的な鱗の獲得

サカバンバスピスはカンブリア紀の魚類にはなかった鱗を有し、運動性と防御力を得た（イラスト：月本佳代美）

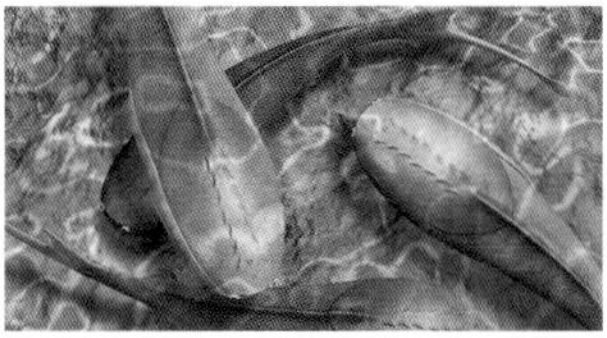

### 顎＊＊を得た魚が海洋生物の中心に

古生代最大級の魚、ダンクルオステウス。全長9m近くにも達したとも推定される

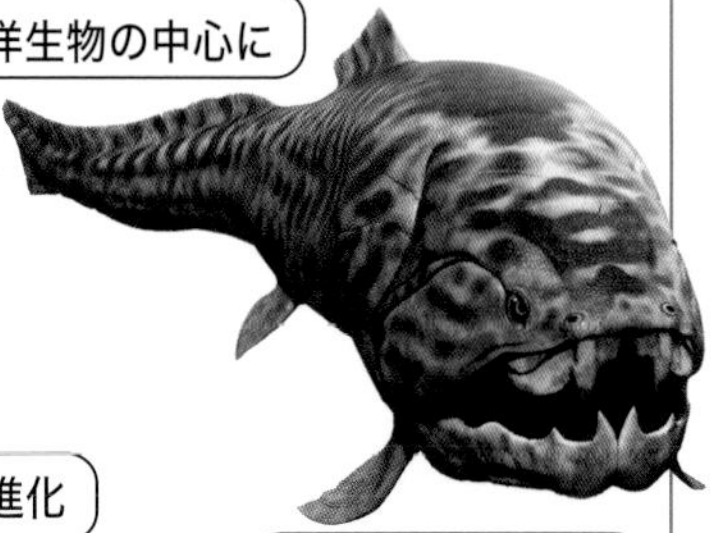

### 無顎類も多様に進化

淡水魚のケファラスピスは、頭部が甲冑のような外骨格に覆われ、体に鱗を備えていた

### 造礁生物が大繁栄

多角形の群体を形成した床板サンゴ類。現生のサンゴ類とはつながりがない

### 海の支配者「ウミサソリ」

体長約2.5mにまで大型化したもの、とげを発達させたものなど、多様に進化して海の生態系の頂点に君臨した

### 植物の上陸が始まる

陸上植物の祖先にあたるクックソニア。二股に分かれた軸の先に胞子嚢《ほうしのう》がつき、葉や根はなかった

### 石炭紀からペルム紀にかけての海の王者「サメ」

ペルム紀に生息したヘリコプリオン。上顎には歯がなく、下顎の古い歯が抜け落ちずに奥から手前に巻かれていたと考えられている

アクモニスティオンは、第一背びれの上方がアイロン台状になっていた



Notes　＊＊生物のなかで初めて顎を獲得した魚「板皮《ばんぴ》類」は、口を上下に開閉することが可能になったため大きな獲物をとらえられるようになり、体もより大きく進化していった

山口県

# 秋《あき》吉《よし》台《だい》

Mine秋吉台ジオパーク／秋吉台国定公園

↑羊の群れのように見える石灰岩が林立するカレンフェルト

美《み》祢《ね》市に広がる、総面積約45㎢の日本最大級の広さを誇るカルスト*台地。この台地は、約3億5000万年前の石炭紀のサンゴ礁に由来する石灰岩でできている。かつてのサンゴ礁が、プレート運動によって約8000万年かけて移動し、大陸プレートに付加。それが隆起したもので、その厚みは500～1000mにも達する。ドリーネやカレンといったユニークな地形が見られるが、それらは雨水などによって石灰岩の表面が侵食されて形成されたもの。また、これらの石灰岩からは古生代の生物の化石が多数見つかっている。

↑地下100mには巨大鍾乳洞の「秋芳洞」が広がる

## 石灰岩がつくるカルスト地形

石灰岩の主成分である炭酸カルシウムが、雨水などに含まれる二酸化炭素と反応して炭酸水素カルシウムになる。炭酸水素カルシウムは水溶性のため、石灰岩は溶けていき、地表にはくぼみや起伏が生じ、地下には洞窟などができあがる

ドリーネ
溶食や陥没してできた窪地。穴に落ちた動物の化石が発見されることもある
カレンフェルト
カレンの溶食が進み、石灰岩柱が規則性をもって並ぶような地形
鍾乳洞
雨水や地下水の溶食で生じた洞窟。ドリーネの地下にできることが多い
カレン
石灰岩台地の表面が溝のように刻まれた地形
タワーカルスト
石灰岩台地が溶食され、周囲より固い部分が塔のような形状に残ったもの

### 川上教授の巡検手帳

ペルム紀の化石を多産する金生山は世界的に有名だ。明治初期のドイツの博覧会で金生山の大理石細工を見たドイツ人学者がフズリナを発見し、新種として記載されて一躍注目された。

Notes ＊カルストの語源は、スロベニア西部のカルスト地方に由来する。この地方では、中生代の石灰岩層が厚く堆積していて、典型的な石灰岩地形が発達している

福岡県　北九州国定公園

# 平《ひら》尾《お》台《だい》

秋吉台、四国カルスト（愛媛県・高知県）とともに日本三大カルストに数えられる、北九州市のカルスト台地。南北6㎞、東西2㎞、標高は300〜700mあり、約3億年前のサンゴ礁由来の石灰岩によってできている。石灰岩が散在する地上には「ライオン岩」「キス岩」などの奇岩をはじめとした珍しい光景に出合える。また地下には国指定天然記念物の千仏鍾乳洞をはじめとした洞窟が点在し、見学することもできる。

緩やかな起伏でトレッキングコースが整備されている

岐阜県

# 金《きん》生《しょう》山《ざん》

↑金生山は石灰岩を採掘**している鉱山でもある

大垣市と池田町にまたがる金生山は、東西1㎞、南北2㎞の石灰岩の山。赤坂石灰岩と呼ばれる石灰岩で、約3億5000万〜2億5000万年前の有機物が堆積した地層が隆起したもの。サンゴやフズリナ、ウミユリなどの化石が見つかっている日本屈指の化石の産地である。明治時代、金生山の化石がドイツで日本産化石として初めて紹介されたことから「日本の古生物学発祥の地」とも呼ばれる。

→化石や鉱物を展示する金生山化石館

東京都　秩父多摩甲斐国立公園

# 日《にっ》原《ぱら》鍾《しょう》乳《にゅう》洞《どう》

奥多摩町にある関東最大級の鍾乳洞。この鍾乳洞は約3億〜2億年前のペルム紀から三畳紀にかけての石灰岩が溶食して形成されたもの。鍾乳洞の周辺には、燕岩や梵天岩、籠岩と呼ばれる石灰岩の絶壁がそびえ立っている。かつては鍾乳洞のある山を一石山大権現とする山岳信仰の地であったが、現在は奥多摩を代表する観光スポットとして人気。洞窟内は、約800mが公開されていて、年間を通じて約11℃に保たれている。

洞窟内はカラフルな照明に照らされ、非日常感たっぷり

**Notes**　**石灰岩は日本国内で年間約1億7000万tが生産されている。金生山での採掘は江戸時代初期から行われていた歴史があり、現在も山麓に石灰を焼成する工場が立ち並んでいる

# 史上最大の天変地異が生物を襲う ペルム紀末の生物大量絶滅

ペルム紀の中期から末期にかけて、生物のほとんどが絶滅するという大事件が起こっている。生物の歴史は絶滅と進化の繰り返しといわれ、絶滅は珍しいことではなかった。しかし、ペルム紀末の絶滅は史上最大規模で、「**5大絶滅**」（→P114）の一つに選ばれるほど多くの生物が絶滅した。

カンブリア大爆発の時代から進化と多様化を遂げてきた生物だったが、その約96％が絶滅。近年の研究によって、ペルム紀末の大量絶滅の原因は、シベリアでの大規模火山噴火とそれによる環境の激変であったと判明した。

## 超大陸パンゲアに迫り来る死の影

今から約3億年前、すべての大陸が繋がった超大陸パンゲアが誕生した。この広大な大陸で栄えたのが、**単弓類**という四肢のある動物だった。

見た目は恐竜のようなものだったが、恐竜とはまったく異なる進化を遂げた生物であり、それどころかヒトを含めた哺乳類の「祖先」*にあたる。初期の単弓類はトカゲのような姿だったが、ペルム紀末には肢が胴の下にまっすぐ伸びているなど、哺乳類と似た特徴をもつものが現れた。

### ★ペルム紀の地球

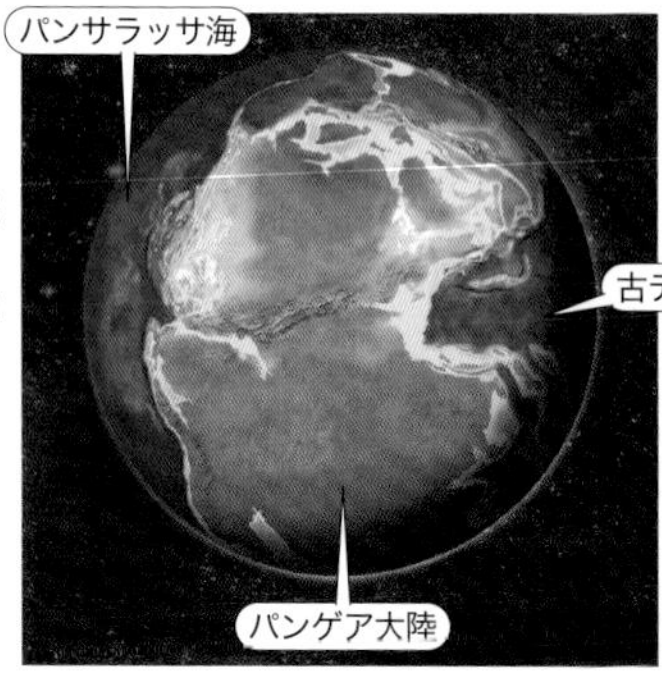


各大陸が移動して生じた超大陸パンゲアには、大陸の衝突によって誕生した巨大山脈がそびえていた。この山脈が湿気を含む風をさえぎり、大陸内部は乾燥化が進行して砂漠が広がっていた

Keywords
★単弓類
★5大絶滅
★大規模火山噴火

地質年代
★古生代ペルム紀

### ★単弓類の特徴

単弓類とは、眼窩後方の頭骨左右に一つずつの穴（側頭窓）があり、その下側の骨がアーチ状（弓と呼ばれる）になっているといった解剖学的特徴をもつグループ。初期の単弓類であるディメトロドン（右）は、パンゲア大陸最強の肉食動物だった

**Notes**
＊単弓類は盤竜類と獣弓類に大別される。ペルム紀後期に現れた獣弓類から生じたキノドン亜目というグループから、ヒトへと続く哺乳類が誕生する

## 大量絶滅の原因はシベリアでの大規模火山噴火

2020年、東北大学大学院理学研究科の研究グループが、火山活動などの高温でしか生成されないコロネンという化合物をペルム紀末の地層から発[**]見。大量絶滅の原因が**大規模火山噴火**であると特定した。ペルム紀末、沈み込んだ海洋プレートがひと塊となってマントルの底へ落下し、入れ替わりに沸き上がった「スーパープルーム」によって大量のマグマが発生。パンゲア大陸の各地で爆発的な噴火を引き起こした。大量の温室効果ガスや有害ガスが大気中に放出され壊滅的な地球温暖化が起きたことで、当時の生態系は甚大な被害を被った。

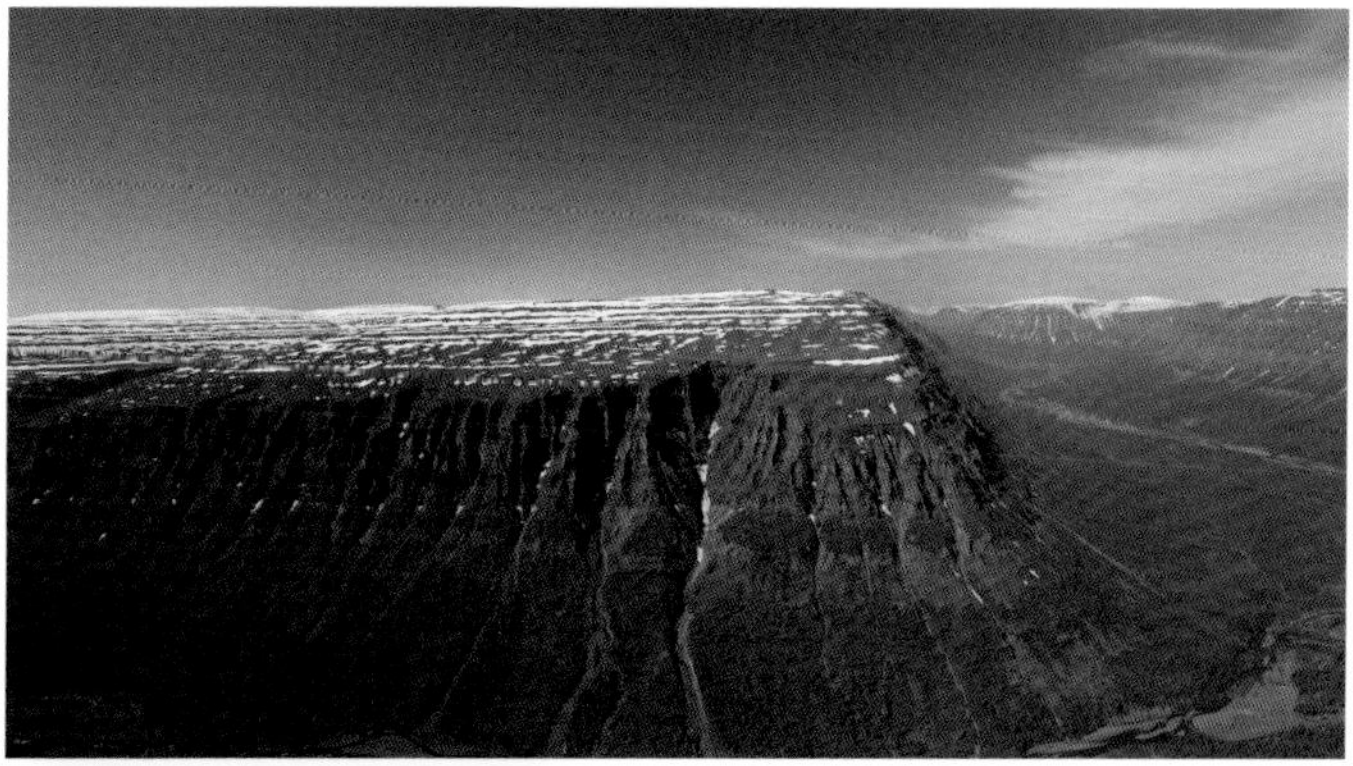

大規模火山噴火の舞台とされる、現在の中央シベリア高原に広がる「シベリアトラップ」。ペルム紀末の大噴火による溶岩で形成された洪水玄武岩台地で、その大きさは日本の約5倍にも及ぶ

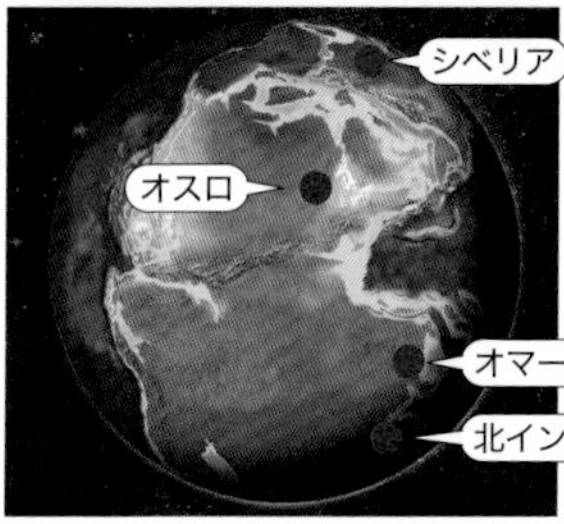


ペルム紀末、大規模な噴火が起こったとされる場所。火山活動は90万年以上続いたとされる

## 海洋無酸素事変

海洋無酸素事変とは海水の酸素がなくなる現象で、大量絶滅の原因の一つとされる。ペルム紀末の場合、大規模な火山活動が原因で大量の土壌が海洋に流出。浅海は富栄養化になり、プランクトンが大量発生して酸素不足を引き起こした。また、地球温暖化で海水温が上昇すると、海の表層から深層へ海水が流れて循環するというメカニズムが停止し、深層に酸素が行き届かなくなり無酸素状態になった。海洋無酸素事変は数百万年も続き、多くの海の生物が絶滅した。

黒色のチャート層は、酸素が欠乏した状態で生じる有機質の泥や黄鉄鉱を含んでおり、海洋無酸素事変が起きたことを示している

### ペルム紀末の大量絶滅

**96%が絶滅!**

陸海問わず全生物種の9割以上が姿を消し、生き残った生物から恐竜や哺乳類の祖先が誕生した(P114③)

**姿を消した主な生物**

**Notes** **それぞれ約1000㎞と約1万㎞離れた3カ所の大量絶滅を記録した地層からコロネンの濃集が発見され、シベリアでの火山大規模噴火は世界的な現象であったことが分かった

## 生物は6万年で絶滅し環境は大ダメージを受けた

ペルム紀末の大規模火山活動は100万年以上も続いたが、生物の大量絶滅はわずか6万年ほどの間に発生したと考えられている。これは、噴火による陸上火災の発生、陸上土壌の海洋流出、海洋の無酸素化という環境悪化が数百年単位で繰り返し発生したためとされ、陸上からは植物が消え、海洋生物の多様性が失われて古生代ペルム紀は終わりを迎えた。

中生代三畳紀に入ってもシベリアの大規模火山噴火は繰り返し発生し、生物多様性の回復を妨げ、地球環境が回復するには500万〜1000万年かかった。

### 顕生代に起こった5大絶滅

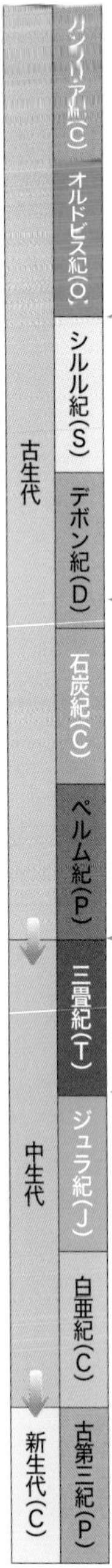


**❶オルドビス紀末の絶滅** 85%が絶滅！

**絶滅の理由**

大噴火で生じたガスが、成層圏で浮遊微粒子となって太陽光を遮断し、地表が寒冷化したため。海水準変動とする説もある

**姿を消した主な生物**

**❷デボン紀後期の絶滅** 82%が絶滅！

**絶滅の理由**

2回目の大量絶滅も大規模火山噴火が原因。約1000万年間隔で規模の異なる3回の大量絶滅が発生したと考えられている

**姿を消した主な生物**

**❸ペルム紀末の大量絶滅**

**❹三畳紀末の絶滅** 76%が絶滅！

**絶滅の理由**

超大陸パンゲアが分裂する際に生じた大規模火山噴火だとされる。火山活動による地球寒冷化、海洋の無酸素化が起きた

**姿を消した主な生物**

**❺白亜紀末の絶滅** 70%が絶滅！

**絶滅の理由**

直径約10kmの隕石*が衝突。大規模な地震、津波が生じ、その後も酸性雨や寒冷化、猛烈な温暖化などが生物を襲った

**姿を消した主な生物**

### 生物多様性の変遷

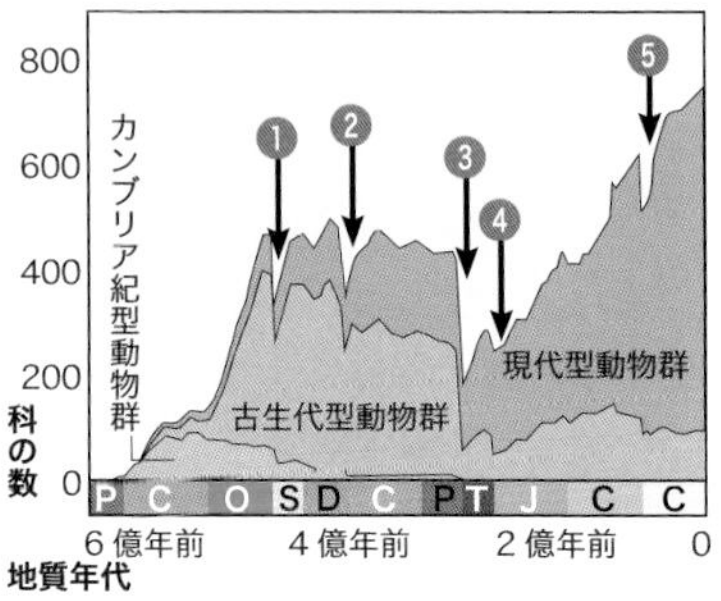


古生物学者セプコスキーによる顕生代の化石記録の多様性の変遷を調べたグラフ。カンブリア大爆発で誕生した動物群、古生代末に激減する古生代型動物群、中生代以降に多様性が増加する動物群の3パターンに分けられ、化石記録の減少期と大量絶滅の時期が一致している

Notes ＊隕石は、現在のメキシコのユカタン半島北部に衝突。時速1000㎞を越える爆風が周辺を襲い、マグニチュード11以上の地震、最大300mの高さの津波が生じたとされる

岩手県　三陸ジオパーク

## P-T境《きょう》界《かい》層《そう》

P-T境界層とは、ペルム紀(P)と三畳紀(T)の英語表記の頭文字から名付けられたもので、ペルム紀と三畳紀の境界(約2億5200万年前)にあたる地層のこと。

岩泉町安《あっ》家《か》川《がわ》の上流にあるこの地層(大島層)は、2006(平成18)年に発見された、東北地方初のP-T境界層。チャートという珪質の岩石で構成されており、赤褐色の部分は鉄分が錆びたもので深海の酸素濃度が高かったことを示している。黒くなるにつれて深海の酸素濃度が薄くなり、黒い層は当時の海洋が酸素欠乏状態であったことを表し、ペルム紀末の大量絶滅の原因「海洋無酸素事変」を物語っているとされる。

↑黒っぽい層の下部がペルム紀、上部が三畳紀の地層になっている

→奥岩泉道という林道沿いに露頭がある

岐阜県　飛騨木曽川国定公園

## 鵜《う》沼《ぬま》の層《そう》状《じょう》チャート

愛知県犬山市から岐阜県各務原市にかけては、深海底で放散虫**というプランクトンの殻が堆積してできたチャートという岩石の地層が分布している。JR鵜沼駅近くの木曽川右岸では、約2億5000万年前の三畳紀前期のチャートが層状になった地層が露出。三畳紀初期に海洋の酸素が欠乏状態であったことを示す黒いチャートから、徐々に赤褐色へとチャートの色が変化していく様子が観察できる、貴重な場所である。

↑P-T境界層付近の地層として知られるが、厳密には三畳紀初期からの地層である

→空から見ると、木曽川の河原に赤いチャートが露出しているのがわかる

### 川上教授の巡検手帳

生物大量絶滅事件を記録した地層を見学するなら、岐阜県鵜沼の木曽川河床がベスト。国内外で有名で、野外巡検で訪問する研究者も多く、知人と偶然出会うことがある。

Notes　**放散虫は非常に小さな単細胞生物で、1mmの10分の1から20分の1の大きさのガラス質の殻を有している。約5億年前に現れ、絶滅と新たな種の誕生を繰り返して現在に至る

# 中生代の恐竜たち

## 大繁栄を謳歌した生物の痕跡

### 日本でも化石が見つかる大型爬虫類「恐竜」

中生代三畳紀には大型のワニ*の仲間が陸上を支配していたが、三畳紀末に絶滅。ジュラ紀と白亜紀を通して陸上の覇者となったのが恐竜だった。ジュラ紀には、巨大な体の植物食恐竜「**竜脚類**」が、白亜紀には肉食恐竜の「**獣脚類**」が多彩な種に分かれながら繁栄した。

日本では北陸地方などに分布する手取層群、兵庫県の篠《ささ》山《やま》層群から多くの恐竜化石が見つかっており、とくに日本最多の恐竜化石が発掘されている**福井県**は「恐竜王国」とも呼ばれている。

### 恐竜化石が発見されたおもな場所

中生代の地層であれば恐竜の化石が出てくる可能性はあるが、これまで日本で恐竜化石が発見されているのは、白亜紀で陸上に堆積した地層や陸から近い海に堆積した地層からである

(出典：福井県立恐竜博物館)

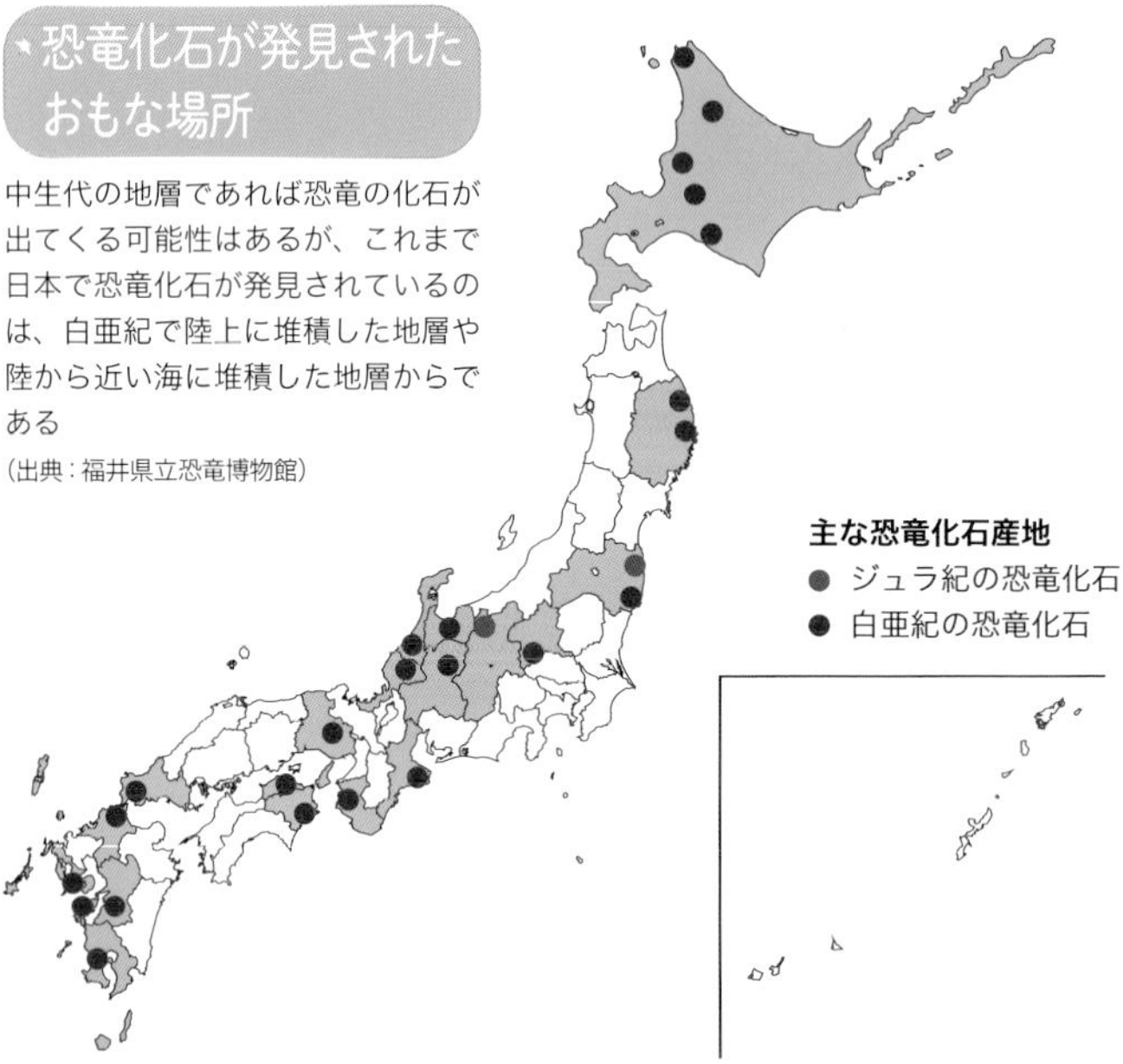


### 日本における恐竜化石発見の第一歩

1965(昭和40)年に山口県下関市で恐竜の卵の化石が発見されているが、一般的に日本初の恐竜化石とされるのは、1978年に岩手県で発見されたモシリュウ(竜脚類)の化石。国立科学博物館で展示(写真)されているほか、岩手県立博物館でもレプリカを見学できる

(写真：国立科学博物館)

Keywords
★竜脚類
★獣脚類
★福井県

地質年代
★中生代三畳紀～ジュラ紀～白亜紀

Notes ＊爬虫類の仲間で、原生のワニ類の祖先に当たる。クルロタルシ類のサウロスクスは、全長約5～7m。60㎝におよぶ巨大な頭骨と鋭い歯を有し、三畳紀後期の生態系に君臨した

## 日本初の恐竜の全身骨格化石

### カムイサウルス・ジャポニクス

2003(平成15)年に北海道穂別町(現・むかわ町)で一部が発見され、首長竜の化石だと判断された。その後、恐竜化石であることが判明し、平成25年から3年間の発掘で全身の約80%の骨化石が確認された。

ハドロサウルス科に属する全長約8mの植物食恐竜。2019(令和元)年に新種と認められた

海の沖合の地層から発見されたことから、海岸線近くに生息したと推測される

(復元画：服部雅人)

## 国内最大級の恐竜化石

兵庫県丹波市の篠山層群(前期白亜紀)から2006年に発見され、翌年からの発掘調査により頭骨の一部なども見つかった。尻尾の骨に独自の特徴が見られたことから、2014年に竜脚類の新種として認定された。

### タンバティタニス・アミキティアエ

白亜紀に繁栄したティ＊＊タノサウルス形類の恐竜。全長十数mと推測され、国内最大級の恐竜化石だが、竜脚類のなかでは小型

(復元画：小田隆)

タンバティタニス・アミキティアエの全身骨格(レプリカ)を展示する、丹波竜化石工房「ちーたんの館」

## 福井県で見つかった最新恐竜化石

福井県勝山市の手取層群における1998～2019年の発掘調査で発見された。「ダチョウ恐竜」といわれる恐竜の仲間で、2023年に新種と判明した。

### ティラノミムス・フクイエンシス

全長約2mの獣脚類で、頭は小さく首と肢が長い

(恐竜模型：荒木一成)

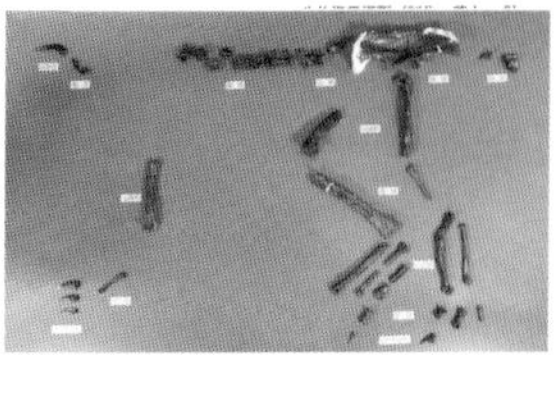

上腕骨や腸骨など55点が見つかっている

(写真：福井県立恐竜博物館)

Close Up

### 国内初！ティラノサウルス科の顎の化石

2014年に熊本県苓北町の後期白亜紀の地層から発見された化石が、研究の結果、ティラノサウルス科の下顎骨だと判明。これまで歯の化石は見つかっていたが、顎の骨は国内初。

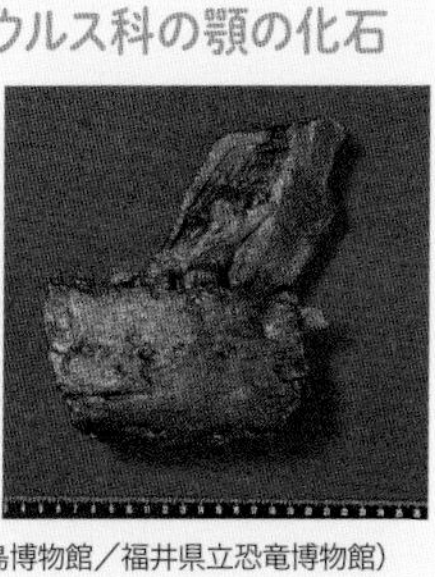

(写真：天草市立御所浦恐竜の島博物館／福井県立恐竜博物館)

**Notes** ＊＊ティタノサウルス類には、プエルタサウルス(35～40m)、アルゼンチノサウルス(30～35m)など、地上最大級の"超巨大種"がいた。その化石の多くがアルゼンチンで見つかっている

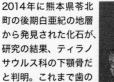

福井県

恐竜渓谷ふくい勝山ジオパーク

# 福《ふく》井《い》県《けん》立《りつ》恐《きょう》竜《りゅう》博《はく》物《ぶつ》館《かん》

日本国内における有数の恐竜化石産地である勝山市にある博物館。恐竜をテーマにした博物館として日本最大規模を誇るだけでなく、世界*三大恐竜博物館の一つにも数えられる。４５００㎡という広大な展示室に、恐竜骨格を40体以上、標本を千数百点、大型復元ジオラマなどを展示するほか、映像も用いて恐竜の世界を体験・学習できる。

勝山市では、１９８２(昭和57)年に白亜紀前期のワニ類の化石が見つかったのをきっかけに調査を開始し、１９９９(平成11)年までに多数の恐竜化石が発見された。その数は国内の恐竜化石の大半を占めるまでに至り、国内初となる恐竜の連続歩行の足跡化石など、質的にも極めて優れていた。これらの貴重な恐竜資源を生かすため、２０００年に博物館がオープン。以後、勝山は日本における恐竜の聖地となった。

↑展示室は「恐竜の世界」「地球の科学」「生命の歴史」の3つに分かれている

恐竜化石発掘地

←博物館から専用シャトルバスでしか行けない場所で、恐竜化石発掘調査事業が行われている様子を見学できる

←上は前期白亜紀のイグアノドンの仲間のフクイサウルス・テトリエンシス。下は前期白亜紀のアロサウルスの仲間のフクイラプトル・キタダニエンシス

### 川上教授の巡検手帳

桑島化石壁は、実際に恐竜化石が発見された露頭を見学できる貴重な場所だが、落石の危険があるので崖に近づかないこと。白山市や隣の勝山市では夏休みに発掘体験ができる。

Notes　*世界三大恐竜博物館の残り2つは、ロイヤル・ティレル古生物学博物館(カナダ)、自貢恐竜博物館(中国)といわれている

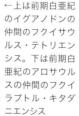

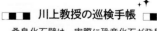

石川県 白山手取川ジオパーク

ユネスコ世界GP

## 桑《くわ》島《しま》化《か》石《せき》壁《かべ》

白山市の手取川右岸に露出する約１億３０００万年前の白亜紀前期の地層で、多くの化石が発見されている。明治時代初期、この地を訪れたドイツ人地理学者のライン博士が植物化石を採取。その後、この植物化石がジュラ紀中期のものであると論文で発表し、日本で初めて化石によって地質年代が判明した場所となった。また、１９８６年には肉食恐竜の歯の化石が見つかり、日本各地で恐竜化石調査が行われるようになった。

世界最古の植物食トカゲ＊＊となる新属新種の化石が見つかった桑島化石壁の露頭

熊本県

## 御《ご》所《しょ》浦《うら》

天草市の大小18の島で構成される御所浦には、約1億年前の白亜紀から約４７００万年前の古第三紀に堆積した地層が分布している。それらの地層から恐竜化石が見つかっており「恐竜の島」とも呼ばれている。発掘された化石などを展示する施設が２０２４(令和６)年３月にリニューアルし「天草市立御所浦恐竜の島博物館」としてオープン。白亜紀の化石約７００点をはじめとする約２０００点の標本を展示している。

↑天草市立御所浦恐竜の島博物館の展示室

→御所浦では各所に恐竜のオブジェがある

北海道

## むかわ町《ちょう》穂《ほ》別《べつ》博《はく》物《ぶつ》館《かん》

カムイサウルス・ジャポニクスが発見されたむかわ町にある博物館。１９７７年にむかわ町で首長竜(ホベツアラキリュウ)のまとまった骨格が発掘されたのをきっかけに、１９８２年に開館した。展示室ではむかわ町で産出した恐竜化石などを展示。また、普段は立ち入ることができないカムイサウルスが発掘された地層での発掘体験を毎夏実施しており、チケットがすぐに売切れるほどの人気を集めている。

博物館開館のきっかけになったホベツアラキリュウの全身骨格

Notes ＊＊桑島に分布する手取層群桑島層からは新属新種のトカゲが6種見つかっている。そのほか、標本が断片的であるため命名はされていないが、新種の可能性が高い化石も発見されている

約2億5200万～6600万年前

# 海を支配した海生爬虫類
# 中生代の海の生物

## 海の生態系も制覇！
## 中生代は「爬虫類の時代」

中生代の海にも爬虫類の仲間（海生爬虫類）が進出し、生態系の頂点に君臨していた。

まず三畳紀の海に現れて白亜紀中期まで生息していたのが、イルカのような体型の「魚竜」。三畳紀末ごろに現れた「首長竜」は、中生代末まで生息し、化石が世界各地で発見されているほど繁栄した。白亜紀後期に現れた「モササウルス類」は中生代の海における最大最強の捕食者。海のティラノサウルスとも呼ばれ、白亜紀後期の海で繁栄した。

### 海の支配者「海生爬虫類」

シヨニサウルス

**魚竜**

約2億4900万年前の地層から最古級の化石が発見され、ペルム紀末の大量絶滅の後、約300万年後には海洋に適応していたことが判明した

プレシオサウルス

**首長竜**

その名の通り、長い首をもつものが多いが、その*機能についてははっきりとしていない。国内では北海道から九州まで各地で化石が見つかっている

モササウルス

**モササウルス類**

トカゲのような顔に流線形の体とヒレのような肢をもっていた。国内では北海道や和歌山、愛媛、兵庫県などで化石が発見されている

Keywords

★海生爬虫類
★アンモナイト

地質年代

★中生代三畳紀～ジュラ紀～白亜紀

Close Up

### 空を支配した翼竜

**三畳紀末からジュラ紀には比較的小型の翼竜類が、ジュラ紀後期から白亜紀には大型の翼竜類が栄えた。**

Notes ＊首長竜は、首の関節の構造から首を上にそらすことがあまりできなかったことが判明している。近年では、長い首を下方にのばして海底の貝などを食べるのに役立てていたとされる

## 日本で初めて発見された首長竜

1968(昭和43)年に福島県で高校生が化石を発見。国立科学博物館が発掘を行い、全身のかなりの部分の骨を見つけ、フタバスズキリュウと名付けた。当時の日本では、中生代の爬虫類の全身骨格が出てくるとは考えられておらず、日本に**一大恐竜・化石ブームを巻き起こした。

↑国立科学博物館に展示されているフタバスズキリュウの全身復元骨格で全長は約7mある(写真:国立科学博物館)

←福島県いわき市の大久川沿いでフタバスズキリュウの化石が見つかった

## 日本で見つかった世界最古級の魚竜

1970年、宮城県歌津町(現・南三陸町)でウタツサウルス(ウタツギョリュウ)の化石が発見された。魚竜のなかでも最古級で、ヒレの骨には肢の形状が色濃く残っている。

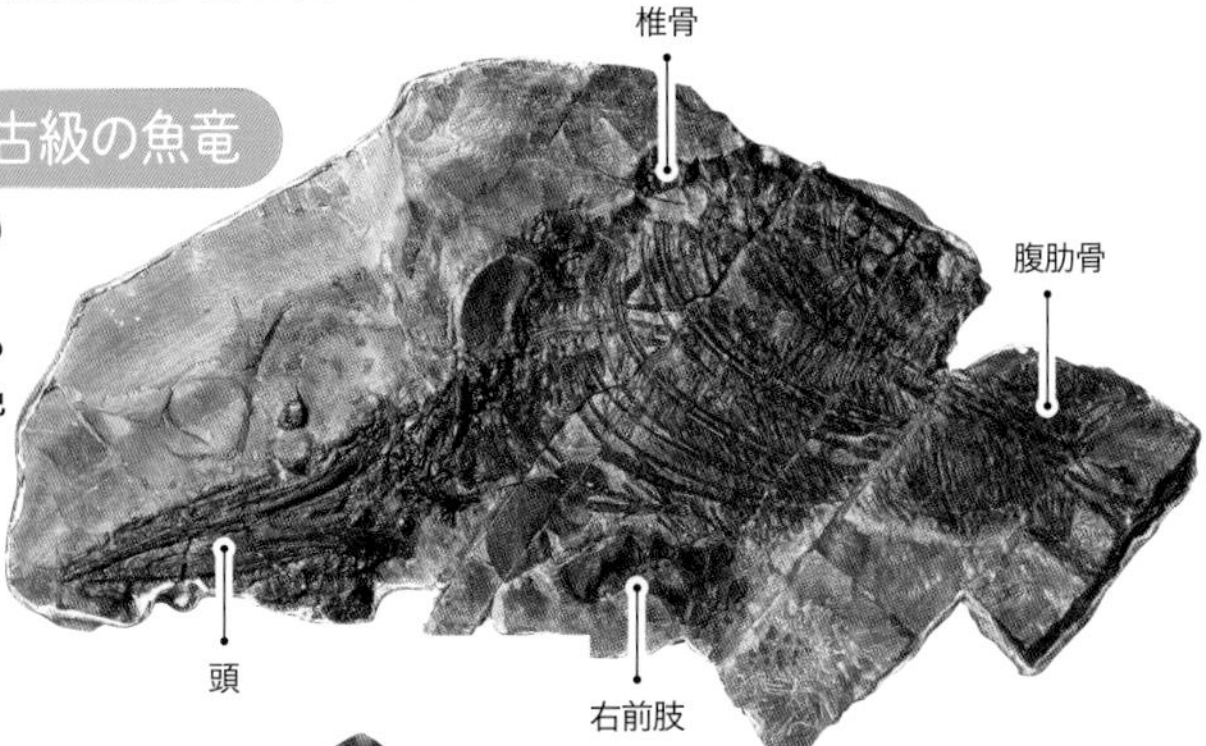


↑ウタツサウルスの完模式標本。この標本の個体の体長は約1.4m
(写真:東北大学総合学術博物館)

↓ウタツサウルスの想像図。進化した魚竜が持っていた背びれはなかったかもしれない

Close Up

### 古生代から海で暮らしていたアンモナイト

デボン紀前期から海中で生息してきた**アンモナイト**は、イカやタコと同じ頭足類に属し、渦を巻く殻が特徴。約3億5000万年もの間、繁栄と衰退を繰り返し、白亜紀末の大量絶滅で恐竜と同じように姿を消した。世界各地で発見されたアンモナイト類は約1万種にも及ぶ。

↑様々な形のものが見つかり「化石の王様」と呼ばれる

↑渦巻き状の殻を獲得したことで速く自由に泳げるようになった



Notes ＊＊フタバスズキリュウの発見によって、恐竜ブーム、化石ブームが起きた。各地で恐竜展や化石展が開催され、映画『ドラえもん のび太の恐竜』がつくられるきっかけにもなった

宮城県

三陸ジオパーク

# 大《おお》沢《さわ》海《かい》岸《がん》

宮城県北部から岩手県南部にかけての南部北上帯では古生代から中生代にかけての化石が多く産出している。この南部北上帯が分布する、気仙沼市本吉町の大沢海岸（大沢層）は、約2億5000万年前の三畳紀前期に深海で堆積した地層。これまで頭足類やアンモナイトなどの化石が発見されていたが、近年では2016（平成28）年に採取された化石を研究したところ、海生爬虫類のオムファロサウルスの頭骨の可能性が高いことが判明した。タピオカに似た黒い球状の歯が並んでいる特徴を持った化石で、同時代でこの特徴をもつ化石は、これまでヨーロッパか北米でしか見つかっていなかった。

↑とくに特徴のない海岸だが、「大沢層」は日本の地質を説明するには欠かせない存在

→大沢層で発見された直径3㎝ほどのアンモナイト

茨城県

# 平《ひら》磯《いそ》海《かい》岸《がん》

ひたちなか市南東部の平磯町から磯崎町にかけての海岸では、北方向に30〜40度傾斜した岩礁が連なっている。これは那珂湊層群という、茨城県で初めて確認された白亜紀の地層である。これまで、この地層からアンモナイトやサメ、貝類などの化石が発見されており、とくに通常のアンモナイトとは異なる、変わった形をした〝異常巻き〟*アンモナイトの群生地として知られている。

↑軟らかい部分が波に侵食され、硬い部分の岩石が残っている

→ソフトクリームのような形をした異常巻きアンモナイトの復元図

### 川上教授の巡検手帳

アンモナイト化石の表面を磨くと、内側の縫合線が見える。これが実に複雑な幾何学模様であるが、分類には欠かせない。三笠市立博物館では、縫合線をじっくり観察しよう。

Notes

*アンモナイトの殻が丸く平面にらせんを描いたものを「正常巻き」、巻きがほどけているような形や伸びたりしたものを「異常巻き」という

宮城県

## 歌《うた》津《つ》館《たて》崎《さき》の魚《ぎょ》竜《りゅう》化《か》石《せき》産《さん》地《ち》及《およ》び魚《ぎょ》竜《りゅう》化《か》石《せき》

南三陸町の歌津地区（旧歌津町）館崎は、１９７０（昭和40）年に約２億４２００万年前の前期三畳紀の大沢層からウタツサウルスの化石が発見された地。また、貝類の化石も次々と見つかった。現在、ウタツサウルスの産出地は、発見当時のままで保存されているが、岬の突端に位置するため満潮時には見学ができない。化石やウタツサウルスの標本のレプリカなどは、商業施設「南三陸ハマーレ歌津」で展示されている。

化石が発見された場所は国の天然記念物に指定されている

北海道

三笠ジオパーク

## 三《み》笠《かさ》市《し》立《りつ》博《はく》物《ぶつ》館《かん》

↑整然とアンモナイトが並び、基本的に触ることもできる

北海道には約１億年前の白亜紀に堆積した蝦夷層群という地層が南北に分布しており、そこから発見された化石を約１０００点展示している。なかでも日本一大きいアンモナイト化石をはじめ、北海道で発見されたアンモナイトは約１９０種６００点を数え、質・量ともに「日本一のアンモナイト博物館」として知られている。また、博物館裏手にある野外博物館では垂直に隆起した約１億年前の白亜紀の地層を観察できる。

→三笠で発見されたエゾミカサリュウ**の頭骨化石

福島県

## いわき市《し》アンモナイトセンター

１９６８年にフタバスズキリュウが発見されたいわき市では、その後も恐竜化石の発見が続き、学術的に貴重な化石発掘地を保護・保存しようという機運が高まった。そして大久町で大型アンモナイトや首長竜の歯などが見つかると、約８９００万年前の地層を観察するための施設としてアンモナイトセンターを建造。露頭をそのまま建物で覆った施設と屋外発掘場からなり、ハンマーとタガネを使った発掘体験ができる。

↑露頭観察ゾーンでは化石が産出した状況を見学できる

←発掘体験は土・日曜に開催（当日予約）

Notes　**1976年に発見され、当初はティラノサウルスの頭骨の一部と考えられていたが、発見から32年後の2008年に新種のモササウルスであることがわかった。頭骨化石は国の天然記念物

# 哺乳類の繁栄と新生代の植物

## 大量絶滅を生き延びた動植物が世界へ進出

### 各地の環境に適応して繁栄の道を歩む哺乳類

白亜紀末の大量絶滅を逃れ、地上の主役に躍り出たのは**哺乳類**だった。地球上の様々な環境に適応し、*紐歯《ちゅうし》類や裂歯《れっし》類などに進化・多様化していった。そして暁新世（6600万～5600万年前）の末期には地上は哺乳類の楽園と化した。始新世（約5600万～3390万年前）になると現代型の哺乳類の祖先が登場したが、一方で、暁新世に登場した古い哺乳類は、ほとんどが絶滅。また始新世後期には、ヒトの直系のルーツである真猿類が現れている。

### 哺乳類のなかから霊長類が登場

**霊長類**の祖先がいつ誕生したのかには諸説あるが、後期暁新世（約5900万年前）には樹上性の哺乳類から進化した。

初期霊長類の特徴

カルポレステス

アメリカの後期暁新世の地層から見つかった哺乳類。名前は「果実泥棒」の意

Close Up

### 日本最古級の哺乳類を発見

**2021（令和3）年、福井県大野市の手取層群（約1億2700万年前）から国内最古級の哺乳類の化石が見つかった。発見されたのは下顎の一部と3本の骨で、ネズミほどの体格だった（下のイラスト手前2体）。**

（復元図：山本匠／福井県立恐竜博物館）

### 古第三紀の世界

約5000万年前、始新世の地球。大陸の形は現在に近いものになっているが、南北アメリカ大陸は分断されていた。南アメリカ大陸では当時、独自の進化を遂げていた哺乳類の化石が見つかっている

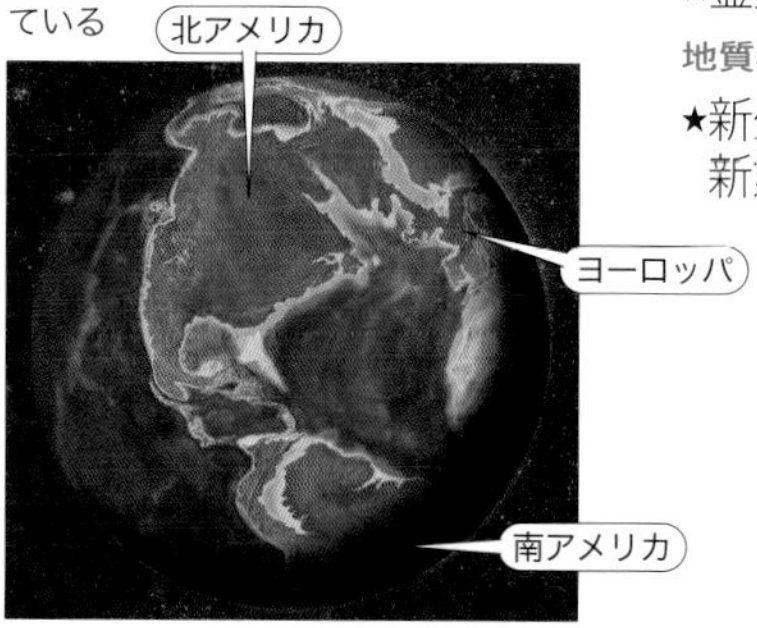


Keywords
★哺乳類
★霊長類

地質年代
★新生代古第三紀～新第三紀

Notes ＊紐歯類は北アメリカ大陸にのみ生息していた。植物食の哺乳類の仲間だが、雑食のものもいた。裂歯類は亜熱帯から温帯に生息し、木の根や地下茎などを食べていた

## 日本で発見された化石哺乳類

日本は、世界的には珍しい＊＊束柱《そくちゅう》類という哺乳類の化石産地である。円柱形の歯を束ねたような形の奥歯が特徴なのだが、何を食べていたのかなど不明な点が多く「幻の哺乳類」と呼ばれている。また約2万年前までには、日本にもさまざまな種類のゾウが暮らしており、発見されている化石も多い。

デスモスチルス

1800万～1300万年前に北太平洋沿岸に生息していた束柱類。水中を泳いで生活していた（復元画：瑞浪市化石博物館）

### ゴンフォテリウム

中新世に生息した長鼻類。現在のゾウ類とは異なりあごの上下に牙がある。アジアや北米などでも化石が見つかっている

### パレオパラドキシア

約1500万年前に日本や北米西海岸に生息していた束柱類。カバのような姿だが、分類学的にはゾウやジュゴンなどに近い

（写真：埼玉県立自然の博物館）

## 新生代の植生の変化と植物化石

白亜紀末の隕石衝突から約100万年かけて植物はその多様性を回復させた。その後、暁新世から始新世にかけて温暖化が進み、森林が発達。低～中緯度地帯は熱帯林に、極地も大森林に覆われた。また始新世には被子植物が爆発的に多様化。現在の植生の原形が形成された。漸新世になると環境は一転して寒冷化・乾燥化へ。森林は草原へ変わり、砂漠が出現した。

珪化木

植物の化石で、地層中に埋まった樹木が珪酸（二酸化ケイ素）に置き換わったもの。写真は、岩手県一戸町の「根《ね》反《そり》の大珪化木」で、高さ6.4m、直径2m。日本最大の珪化木である

Close Up

### 木曽川の樹木化石群が熱帯アフリカの木の仲間だった

2023（令和5）年、岐阜県の化石林公園（→P127）の化石樹林の研究結果がまとまり、オベチェの仲間の絶滅種ワタリアであることが判明した。現生のオベチェは、アフリカ中部にだけ生息する熱帯性の高木。木曽川河床の化石樹林は約1900万年前のもので、当時は温暖化の状態にあったことから、高温を好む樹木が世界中に拡大していたことが示された。

### メタセコイア

日本では約80万年前に絶滅し新生代の地層から化石が見つかる。現在は、アメリカから送られた苗木から広まり、公園などに植えられている

Notes　＊＊束柱類は日本の古生物学にとって重要な存在。代表格のデスモスチルスは、日本で命名された脊椎動物化石の第一号であり、全身骨格が日本でしか発見されていないためだ

茨城県

## 地《ち》質《しつ》標《ひょう》本《はん》館《かん》

日本の国土及び周辺海域の基本情報となる地質情報を整備するための調査を行う「産総研地質調査総合センター」の見学施設のひとつで、国内最大級の地球科学専門のミュージアム。調査・研究の成果としての岩石や鉱物、化石などの登録標本15万点を保管しており、館内では「地球の歴史」「生活と鉱物資源」「生活と地質現象」「岩石・鉱物・化石」の4つの展示室で、約2000点の標本を展示している。「地球の歴史」をテーマにした展示室では、デスモスチルスの骨格化石(レプリカ)や、先カンブリア時代から新生代までの地質年代に沿って化石や岩石を展示。ユニークなオリジナルグッズも人気。

↑時代順にまとめられた化石や、化学組成によって分類された鉱物などが展示されている

→立体模型にさまざまな情報を投影する

岐阜県

## 瑞《みず》浪《なみ》市《し》化《か》石《せき》博《はく》物《ぶつ》館《かん》

瑞浪市と周辺には、2000万～1500万年前にできた地層(瑞浪層群)が広く分布しており、魚類や貝類、植物など、約1500種の化石が産出している。そうした化石を25万点以上収蔵し、約3000点を展示する化石専門の博物館。入口正面では、世界で初めて瑞浪市で頭骨化石が見つかったデスモスチルスの全身骨格を展示している。野外学習地での化石の観察・採集もできる。

↑デスモスチルスの特徴であるのり巻きを束ねたような歯を観察できる

←新生代の巻き貝「*ビカリア」をはじめとした、多彩な貝化石を展示

### 川上教授の巡検手帳

瑞浪市化石博物館には、地元で見つかった化石が展示されている。展示を見学したあとは、近くの土岐川で化石を発掘しよう。化石が多く、初心者でも発掘体験を満喫できる。

Notes ＊ビカリアは、東アジアから東南アジアにかけて産出する新生代の巻き貝の仲間のこと。各地にマングローブ林が広がっていた約1500万年前の地層から見つかる

北海道

## 足寄《あしょろ》動《どう》物《ぶつ》化《か》石《せき》博《はく》物《ぶつ》館《かん》

足寄町では、1976(昭和51)年に約2800万~2400万年前にできた地層から束柱類のアショロアが発見されたのを皮切りに、原始的なクジラなどの化石が多数発掘されている。この博物館は、足寄で発見された化石などを4テーマに分けて展示。とくにデスモスチルスなどの束柱類は9体もの復元骨格を展示し、謎の多い生態の解明に迫っている。人気の発掘体験では、本物の化石や鉱物の結晶を掘り出せる。

復元骨格とともに展示されている復元図**にも注目したい

大阪府

## 大《おお》阪《さか》市《し》立《りつ》長《なが》居《い》植《しょく》物《ぶつ》園《えん》

1974年に隣接する自然史博物館とともにオープンした植物園。約24万㎡の園内の一角にある「歴史の森」では、約6600万年前から現代までの大阪における樹林の遷移を時代別に再現。歴史の森内の「古第三紀/新第三紀植物群」では生きた化石といわれるメタセコイアや、地面から根が突き出る気根が特徴的なラクウショウなどを見ることができる。

小さな池を中心に樹高の高いメタセコイアなどが林立する

岐阜県

## 化《か》石《せき》林《りん》公《こう》園《えん》

化石林とは、樹木の幹の化石が根を張ったまま、複数個集まっているもの。1994(平成6)年、異常渇水によって木曽川の水位が低下した際に美濃加茂市の太田橋下流の川底から合計425本からなる化石林が発見された。この化石林を含んだ約1900万年前の地層(瑞浪層群)からは、さまざまな動物、植物化石も見つかっている。国内でも類を見ない規模の化石林であったことから一帯は整備され、化石林公園が開園した。

化石林はあえて保存対策をせず、自然の状態のままにされている

Notes　**足寄動物化石博物館には3DCGを駆使した復元図を作成できる学芸員がいる。復元図を手がける学芸員は全国的にも珍しく、知識と想像力に裏打ちされた精巧な復元図になっている

寒冷化に適応した動物が現れた

# 最後の氷期を過ごした動植物

## 陸続きのシベリアからマンモスがやってきた

新生代第四紀（約258万～1万年前）の地球は、氷河時代ともいわれるほど気候が寒冷化した。特に寒冷な時期は「氷期」、比較的温暖な時期は「間氷期」と呼ばれ、最後の氷期は約7万年前に始まり約1万年前に終わりを迎えた。

最終氷期の北海道は、シベリアと陸続きだったため**マンモス**やオオツノジカ、バイソンなどの大型動物が大陸から渡ってきていた。

また、最も寒冷だった時期（最終氷期最盛期）には寒さを逃れて**現生人類**も渡来してきた。

### ★氷河時代のケナガマンモス

マンモスは、600万～500万年前にゾウ類共通の祖先から分かれた*4つの属のひとつ。ケナガマンモスはマンモス類のなかでも最後に寒帯に進出したグループで、体長は3～3.5m。一日に200～300kgの草を食べていたとされる。

↑ケナガマンモスは寒冷地に適応し、耳が小さい

↑約36万～2万8000年前に生息したナウマンゾウ。写真は、日本でも数多くの化石が見つかった野尻湖にある野尻湖ナウマンゾウ博物館の展示

### マンモスが食べていた植物

永久凍土から発見された冷凍マンモスの胃の中から出てきた

←ワレモコウ

↑ワタスゲ

↑キンポウゲ

Keywords
★マンモス
★現生人類

地質年代
★新生代第四紀

Notes ＊アフリカゾウ属、アジアゾウ属、ナウマンゾウ属、マンモス属の4つ。なお、全身像が復元可能な最古のゾウ類は約4000万年前にアフリカに生息したメリテリウム

## 日本で見つかった大型哺乳類

第四紀の日本には、日本とユーラシア大陸が繋がっていた時代に渡ってきた大型哺乳類が、生息していた。大陸から九州に渡ったナウマンゾウは日本各地へ移動し、国内200カ所以上で化石が見つかっている。また、サイやトラ、バイソン、オオカミ、ヒグマなどもこの時期に渡来したが、多くが絶滅[＊＊]した。

### ヤベオオツノジカ

約15万〜1万年前に生息したシカの仲間。現在のニホンジカよりも大きな体格をしている（写真：野尻湖ナウマンゾウ博物館）

### ハナイズミモリウシ

約2万年前に日本で生息していたバイソンの仲間。体高約2m、体長約3mと現在のバイソンと同等のサイズ（写真：岩手県立博物館）

### ニッポンサイ

関東から西の各地に生息していたサイ。栃木県佐野市葛生地域で唯一の全身骨格が発見されている（写真：葛生化石館）

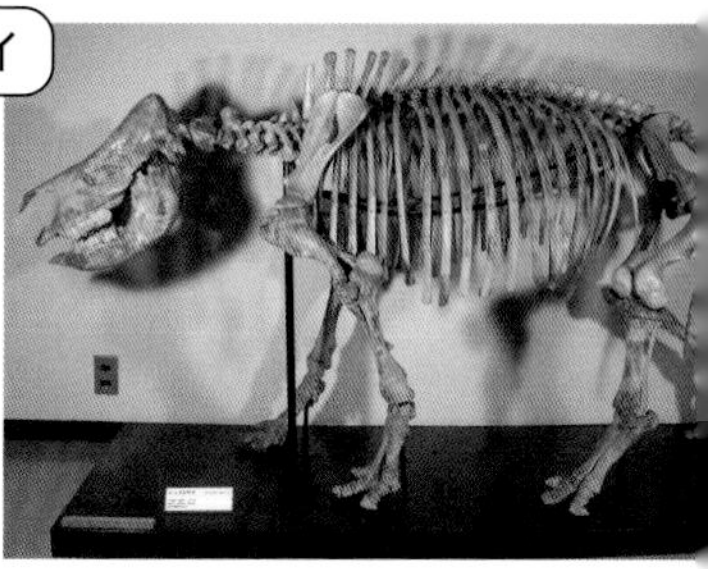

## 氷期と間氷期の繰り返しと植物相の変化

最終氷期のうち最も寒かった時期は、今よりも年間平均気温が約7℃低かった。現在の関東地方や西日本に広く分布する照葉樹林帯は沖縄や本州南岸のごく一部にしかなく、現在の本州中部や東北地方などに見られる落葉広葉樹林が広がり、マツやモミ、ツガなどの仲間の樹木が栄えた。今から約1万5000年前に急激な温暖・湿潤化に転換すると、ブナが急増。その後、日本海側を中心に急速にスギが増えていった。

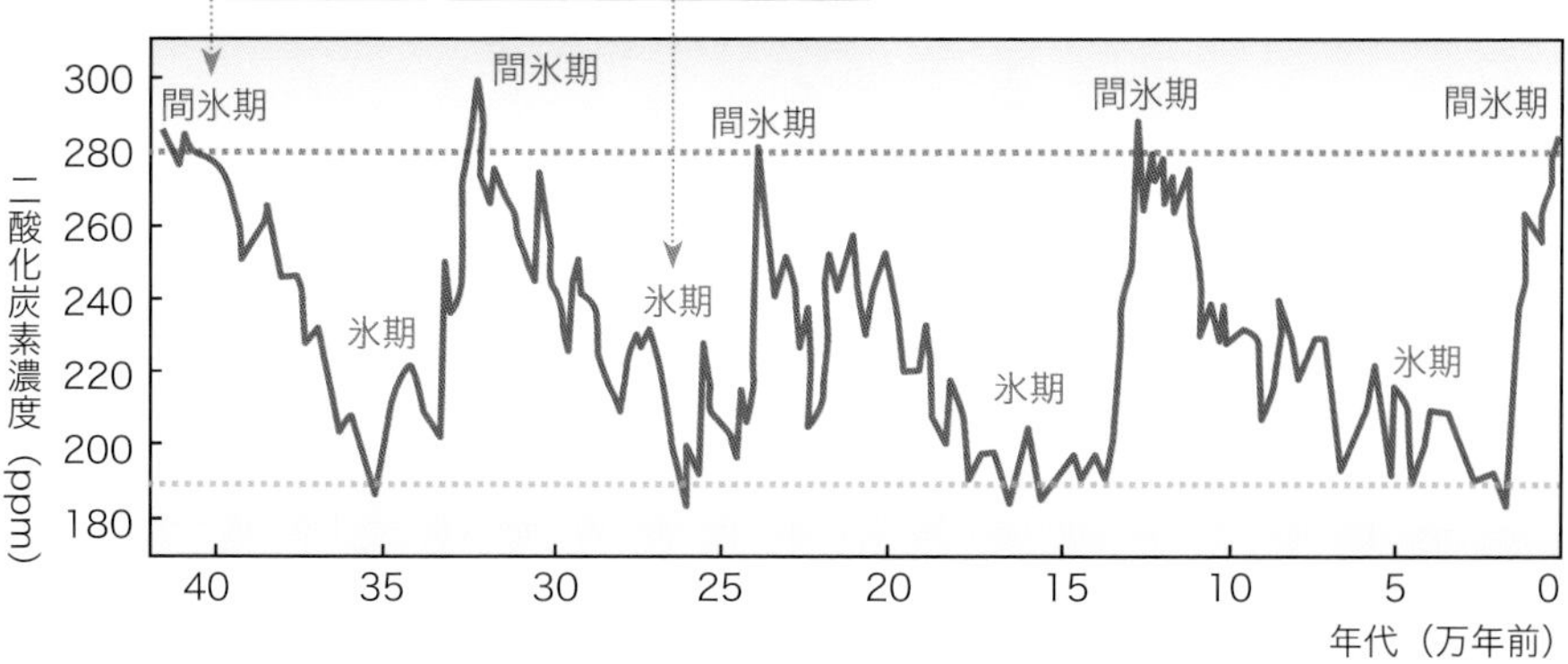




Notes　＊＊世界中で約200種の生物、特にメガファウナと呼ばれる大型の動物（哺乳類・爬虫類・鳥類）が滅びた。「第四紀の大量絶滅」ともいわれるが、その確実な原因は判明していない

北海道
とかち鹿追ジオパーク／大雪山国立公園

# 然《しかり》別《べつ》湖《こ》周《しゅう》辺《へん》のナキウサギ

↑体長は10〜20㎝のエゾナキウサギ。準絶滅危惧種

然別湖は標高約800mの高所にあり、大雪山国立公園で唯一の自然湖。約6万～1万年前に起きた新期然別火山群の火山活動によって生じた溶岩ドームが、川をせき止めて誕生したとされる。湖の周辺は日本最大の風穴地帯となっており、大小多くの風穴が点在している。エゾナキウサギ*は、こうした風穴や溶岩ドームが崩壊してできたガレ場に生息。北海道が大陸と陸続きだった約1万年前にシベリアからやってきたエゾナキウサギは、氷期が終わった後に温暖化と共に涼しいところを求めてこの地にやってきたといわれる。

↑然別湖は冬になると凍結するため、観光船を引き上げるレールがある

## 北海道でマンモス＆ナウマンゾウ

北海道は日本で唯一、マンモスとナウマンゾウ両方の化石が見つかっているが、化石の年代を測定すると、2種のゾウが同時代にいた可能性はなかった。しかし、近年の研究で、約4万5000年前に両者が現在の北広島市周辺に生息していた可能性があることが判明。北海道で2種のゾウが共存していたかもしれない。

### 北海道のマンモスとナウマンゾウの化石発見地

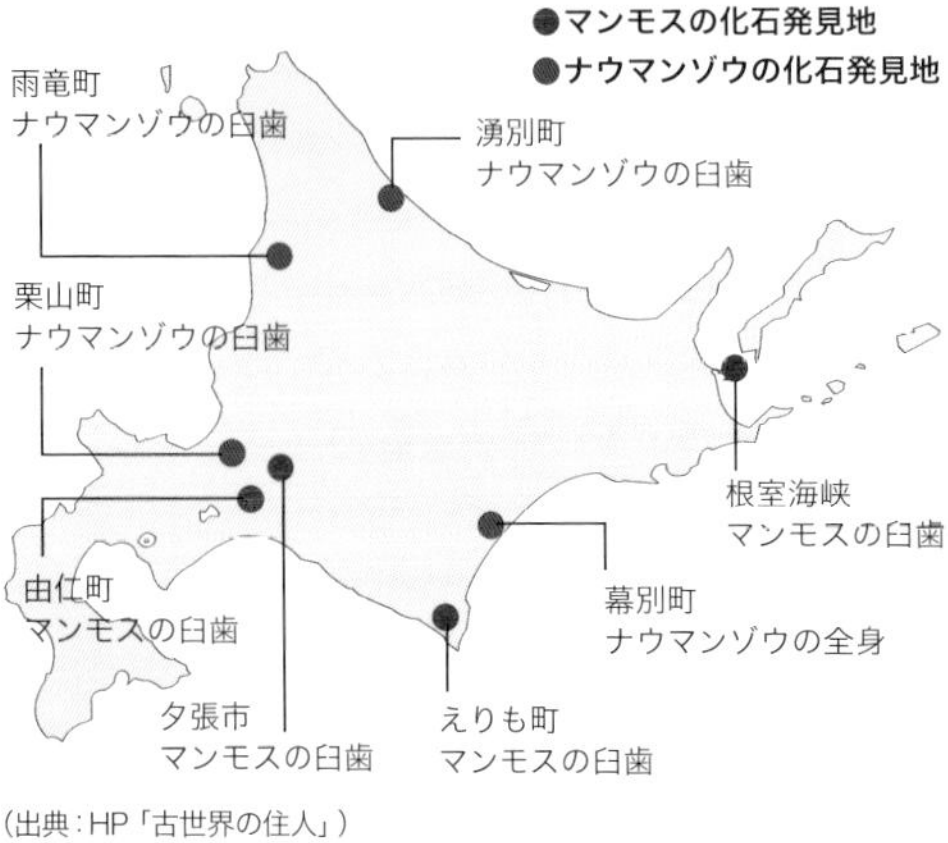


(出典：HP「古世界の住人」)

### 川上教授の巡検手帳

阿蘇五岳周辺に広がる草原は、景色をさえぎるものがなく、自然の雄大さを実感させる。秋空の下、草むらに紫色の花をつけるヒゴタイと背景の山並がつくるパノラマに心が躍る。

Notes ＊エゾナキウサギは、笛のような高音域の鳴き声が特徴。可愛らしい姿を見たいと訪れる人は多いが、鳴き声は聞こえども姿は見えずということが多い

熊本県　阿蘇ジオパーク

ユネスコ世界GP

## 池《いけ》山《やま》・山《やま》吹《ぶき》ジオサイト

熊本県北東部の産《うぶ》山《やま》村の村の花に指定されているヒゴタイは、中国大陸が原産のキク科の多年草。日本には大陸と陸続きだった最終氷期にやってきたとされる。九州のほかは中国地方などで見られることがあるが、いずれも絶滅が危惧されている。池山・山吹ジオサイトに含まれる産山村のヒゴタイ公園では、毎年8月から9月にかけて約5万本のヒゴタイが咲き誇る。

瑠璃色で球状の花をつけるヒゴタイ。園内からの見晴らしも抜群

島根県　隠岐ジオパーク

ユネスコ世界GP

## 杉《すぎ》の天《てん》然《ねん》林《りん》

隠岐には樹齢数百年を超える杉の巨木が多数ある。写真は樹齢800年の「岩倉の乳房杉」

最終氷期の日本海は海面が低下しており、隠岐と本州は陸続きであった。当時、本州内陸は杉**が生息できない環境となり、ほとんどが絶滅。伊豆半島や若狭湾、そして隠岐などの限られた場所(避寒地)に分布していた。やがて温暖化に転じて、再び離島となった隠岐に最終氷期の杉が閉じ込められることになり、その子孫にあたる杉の自然林が広がっている。

大分県　おおいた姫島ジオパーク

## 姫《ひめ》島《しま》

姫島は大分県北部の国《くに》東《さき》半島の北東に浮かぶ島。周囲約17㎞の小さな島だが、島の基盤となっている堆積岩からは、約２００万〜数万年前までのさまざまな年代のゾウ類の化石が発見されている。島の中央北部の丸石鼻海岸からはアケボノゾウ、ス鼻沖の海底からはナウマンゾウ、南東部からはトロゴンテリゾウ(シガゾウ)の化石が見つかっており、かつて陸続きだった姫島がゾウの楽園だったことを示している。

↑約30万年前からの火山活動によって形成された姫島

←ナウマンゾウの化石は拠点施設「天一《あまのひとつ》根《ね》」に展示

Notes　**杉は日本固有の針葉樹。おもに太平洋側に分布する「オモテスギ」、日本海側に分布する「ウラスギ」、九州に分布する「ヤクスギ」の3種類がある

# 縄文時代の人々の暮らし

## 日本列島に到達した人類が迎える新石器時代

Keywords
★縄文土器
★定住生活
地質年代
★新生代第四紀

### 旧石器時代から土器を使う縄文時代へ

最終氷期が終わりを迎えて温暖化へと移り変わる頃、日本列島に住む人々は土器を使い始めた。これは打製石器や骨角器を使用していたそれまでの旧石器時代*と、以後の時代を区別する基準になるほど画期的であった。縄を使って表面に文様をつけたことから**縄文土器**と呼ばれ、この土器が使われていた時代が縄文時代である。縄文時代の人々は、狩猟・漁労・採集を基盤としながらも基本的に**定住生活**をしていた、世界的にも珍しい集団であった。

### ★人類の日本への渡来

現在、3つのルートが考えられている。最も古いとされるのが、約3万8000年前に朝鮮半島から対馬経由で九州北部に渡った「対馬ルート」。次いで約3万5000年前に台湾から船で島沿いに北上してきた「沖縄ルート」。そして約2万5000年前にサハリンから陸続きだった北海道に南下してきた「北海道ルート」だ。

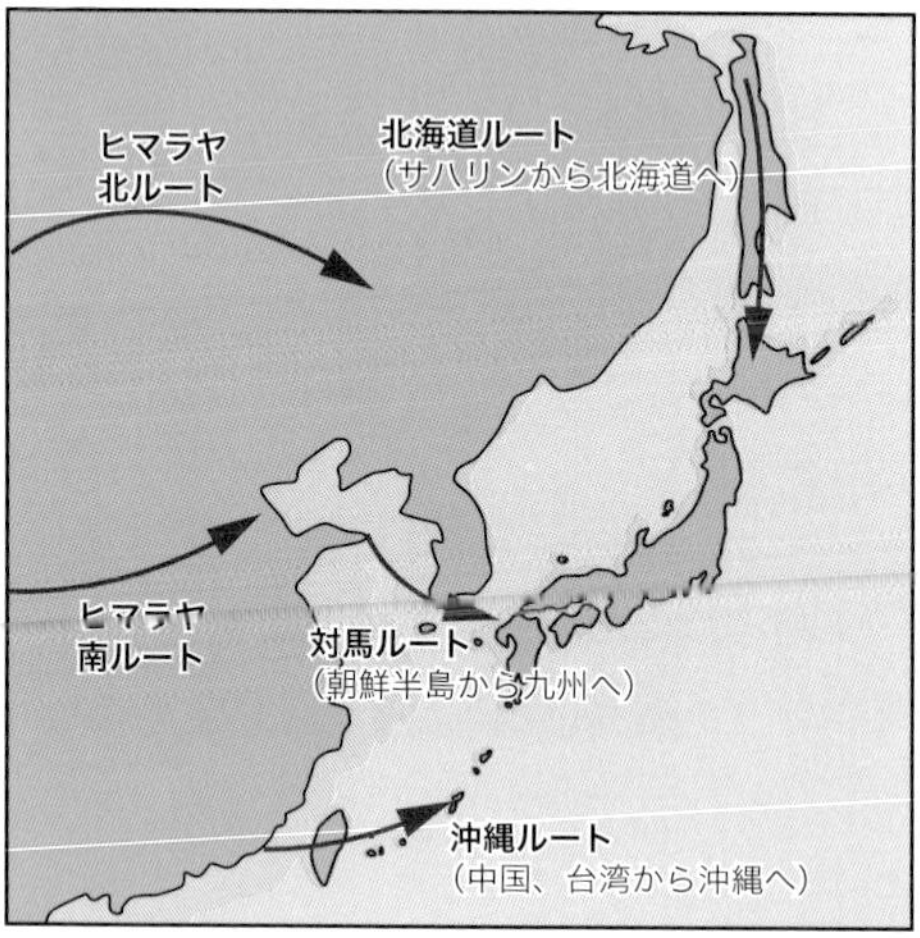


### ★竪穴住居が普及し、ムラが出現

土器を用いて食料などを「貯蔵」し、「煮炊き」してさまざまなものを食べられるようになった縄文時代の人々は、集団で定住生活を始めた。半地下式の竪穴住居に住み、亡くなった人を埋葬する墓や、貝塚などをつくった。

青森県の三内丸山遺跡。縄文時代前期〜中期の大規模な集落跡に建物が復元されている

Notes ＊旧石器時代の遺跡は、北海道や東京都、千葉県、長野県に多い。獲物を追って移動生活をしていて、持ち運べるテントのような住居で暮らしていたため、発見されるのはおもに石器である

## 土偶、土器づくりが盛んに

土偶は約1万1000年前から盛んにつくられた。女性を表現したものが多く、祭祀や儀式に用いられたとされるが結論はまだでていない。縄文土器は複雑な立体装飾が特徴で、とくに縄文時代中期の火焔型土器が有名。

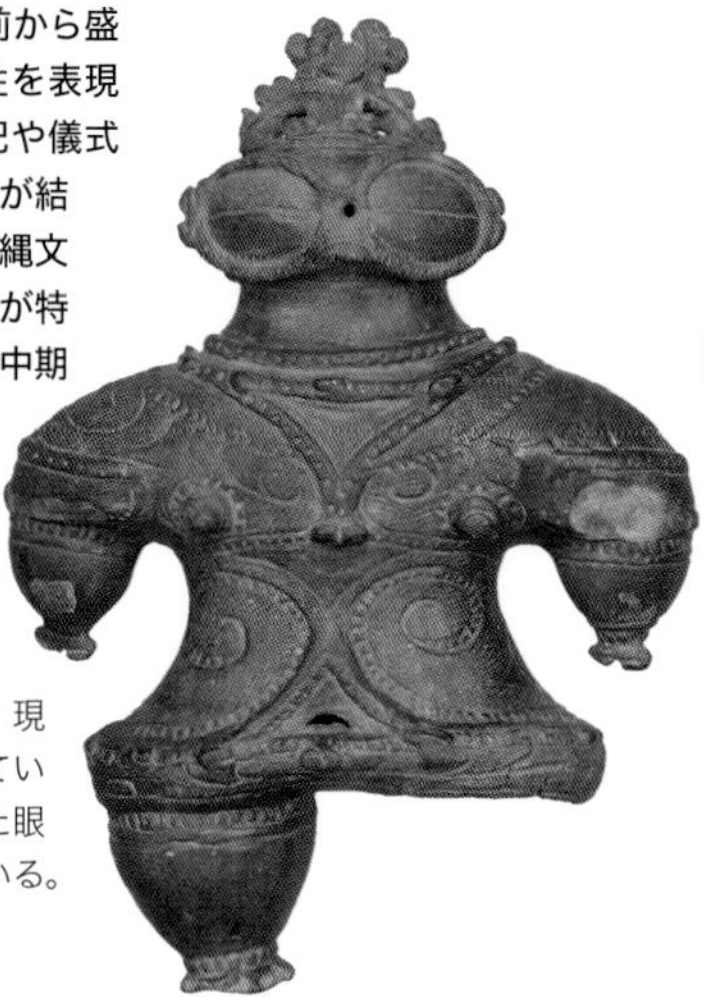

**遮光器土偶**

青森県つがる市で出土。現在では、遮光器を付けているのではなく、誇張した眼の表現だと考えられている。国の重要文化財

**火焔《かえん》型土器**

新潟県長岡市で出土した縄文時代中期の火焔型土器。木の実や動物の肉を煮炊きするのに使われた

## 縄文人の食生活

今よりも温暖な縄文時代ではクリやクルミの木が多く、重要な食料だった。三内丸山遺跡で出土したクリは、自然のものよりも粒が大きく、大きな実がなるようにクリの林を手入れしていたと考えられている。また犬を飼ってシカやイノシシ狩りのパートナーにしていた。

**貝塚**

貝塚を調査した結果、シカやイノシシ、サケやマスなどの魚、山菜やドングリなどを食べていたことが判明している

**石皿とすり石**

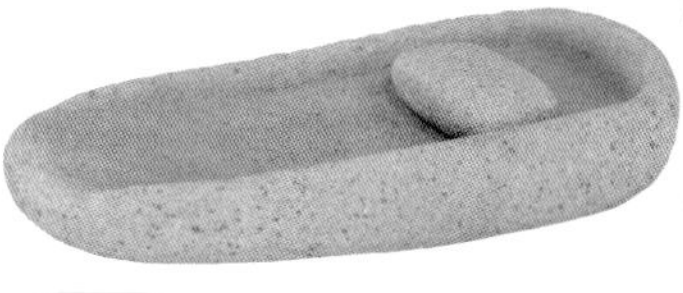

クリやドングリ、クルミなどの堅い木の実を割り、すりつぶして食べていた

**石鏃《せきぞく》**

イノシシやシカなどの素早い獲物を捕らえるため、縄文時代の狩りの道具は槍から弓矢へと変わっていった

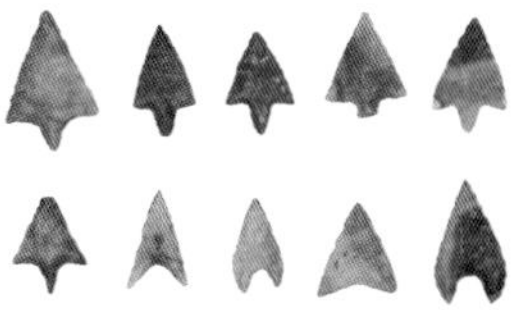

Close Up

### 縄文時代の植生と人口

日本には9万1000**以上の縄文遺跡があり、最多は7500を超える岩手県。北海道、長野県、千葉県と続き、その大半は東日本にある。その最大の理由は東西の植生の違いとされ、西日本に比べて、東日本はクリやクルミなどの実を付ける樹木に恵まれていた。縄文時代中期の西日本の人口は、全人口のわずか約8%だったとする説もある。

縄文時代中期の
100 ㎢あたりの地方ごとの人口

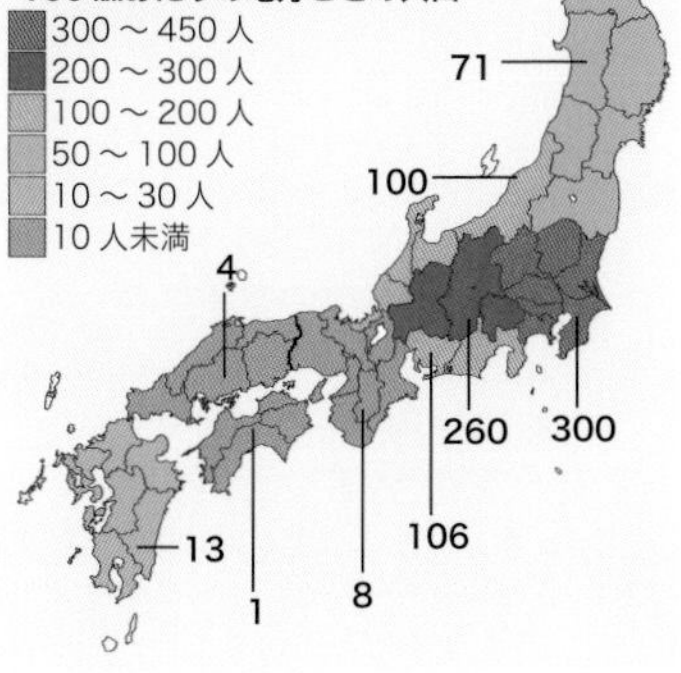


**Notes** ＊＊文化財保護法によって保護の対象となっている遺跡の数。「令和3年度 周知の埋蔵文化財包蔵地数」によると、全国にある縄文時代の遺跡数は9万1637

青森県

三陸ジオパーク

## 是《これ》川《かわ》石《せっ》器《き》時《じ》代《だい》遺《い》跡《せき》

世界遺産

八戸市是川地区で発見された、約3000年前の縄文時代晩期の集落遺跡で、一王寺、堀川、中居という時代の異なる3つの遺跡の総称。これまでに竪穴建物跡や土坑墓、貝塚、土器、土偶、鮮やかな漆器や木製品など、考古学史上重要な品が多数出土している。

現在も遺跡の調査・整備が進められており、遺跡を見ることはできないが、隣接する「八戸市埋蔵文化財センター是川縄文館」で出土品などを見学できる。2021(令和3)年に世界遺産に登録された*「北海道・北東北の縄文遺跡群」の構成資産の一つである。

↑空から見た是川石器時代遺跡。中央の草地が広がる場所が中居遺跡

→出土品の多くが国の重要文化財

新潟県

苗場山麓ジオパーク

## 沖《おき》ノ原《はら》遺《い》跡《せき》

津南町を流れる中津川左岸の河岸段丘最上位面に位置する縄文時代中期の集落跡。発掘調査によって49軒の竪穴住居跡、3軒の長方形大型家屋跡、1軒の敷石住居跡などが発見され、全体で200軒ほどの住居があったと推測されている。また火焔土器をはじめ、屋外埋設土器や土偶、石斧、石棒、木の実を挽いた粉で作ったクッキー状のものなど、1000点を超える遺物が出土している。

↑第1号住居跡にあった大型馬蹄形複式炉。この周辺からクッキー状の炭化物が見つかった

←出土した火焔型土器は津南町歴史民俗資料館で見られる

### 川上教授の巡検手帳

鳥浜貝塚は、縄文時代からのタイムカプセルだ。隣の「福井県年縞《ねんこう》博物館」では、過去9万年分の地球史記録テープである、全長37mの水月湖年縞堆積物のスライスが見学できる。

Notes ＊北海道・北東北の縄文遺跡群は、1万年以上にわたる縄文時代の人々の生活と精神文化を伝える文化遺産。北海道の6遺跡、青森県の8遺跡、秋田県の2遺跡、岩手県の1遺跡で構成される

東京都　伊豆大島ジオパーク

## 下《しも》高《たか》洞《ぼら》遺《い》跡《せき》

伊豆大島の本町港の南に位置する、伊豆大島で最も古い約８０００年前の縄文時代早期の遺跡。海岸の波打ち際から海蝕崖の上まで4地区に分かれ、竪穴住居跡や土器などが発見されている。また、伊豆大島には生息していないイノシシの骨や、神津島で産出した黒曜石なども出土しており、他地域との交流・交易があったことが示唆される。近くには伊豆諸島の考古学研究のきっかけとなった縄文時代中期の竜ノ口遺跡がある。

↑水際の地区は波の侵食で現在は海蝕洞のようになっている

←約5mの玄武岩溶岩流に覆われた竜ノ口遺跡

福島県　磐梯山ジオパーク

## 法《ほう》正《しょう》尻《じり》遺《い》跡《せき》

333号土坑から土器が出土した当時の様子。土器は184点が国の重要文化財に指定された

猪苗代湖の北、磐梯町の法正尻地区の丘陵地で発見された、約５５００～４５００年前の縄文時代中期を中心とする集落遺跡。竪穴住居跡１２９軒、土坑７５９基、埋甕《うめがめ》**26基をはじめ、26万点以上の遺物が出土。特に東北地方南部や北陸地方など、複数の地域の特色を有した土器がまとまって見つかっており、当時の人々の交流の様子を物語っている。

福井県

## 鳥《とり》浜《はま》貝《かい》塚《づか》

若狭町と美浜町にまたがる三方五湖のひとつ、三方湖の上流に位置する、約1万４０００～５７００年前の縄文時代草創期から前期にかけての遺跡。草木類や種子類などの有機性遺物や丸木舟など、通常は腐食して残らないものが湖底の泥に包まれ、良好な状態のまま25万点以上も見つかったことから「縄文人のタイムカプセル」とも呼ばれる。現在、出土遺物は若狭三方縄文博物館に展示されている。

↑若狭三方縄文博物館の鳥浜貝塚に関する展示室。堆積した貝層がそびえる

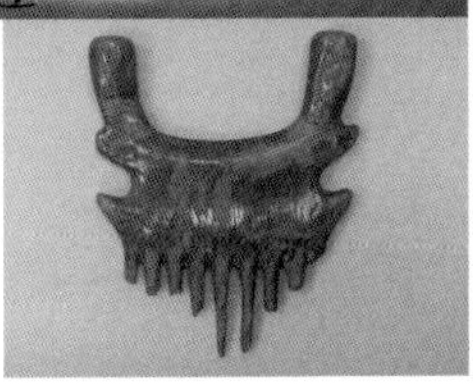

←高度な漆工技術で作られた赤色漆塗り櫛(複製)

Notes　**埋甕とは地面に穴を掘って埋められた土器のこと。住居内と住居外に埋められたものがあり、前者の場合は胎盤が入れられ、後者の場合は遺体を収容したとする説があるが、真偽は不明

# 知っておきたい地学用語4 生物

40億～35億年前に生命が誕生し、長い年月を経て約10億年前に多細胞生物が出現した。進化と絶滅を繰り返しながら多様化してきた生物に関する用語を解説する。

**★エディアカラ動物群**

オーストラリアのエディアカラ丘陵で最初に発見された[illegible]細胞生物の総称。硬い殻をもたず、平べったい形をしたものが多く、動くこともできなかったとされる。

**★巨大昆虫(石炭紀)**

翼開張が約70㎝もある史上最大の昆虫メガネウラや、巨大ゴキブリなど、石炭紀には巨大な昆虫が存在した。

**★巨大植物(石炭紀)**

シダ植物が陸上で大繁栄。リンボクやカラミテスは樹木のように大きく、高さ30mに達するものもあった。この時代の大森林は、石炭となって地層に残った。

**★コノドント**

カンブリア紀から三畳紀にかけて生息した生物で、大きさは0.2～1mmほど。時代によって形態が多様化しているため、地質時代を特定するための示準化石として利用されている。現在、日本最古とされる化石は、約4億5000万年前のコノドントの歯状の化石である。

**★始祖鳥**

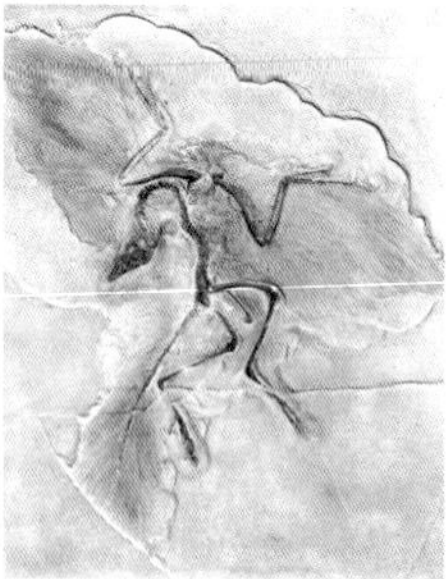

かつては「最初の鳥」といわれた、ジュラ紀後期に生息した原始的な鳥類。骨格に鳥類的な特徴があるほか、前肢や尾、胴に羽毛がある。一方、どのように飛んでいたかなど謎は多い。写真は「ベルリン標本」のレプリカ。

**★種子植物**

陸上に進出した植物の中から、約3億8500万年前に種をつくる植物「種子植物」が現れる。種子植物から裸子植物や被子植物の祖先が誕生することになる。

**★初期人類**

人類は約700万年前にチンパンジーとの共通祖先から分かれ、初期猿人、猿人、原人、旧人、新人の5段階を経て進化した。なかでも初期人類と呼ばれる初期猿人と猿人の時代が長く、解明されていないことも多い。

**★ストロマトライト**

20億年以上前に出現した、光合成によって酸素をつくり出すシアノバクテリアの活動によってできた堆積構造物。ほぼ無酸素状態だった大気に大量の酸素をもたらし、生物進化に大きな影響を与えた。写真はオーストラリア西部のシャーク湾に生息する現生のストロマトライト。

**★鳥盤類(恐竜)**

恐竜は大きく鳥盤類と竜盤類に分けることができる。鳥盤類は、現在の鳥に似た骨盤をもつグループで、ステゴサウルスなどの装盾類、ハドロサウルスなどの鳥脚類、トリケラトプスなどの周飾頭類にさらに分けられる。

**★花(被子植物)**

種子が子房に包まれて成長する。花をつける被子植物は現在最も繁栄している植物群。約1億3000万年前の地層から発見された花粉化石が、花が誕生した最古の証明となっている。

**★ホモ・サピエンス・サピエンス**

約20万年前、まだ原人や旧人が生存していた時代に、アフリカで誕生した現生人類。亜種にホモ・サピエンス・イダルトゥがいた。

**★竜盤類(恐竜)**

現在のトカゲと似た骨盤の形をした恐竜のグループ。ブラキオサウルスなどの竜脚類と、ティラノサウルスなどの獣脚類に分かれる。獣脚類に属する種が進化して鳥類となった。

# 第5章 人新世の日本

現在、「人新世」という新しい時代区分が提唱されている。

これまで新たな時代の節目には、生物を絶滅させるような大規模な火山噴火や隕石の衝突などがあったが、それに匹敵するような変化を人類が地球にもたらしているという。

院内銀山（秋田県）

# 「人新世」と地球の変化

## 人新世《じんしんせい》という新たな地質年代

人新世とは、2000年代初めに提唱された「人類の時代」を意味する、新たな地質年代の名称。人類の活動が地球へ与えた影響があまりにも大きく、その痕跡が地層にも刻まれた時代に大入しているというものである。まだ正式に認められたものではなく、現在も専門家の間で議論が続いている。とくに人新世が「いつ」始まったのかという点は、多くの説が唱えられており、2024年3月の国際学会では「正式に人新世を設ける」提案が、時期尚早として否決されている。しかし、人類の活動が地球環境を変えたことが否定されたわけではない。

## 世界のエネルギー消費量と人口の推移

人類の活動が地球環境に大きな爪痕を残したのが人新世の始まりと考える場合、地質の分析に加え、世界のエネルギー消費量や世界人口などが指標の一つとなる。

人新世の始まり説❹

### グレートアクセラレーション 1950年頃

人間活動の爆発的な増大と大量生産・大量消費が加速した時代。大気中の二酸化炭素やメタンの加速度的な増加、核実験による放射性物質の放出など、さまざまな指標が地球環境に劇的な影響を与えたことを示している。

アメリカがビキニ環礁で行った核実験の様子

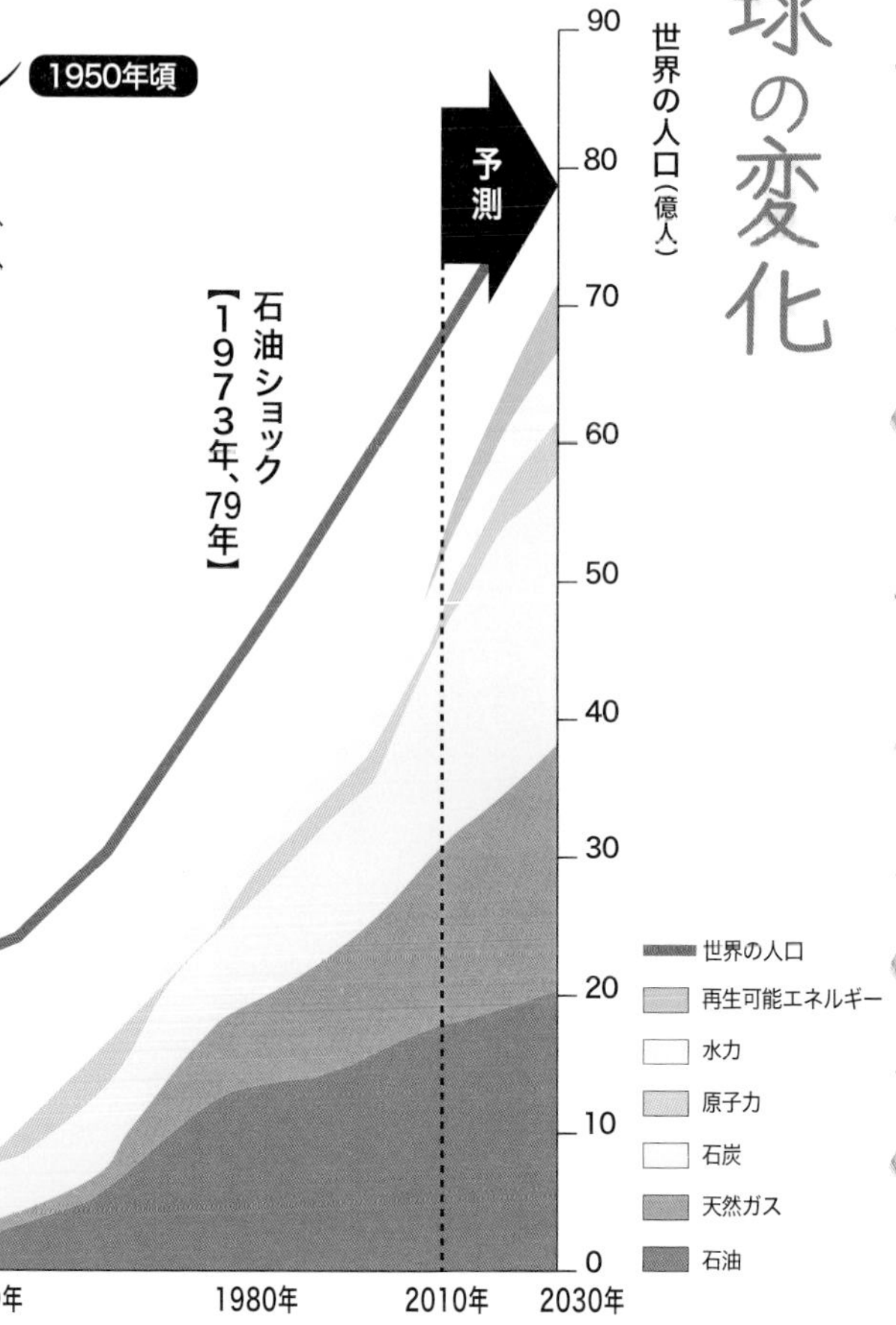


（出典：経済産業省「エネルギーに関する年次報告（エネルギー白書2013）」）

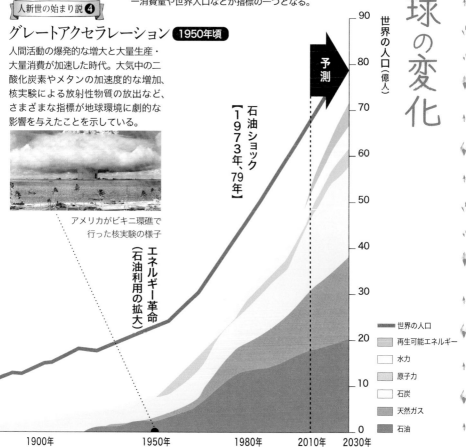

## 人間活動の増加による地球環境の変化

### 気候変動

人類の活動によって発生した温室効果ガスが大気中に増えたため、異常高温(熱波)や大雨、干ばつの増加などの気候変動が引き起こされている

### 生物多様性の喪失

世界自然保護基金によると、1970年以降、脊椎動物の個体数が平均69%減少。その大きな原因の一つが人類による森林破壊である

### オゾン層の破壊

エアコンやスプレーなどに使用してきたオゾン層破壊物質(フロン、ハロンなど)が、成層圏にあるオゾンを破壊。オゾン層破壊物質の製造が禁止された

人新世の始まり説❷

### アメリカ大陸への進出 17世紀

アメリカ大陸の先住民の減少によって自然環境が変化。また、アメリカ大陸の植民地化による資本主義経済の発展など、人類活動の増加の契機となった時代。

北アメリカ大陸へ向かったピルグリム・ファーザーズ

人新世の始まり説❶

### 農耕の開始 約1万2000年前

人類が農耕と牧畜を始めた時期から温暖化ガスが排出されていたという研究があり、農耕が環境に大きな影響を与えた要因であるとする説。

小麦を収穫する様子が描かれた、古代エジプトの絵

人新世の始まり説❸

### 産業革命 18世紀中期〜19世紀

産業革命を支えた蒸気機関の発明によって、エネルギー源は木炭から石炭へ転換。世界は急速に工業化し、森林破壊や気候変動をもたらすきっかけになった時代。

技術革新は女性労働を拡大させることにもなった

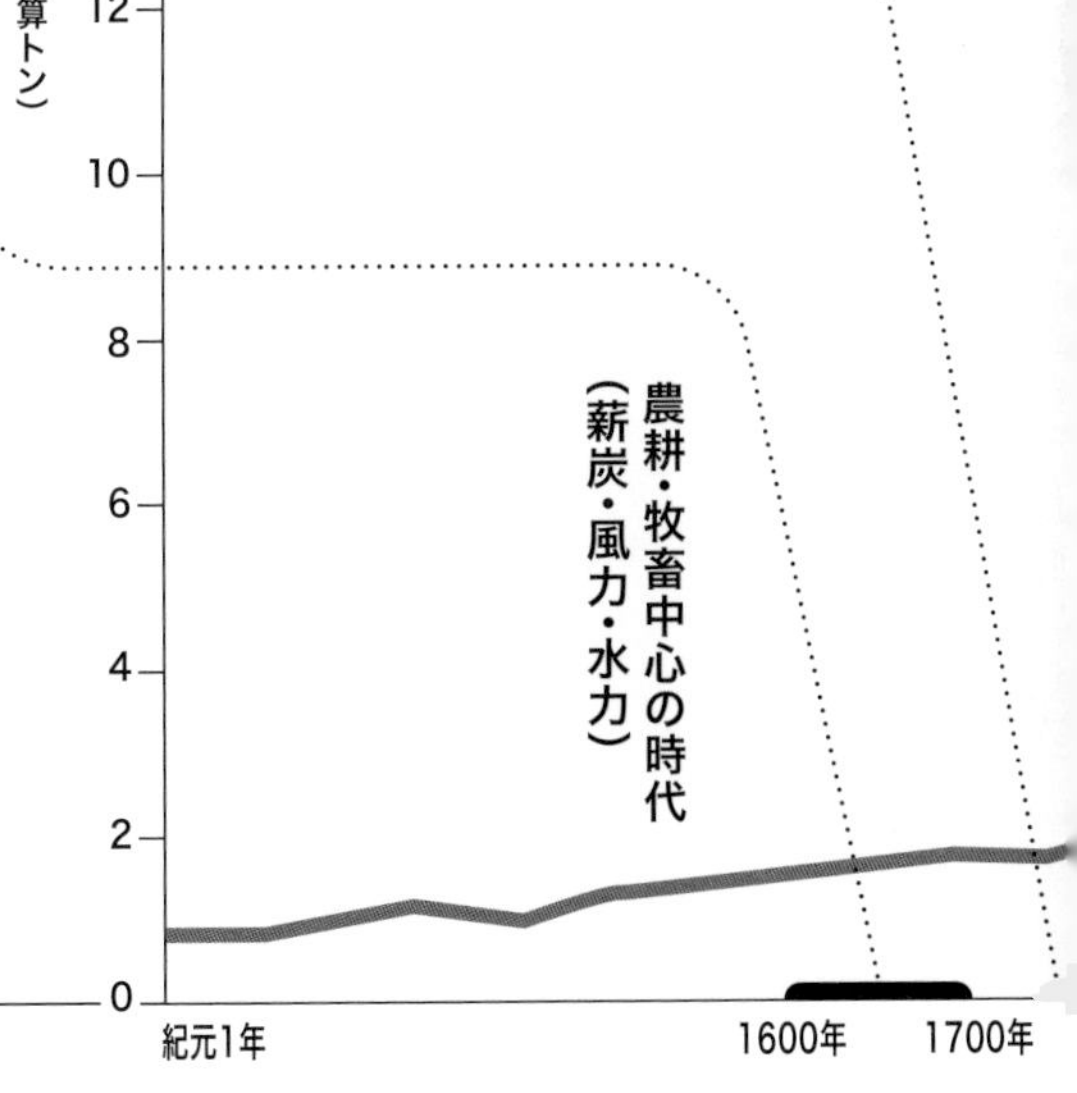

人類の発展に欠かせない地球の資源

# 人間活動と資源（鉱物／エネルギー）

## 人類の進歩に欠かせなかった存在

人類がつくった最古の道具は、アフリカで発見された約260万年前の石器だとされる。岩石を成形・加工することを覚えた人類は、その後、**鉱物***から銅や鉄を抽出する技術を身につけて、銅器、青銅器、鉄器時代と定義される歴史を築いていった。また、18世紀後半の産業革命では地中から採掘した石炭を利用。そして現在、レアメタルといわれる流通・使用量が少ない非鉄金属が、ハイテク産業を中心とした産業の発展を支える重要な存在になっている。

### ★人類の歴史と利用してきた鉱物資源

約260万年前 ◀…… **石英《せきえい》** 人類初の日常的に使用した石器は、石英など硬い石で別の石を叩いて鋭利な縁にしたもの。こうした石器はオルドヴァイ型石器と呼ばれる

約240万年前 ◀…… **フリント／黒曜石《こくようせき》** 硬い石英の一種のフリントや、火山岩の一種の黒曜石を割り、鋭利な破断面を刃物として利用し始めた

7500～5300年前 ◀…… **銅《どう》** 当初は自然銅を使って武器や道具を作った。後に黄銅鉱などの鉱物から銅を抽出する技術を磨いていった

5300～3200年前 ◀…… **青銅《せいどう》** 銅と錫《すず》の合金である青銅は、鋳造が容易で強度が高く、銅に代わる金属素材になった

2000年前～ ◀…… **鉄《てつ》** 最も古い鉄器は、鉄ニッケル合金でできた隕鉄を利用したもの。約2000年前から鉄鉱石より抽出するようになった

### ★産業に欠かせないレアメタル

**レアメタルは厳密な定義はないものの、約30種類ある。**

| 元素名 | 元素記号 | 用途 |
|---|---|---|
| リチウム | Li | 電池用材料、ガラス用添加剤 |
| ニッケル | Ni | 合金、自動車部品、カトラリー |
| コバルト | Co | 電池用材料、合金、永久磁石 |
| タングステン | W | 合金、放射線遮へい材、重り |
| タンタル | Ta | コンデンサ、半導体、3Dプリンタ |
| ネオジム | Nd | 永久磁石、モーター |
| イットリウム | Y | 蛍光材料、携帯電話の部品 |

Keywords
★鉱物
★化石燃料
★非在来型資源

地質年代
★新生代第四紀更新世～完新世

Notes ＊地球上には約5000種の鉱物があるとされる。NASAの調査では火星にある鉱物は500種ほどとされ、地球にある鉱物の数は太陽系の惑星のなかでも圧倒的に多いと考えられている

# 人類の文明を支える大地の恵み〝化石燃料〟

現代文明の根底を支える「石炭」や「石油」、「天然ガス」などの**化石燃料**は、地中に取り込まれた大量の有機物が何億年という間、高い熱や圧力を受けて形を変えたもので、一度使うと再生できない資源である。人類は化石燃料を使い始めてから、常に大量消費を続けてきた。そのため、いずれは枯渇する日が来ると考えられ、近い将来に生産量はピークに達して、その後は下降するという「ピークオイル」＊＊説も提唱されている。

近年では、オイルシェールやタイトサンドガスなど、高度な技術によって得られる資源の開発が進められている。これらは、化石燃料を代替する「**非在来型資源**」と呼ばれ、今後の人類や地球環境に大きな影響を与える存在である。

## ★化石燃料主要3種の特徴

**石油、天然ガスは約50年、石炭は約130年で枯渇するともいわれているが、使用量は増え続けている。**

| | 石炭 | 石油 | 天然ガス |
|---|---|---|---|
| 起源 | 海底や湖底に堆積した植物。熱や圧力の影響で炭素が濃集されたもの | 海底や湖底に堆積した生物の死骸。化石化してケロジェンという物質になり、熱や圧力の影響で石油に変化した | 海底や湖底に堆積した生物や植物。熱や圧力の影響で、水、石油、天然ガスに変化した |
| 発熱量（1kgあたり） | 約7000kcal | 約9000kcal | 約1万3000kcal |
| メリット | 供給や経済性の面で優れている | 貯蔵や運搬が比較的容易 | 燃焼時の二酸化炭素や窒素酸化物が比較的少ない |
| デメリット | 燃焼させるのに大規模なボイラが必要。窒素や硫黄を含み、燃焼時の環境への負荷が大きい | 燃料価格が比較的割高 | マイナス160℃に冷却して特殊なタンクに貯蔵して輸送しなければならない |
| 確認埋蔵量 | 約1兆741億トン | 約275兆4516億リットル | 約188兆1000億㎥ |

## ★海底に眠る資源

エネルギー輸入国の日本で注目を集めているのが、領海・排他的経済水域に眠る海洋エネルギーと鉱物資源である。海洋エネルギーとは、石油や天然ガス、メタンハイドレートなどを指し、海洋鉱物資源とは、海底熱水鉱床やコバルトリッチクラストなどのこと。いずれも深海底にあり、回収・利用には新たな技術や工夫が必要とされ、将来の活用に向けて調査・開発が進んでいる。

地球深部探査船「ちきゅう」。海底資源の解明などの成果をあげている

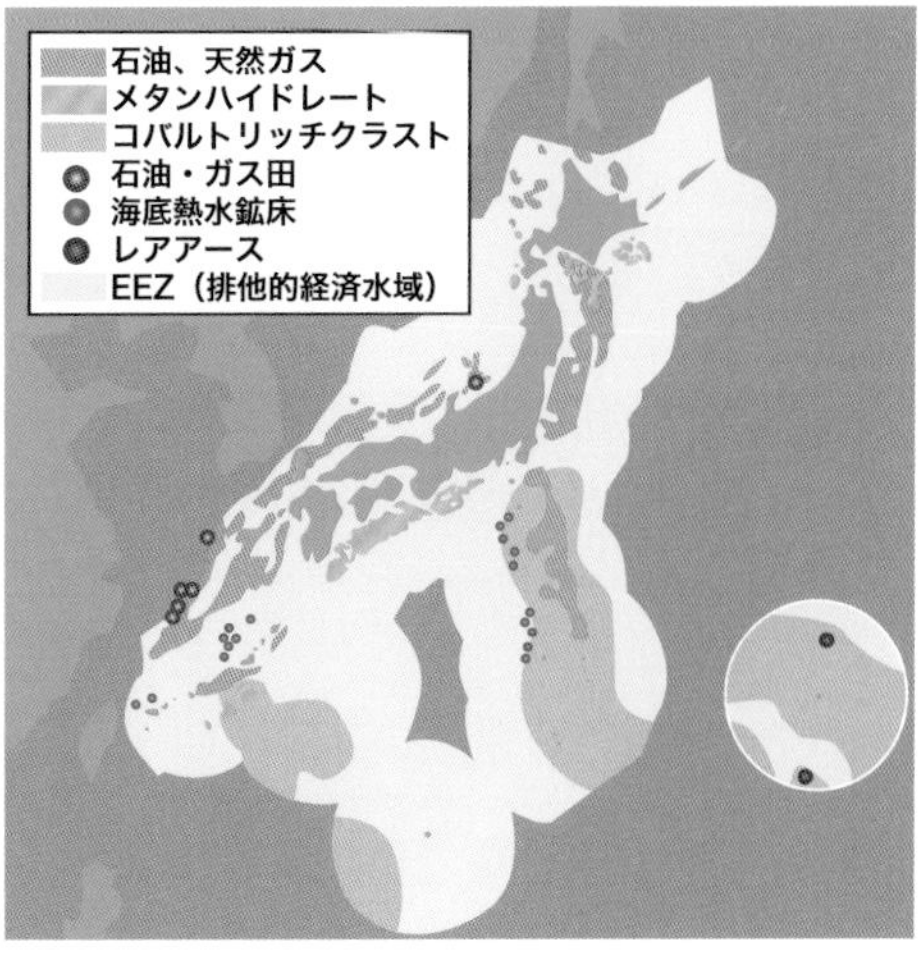




Notes　＊＊1956年にアメリカの地質学者ハバートが唱えた。現在は2013年に示された、需要面（代替エネルギーの発展により石油の需要ピークが訪れる）からのピークオイル説が注目を集めている

新潟県　佐渡ジオパーク

## 青盤《ばん》脈の断層面

日本海最大の島である佐渡は、平安時代に成立した『今昔物語集』に金の採れるところとして記されているけど、古くから「金の島」として知られていた。1601(慶長6)年、いわゆる「佐渡金山」として知られる相川金銀山の開発が始まり、江戸時代を通じて金約40t、銀1800tを産出。

青盤脈の断層面は、世界でも有数の規模を誇った相川金銀山で最大規模を誇った鉱脈があった場所である。長さ約2100m、深さ約500m、幅約6mの金鉱脈*を採掘した後の岩石部分がそのまま残されたものであり、巨大な崖としてそびえ立っている。

↑青盤脈の断層面は、佐渡金山第5駐車場から見ることができる

→史跡佐渡金山に展示された佐渡小判と一分金

北海道　白滝ジオパーク

## 白滝《しらたき》ジオパーク交流《こうりゅう》センター／遠軽町《えんがるちょう》埋蔵文化財《まいぞうぶんかざい》センター

白滝ジオパークは、日本最大級の黒曜石産地である白滝地域を中心としたジオパーク。この地の黒曜石は、約220万年前の噴火活動による溶岩が急冷してできたもので、周辺の旧石器時代(約2万5000~1万年前)の遺跡群からは膨大な数の黒曜石製の石器が発見されている。交流センターはジオパークの拠点施設で、その2階にある埋蔵文化財センターでは遺跡出土品を展示している。

↑遠軽町白滝総合支所1階の白滝ジオパーク交流センター。黒曜石の基礎を学べる

←2023年に国宝に指定された「北海道白滝遺跡群出土品」を展示する遠軽町埋蔵文化財センター

### 川上教授の巡検手帳

白滝黒曜石産地である赤石山で、鮮やかな赤色模様のある黒曜石を探そう。注意して探せば気泡だったところに白色球形のカルセドニー(微細な石英)ができているものも見つかる。

Notes　＊佐渡島の金銀鉱脈は、約3000万～2000万年前の火山活動の際、地下で金銀の鉱床が形成された。そして約300万年前にその鉱床ごと隆起して佐渡島が誕生した

北海道

三笠ジオパーク

## 旧《きゅう》幾《いく》春《しゅん》別《べつ》炭《たん》鉱《こう》錦《にしき》立《たて》坑《こう》櫓《やぐら》

三笠ジオパークは三笠市全体を指定エリアとするジオパーク。その特徴の一つが、炭坑の町として日本の近代化を支えてきた遺産群である。旧幾春別炭鉱錦立坑櫓は、１９２０（大正9）年頃に完成した、北海道に現存する最古の立坑櫓。三笠市立博物館裏手の野外博物館エリアにあり、捲揚室や変電室など、当時の施設も保存されている。主要施設がまとまって残っているのは全国的にも珍しく、土木遺産にも認定されている。

櫓の高さは約10m。櫓の地下には深さ214m、内径4.9mの立坑が眠る

秋田県

ゆざわジオパーク

## 院《いん》内《ない》銀《ぎん》山《ざん》

明治天皇が見学されて、五番坑から御幸坑と改名された坑道入口が残る

湯沢市にある院内銀山は、１６０６（慶長11）年に発見されて、久保田藩が銀山奉行を設置して直接鉱山経営をしていた。１８３３（天保4）年からの約10年間は、年間の銀産出量が千貫（約３７５０kg）を超えて、最盛期を迎えた。明治時代になると政府直轄の経営となり、ドイツの技術を導入して近代化を進めたが、次第に衰退。大正時代に採掘を停止した。

秋田県

鳥海山・飛島ジオパーク

## 院《いん》内《ない》油《ゆ》田《でん》跡《あと》地《ち》

かつて日本国内でも近代的な油田開発が行われていた。とくに秋田県は全国一の原油産出量を誇っており「石油王国」**といわれたほど。明治時代に発見された、にかほ市の院内油田は、大正時代に採掘が始まり、昭和10年代には最盛期を迎えて国内屈指の産油量を誇った。やがて資源が枯渇し、１９９５（平成7）年に閉山したが、大正から平成まで稼働していた櫓や、石油を採取するための装置があるポンピングタワー棟が残る。

近代化産業遺産としてかつての面影を伝えている

Notes　**大正時代中期から昭和30年代半ばにかけては、日本の原油産出量の4割以上が秋田県で産出された。とくに終戦後は国内原油の約8割が秋田県内のものだった

# 文明の発展にともなう自然への負荷
# 人間活動による自然環境の変化

## 人類の持続可能な発展に欠かせない解決すべき問題

人口増加や経済活動などにともない、人類は多くのエネルギーや資源を消費し続け、環境への負荷を増大させてきた。＊1970年代から環境問題は世界的に顕在化し、現在も「**地球温暖化**」「気候変動」「海洋汚染」「生物多様性の減少」「砂漠化」「**森林減少**」「食糧問題」「酸性雨」「水質汚染」「水源の枯渇」「開発途上国の公害」「有害廃棄物の越境移動」など、解決困難な問題が山積みである。

こうした問題は、社会的、経済的に複雑な原因が絡み合って生じ

## ★減少する森林

世界には約4000万㎢の森林があるが、2015年以降は毎年約10万㎢が失われている。多くの場合、農地への転用や、薪炭にするための過剰採取が原因である。

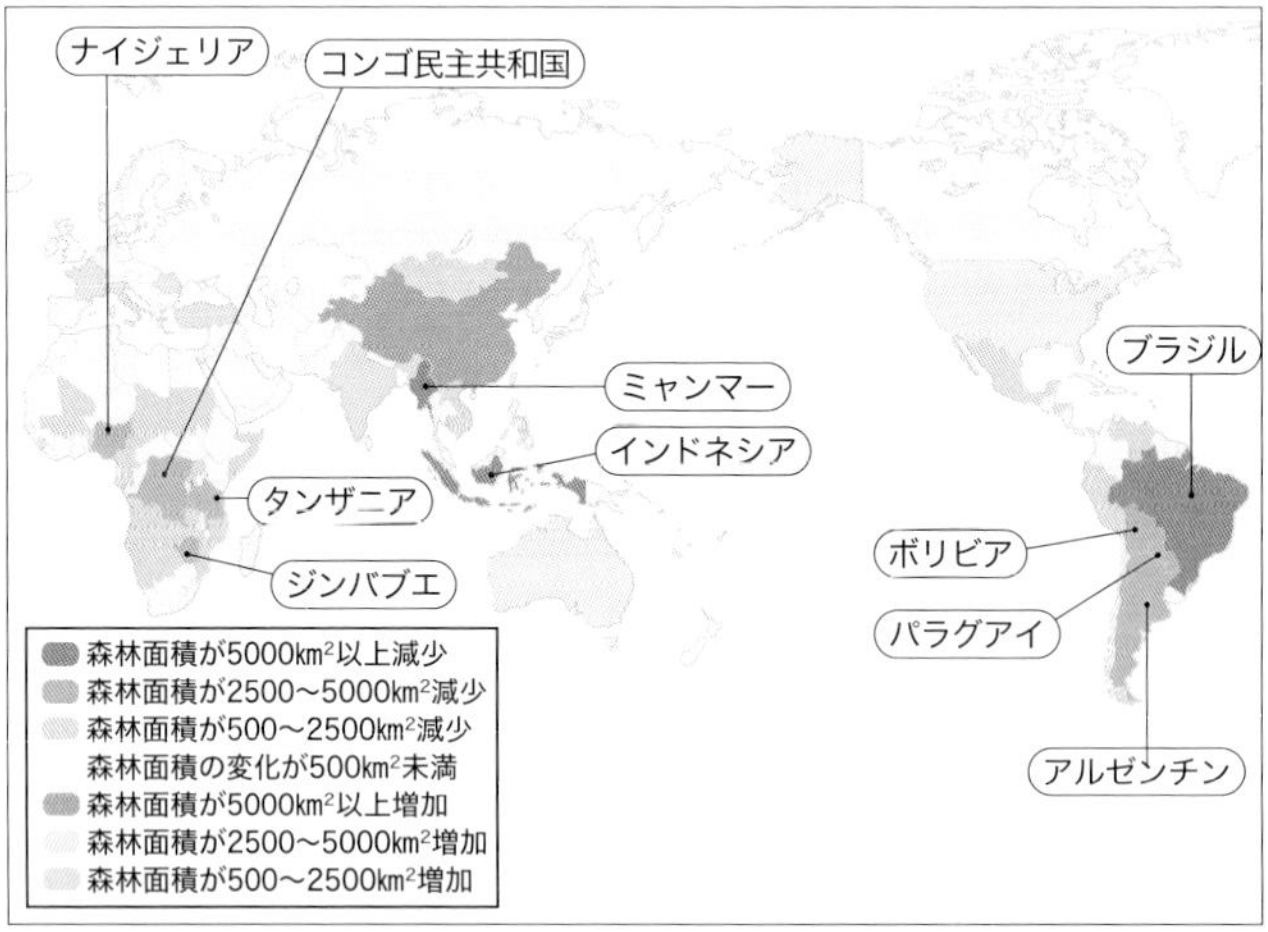


## ★増加する海洋ごみとマイクロプラスチック

推計によると、毎年約800万tのごみが海洋に流出していて、現在の海洋には約1億5000万tものプラスチックごみがあるとされる。とくに5㎜以下のマイクロプラスチックは、海中の有害化学物質をとりこみやすく、それを食べた小魚から食物連鎖を通じて有害化学物資が多くの生物に蓄積すると考えられている。

### 海洋に流出したプラスチックごみ発生量が多い国

| | | |
|---|---|---|
| 1位 | 中国 | 132万～353万t |
| 2位 | インドネシア | 48万～129万t |
| 3位 | フィリピン | 28万～75万t |
| 4位 | ベトナム | 28万～73万t |
| 5位 | スリランカ | 24万～64万t |
| 20位 | アメリカ | 4万～11万t |
| 30位 | 日本 | 2万～6万t |

※2010年推計の年間発生量
※環境省資料より

Keywords
★地球温暖化
★森林減少
★6回目の大量絶滅

地質年代
★新生代完新世

Notes
＊1972年、国連人間環境会議で「かけがえのない地球」を守るための「人間環境宣言」が採択されたが、同時に先進国と開発途上国の環境問題に対する認識の隔たりも明確になった

ており、その影響も特定の国や地域に留まるものではない。

そのため世界各国は、協力して環境を守る取り組みを進めてきた。2015(平成27)年には、国連で持続可能な開発目標(SDGs)が採択され、民間企業や自治体、そして私たち一人ひとりのレベルでの環境に対する取り組みが重要視されるようになってきた。

全世界の動物種の個体数を調査・分析した結果、現在進行形で**6回目の大量絶滅**が起きているといわれている。過去5回の大量絶滅の原因は、巨大噴火や気候変動、隕石の衝突など、地球規模の天変地異であったが、人類の行動はそれ以上の速さで大量絶滅を引き起こしているという。「人新世」というこの時代を守るために、私たちは一丸となって取り組まなければならない。

## ★地球温暖化の原因

地球は、大気中にある温室効果ガスのおかげで大気が温められ、平均気温14℃前後を保っている。しかし、人間活動の活発化によって二酸化炭素を中心とする温室効果ガスが大量に排出されるようになり、温室効果ガスの濃度が高まり、熱の吸収が増加している。

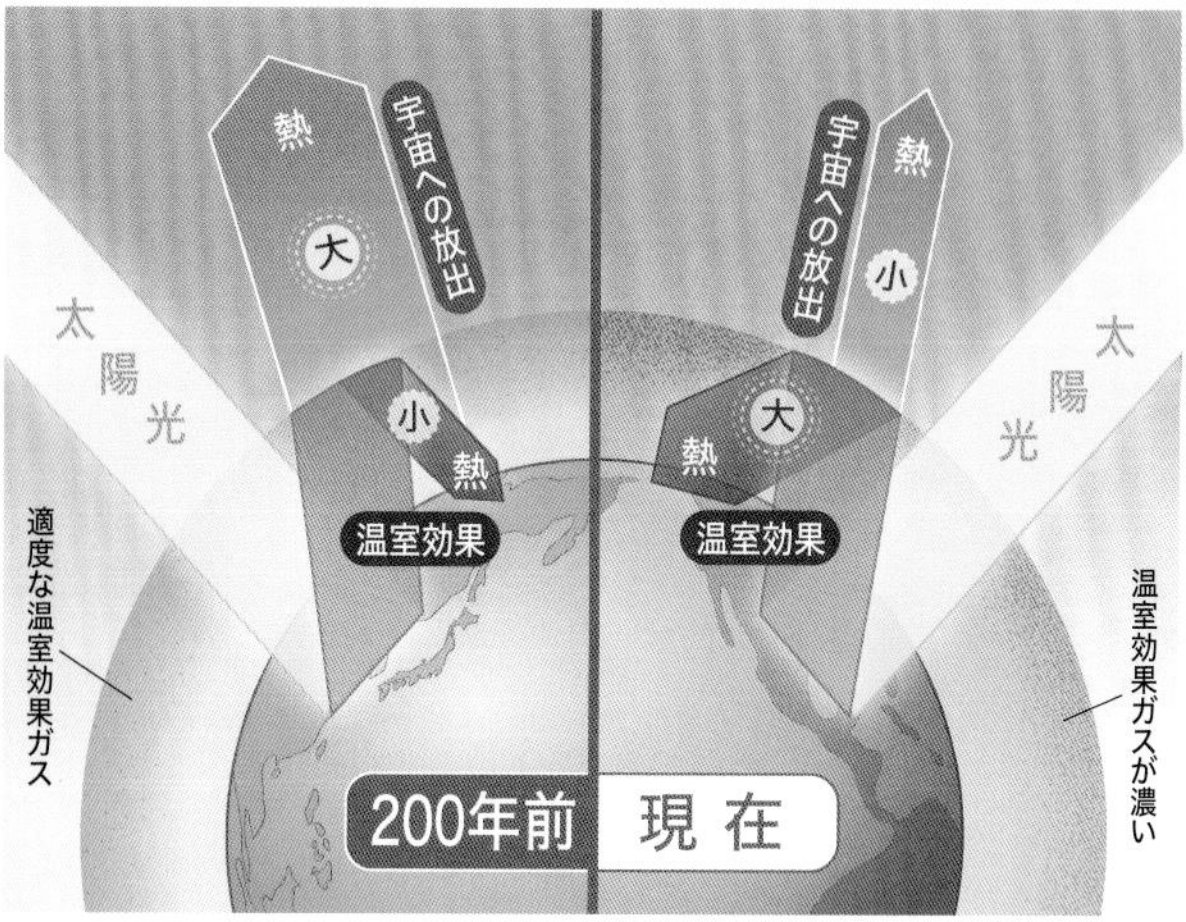


化石燃料による発電は温室効果ガス排出の大きな原因である

### 地球温暖化のメカニズム

太陽からのエネルギーが地球を温める → 地球から放射される熱を温室効果ガスが吸収・再放射して大気が温まる → 温室効果ガスの増加 → 温室効果が強まり、地表の温度が上昇する

## ★地球温暖化の影響

### 気温の上昇

世界の年平均気温は変動しながらも100年あたり0.76℃の割合で上昇。1990年代半ば以降は、高温の年が増加している

### 海面の上昇

この100年間で10〜20㎝上昇している。砂浜が浸食され、豊かな生態系を育む干潟や藻場の消失につながる可能性がある

### 永久凍土の融解

**永久凍土には二酸化炭素などの温室効果ガスが大量に含まれており、融解すると大気中に放出され、温暖化が加速する

### 海洋酸性化

大気中の二酸化炭素が大量に海洋に溶け込むと、弱アルカリ性である水質が酸性に近づき、海の生態系に悪影響を及ぼす

Notes　**永久凍土とは、地下の温度が2年以上続けて0℃以下の地面のことで、北半球の陸域の約25%を占めている。2100年には20〜50%が減少するという予測もある

沖縄県　慶良間諸島国立公園

## 慶《け》良《ら》間《ま》諸《しょ》島《とう》

沖縄本島から西へ約40kmの地点に位置する慶良間諸島は、およそ30の島々と岩礁で構成されている。ケラマブルーとも呼ばれる透明度の高い海には、約250種にも及ぶ多様なサンゴが高密度に生息しているが、このサンゴたちが地球温暖化の影響による「白化現象」で徐々に失われつつある。

サンゴは水温18～30℃の暖かい海に生息するが、水温が上昇し過ぎると共生している褐虫藻が失われて、栄養がとれない状態になる。その際にサンゴの色が薄くなったり、骨格が白く透けて見えるようになったりするので白化といい、白化が1カ月以上続くとサンゴは死滅するとされる。

↑白化したサンゴ。白化の具合が軽度であれば回復する可能性がある

→慶良間のサンゴ礁はラムサール登録地に認定されている

北海道　大雪山国立公園

## 大《だい》雪《せつ》山《ざん》

大雪山は北海道中央部に位置する旭岳（2291m）などの山々の総称で、一帯が国立公園に指定されている。大雪山は、高緯度にあるため本州の3000m級と同等の高山環境を有しているが、地球温暖化の影響で土壌の乾燥化が進行。乾燥に強い笹が増え、「お花畑*」が減少しているという。また、温室効果ガスの削減が進んでも高山植生の適地はわずか一部しか残らないと予測されている。

↑旭岳の裾野に広がるお花畑はチングルマの大群生として知られる

←温暖化が進行すると、冷涼な気候を好むエゾナキウサギの生息地も失われる

### 川上教授の巡検手帳

ウスバキチョウという蝶は氷河時代からの生き残りで、生息地が大雪山系に限られ、絶滅が危惧されている。大雪山に行くならウスバキチョウが羽化する初夏にコマクサ平まで登りたい。

Notes　＊お花畑とは登山愛好者などの間で使われる用語で、高山植物が群生する場所のこと。高山植物は一斉に開花することが多く、わずかな期間にだけ絶景が広がる

福島県・新潟県・群馬県・栃木県
尾瀬国立公園

## 尾《お》瀬《ぜ》

かつて観光客の急増によって環境が悪化して「日本の自然保護運動の発祥の地」になった尾瀬だが、今も多くの課題を抱えている。その一つが少雪と温暖化で、尾瀬に生息していた寒冷な気候に適した北方由来の植物や高山植物、湿原の生物などの生息が困難になっていることだ。また温暖化により、それまで尾瀬では生息できなかったヨモギやオオバコなど数十種類の植物が入り込み、植生の乱れが懸念されている。

↑ニホンジカの増加による食害を防ぐ対策は20年以上続いている

←シカの経路には侵入を防止する柵が設けられている

高知県・愛媛県
足摺宇和海国立公園

## 足《あし》摺《ずり》宇《う》和《わ》海《かい》国《こく》立《りつ》公《こう》園《えん》

愛媛県と高知県にまたがる四国南西部の海岸部と島嶼などで構成される国立公園。足摺地域の海にはサンゴが群生しているが、オニヒトデや**サンゴ食巻貝といわれる小型巻貝による食害が発生している。こうした生物が増加しているメカニズムは判明していないものの、温暖化が続くと被害は広範囲に拡大し、大部分のサンゴが死滅すると予測されている。

入り組んだ入り江が多く、海洋ごみの漂着にも悩まされている

新潟県・長野県
妙高戸隠連山国立公園

## 火《ひ》打《うち》山《やま》

新潟県と長野県の6市町村(糸魚川市・妙高市・長野市・小谷村・信濃町・飯綱町)にまたがる国立公園内に位置する火打山(2462m)は、国の特別天然記念物であるライチョウの北限の生息地。約30羽という国内最少の群れが生活しているが、温暖化の影響でライチョウの採食地の植生が変化し、生息環境が悪化している。そのためエサとなる植物の育成を妨げるイネ科の植物の伐採を行うなどの対策が進んでいる。

火打山のライチョウは他の地域より標高の低い場所で繁殖する



Notes　**櫛状の歯舌を用いてサンゴの組織をそぎ落として食べる貝類の総称。四国西南部では1980年代後半から現在にいたるまで、まれに大発生している

16億年の地球史をベースに、日本列島が形成されていく過程、産出する化石から見える日本における生物の変遷を、象徴となるジオスポットとともに年表としてまとめた。

1.4億年前　6600万年前　2300万年前　260万年前

新生代

●…日本列島に関する項目　○…全地球に関する項目　●…生物・ヒトに関する項目　（網掛け）…おもなスポット

**おもな出来事**

## 第四紀

●縄文海進（1万2000～6000年前）　霞ケ浦 P96-P99

●北海道がほぼ現在の姿に（2万年前）　釧路湿原 P48-P51

●再び火山活動が活発になり、現在の活火山ができ始める（200万年前～）　阿蘇山 P68-P71

●日本でヒトが文明を築き始める（旧石器時代の始まり）

●最後の氷期にヒト、マンモスやナウマンゾウが大陸から日本へ　北海道 P128-P131

## 新第三紀

●琉球列島がほぼ現在の位置に（2万年前）　万座毛 P42-P45

●伊豆・小笠原弧の2度目の本州衝突で、伊豆半島が形成（100～60万年前）　伊豆半島 P60-P63

●隆起や地殻変動により、フォッサマグナが埋まる（300万年前）　白馬連峰 P56-P59

●伊豆・小笠原弧が本州に衝突し、丹沢山地や富士山の基盤が誕生（500万年前）　丹沢山地 P60-P63

●日本各地で火山活動が活発化する　橋杭岩 P64-P67

●屋久島が隆起し始める（1500万年前）　屋久島 P46-P47

●日本列島が回転し弓形になり、日本海・フォッサマグナが形成される（1500万年前）　フォッサマグナミュージアム P56-P59

●日本列島がアジア大陸東端から切り離される（1900万年前～）　須佐のホルンフェルス P52-P55

●哺乳類の繁栄、霊長類の進化　瑞浪市化石博物館 P124-P127

## 古第三紀

●アジア大陸東端に亀裂が入り、日本海ができ始める　日本海 P52-P55

●琉球列島の原型ができ始める（5000万年前～）　琉球列島 P42-P45

●小笠原列島の父島が誕生（4800万年前～）　小笠原諸島 P38-P41

●哺乳類の多様化

## 白亜紀

●中央構造線の元となる断層がアジア大陸東端にできる（1億～8000万年前）　中央構造線の露頭 P32-P35

●白亜紀末までアンモナイトが生息　三笠市立博物館 P120-P123

●フタバスズキリュウ（首長竜）が生息　国立科学博物館 P120-P121

●北海道のもとが誕生（1億4000万年前）　アポイ岳 P48-P51

○原日本がアジア大陸の一部となる

# 日本列島 全史年表

| 開始 | 区分 | 時代 | 出来事 |
| --- | --- | --- | --- |
| 46億年前 | 先カンブリア時代 | 冥王代 | ○地球の核の形成・海の誕生・陸地の誕生 P12-P13<br>○地球誕生 P8-P9 |
| 40億年前 | 先カンブリア時代 | 太古代 | ●生命の誕生 ○磁場の形成・光合成の始まり<br>●日本最古のジルコン 宇奈月花崗岩 P24-P27 |
| | 先カンブリア時代 | 原生代 | ○スノーボールアース時代 ●エディアカラ動物群の繁栄<br>○最古の氷河時代・オゾン層の形成開始 |
| 5.4億年前 | 顕生代 古生代 | カンブリア紀 | ○ゴンドワナ大陸の形成<br>●多様な生物の出現「カンブリア大爆発」 蒲郡市生命の海科学館 P104-P107<br>●世界最古のヒスイが、この頃つくられた(5億2000万年前) 小滝川のヒスイ峡 P24-P27<br>●ロディニア大陸が分裂・原日本の出現 野母崎の夫婦岩 P24-P27 |
| 4.8億年前 | 顕生代 古生代 | オルドビス紀 | ●生物の大量絶滅<br>●原日本があった南・北中国が接近し始める 寺野変成岩露頭 P24-P27 |
| 4.4億年前 | 顕生代 古生代 | シルル紀 | ●ウミサソリが生態系の頂点に<br>●この頃から日本列島の元となる付加体ができ始める 大江山 P28-P31 |
| 4.1億年前 | 顕生代 古生代 | デボン紀 | ●生物の大量絶滅<br>●アンモナイト・造礁生物の繁栄・両生類や昆虫の出現 |
| 3.5億年前 | 顕生代 古生代 | 石炭紀 | ○超大陸パンゲアの誕生<br>●この時代のサンゴ礁が秋吉台のカルスト台地になる 秋吉台 P108-P111<br>○ゴンドワナ氷河時代の到来 |
| 2.9億年前 | 顕生代 古生代 | ペルム紀 | ●史上最大の生物の大量絶滅 P-T境界層 P112-P115 |
| 2.5億年前 | 顕生代 中生代 | 三畳紀 | ●生物の大量絶滅<br>●ウタツサウルス(魚竜)が生息 歌津館崎の魚竜化石産地及び魚竜化石 P120・P123<br>●原日本があった南・北中国が衝突しアジア大陸形成・付加体の形成続く 隠岐片麻岩 P24-P27 |
| 2億年前 | 顕生代 中生代 | ジュラ紀 | ●恐竜の繁栄が始まる 福井県立恐竜博物館 P116-P119<br>●ジュラ紀から白亜紀にかけての付加体が日本列島に付加される 鳥倉登山口〜塩見岳 P28-P31 |

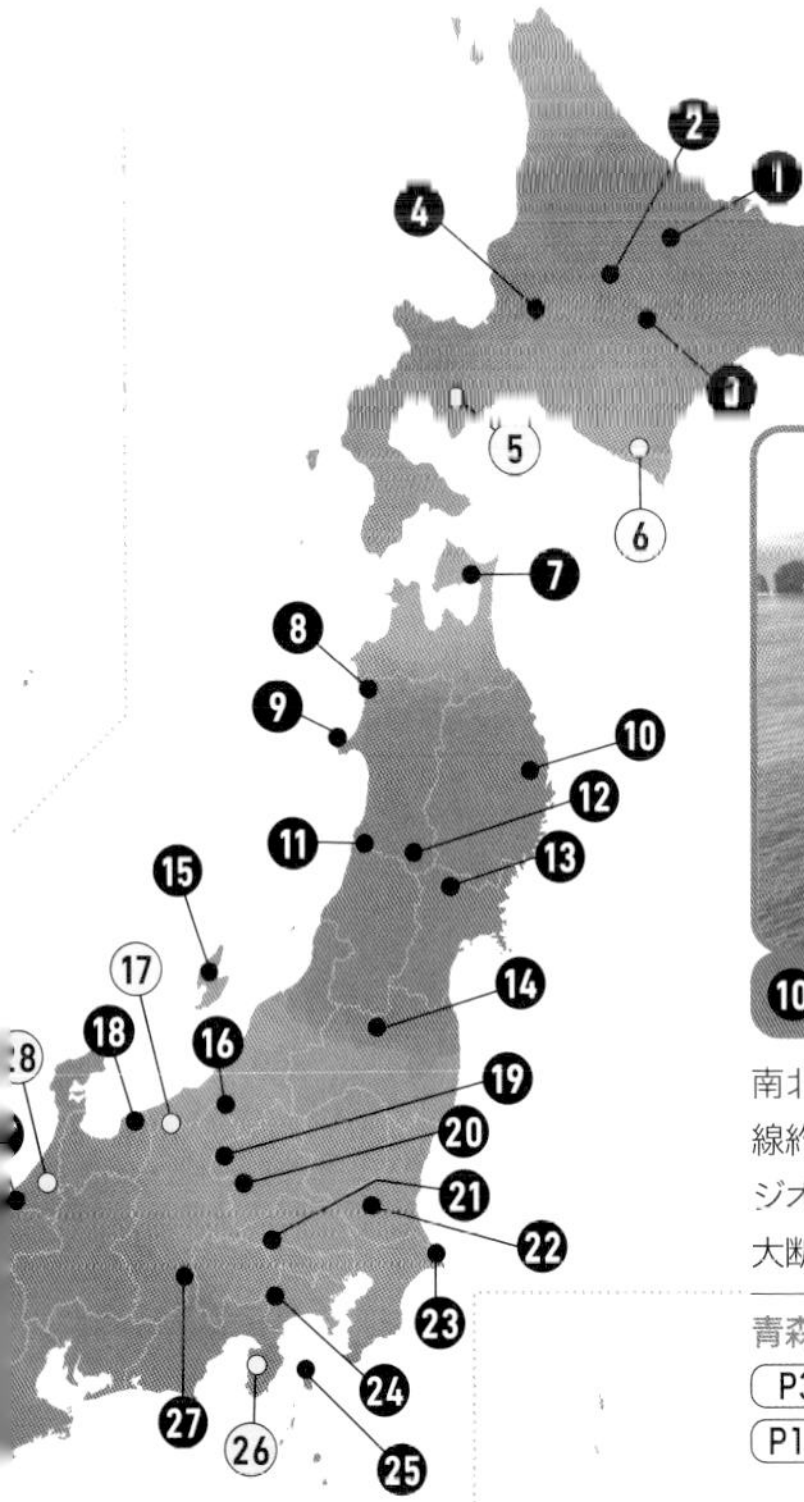


## 9 男鹿《おが》半島・大潟《おおがた》

男鹿半島には、地学用語の"ジリー[illegible]
あり、大潟は、日本最大の潟湖「八郎潟」の干拓地として有名。

秋田県 P54

岩手県北山崎の断崖

## 10 三陸

南北約220km、東西約80km、海岸線約300kmの規模で、日本一広大なジオパーク。琥珀産地や鉱山があり、大断崖や龍泉洞など景観美にも富む。

青森県・岩手県・宮城県 P31 P78 P83 P107 P115 P122 P134

## 11 鳥海山《ちょうかいさん》・飛島《とびしま》

活火山・鳥海山の溶岩と岩なだれによってつくり出された景観や、その西方約30kmにある、海底山脈の山頂にあたる島「飛島」が特徴。

山形県・秋田県 P95 P143

## 12 ゆざわ

約9700万年前の花崗岩を基盤とする。川原毛《かわらげ》地獄や三途川露頭、院内銀山のほか、温泉や大噴湯は「見えない火山」の証でもある。

秋田県 P143

## 13 栗駒《くりこま》山麓

紅葉が有名な栗駒山は、50万年前から活動を続ける活火山。山麓には高層湿原や、ラムサール条約に登録された伊豆沼などの沼地が広がる。

宮城県

## 14 磐梯山《ばんだいさん》

奥羽山脈の一火山である磐梯山を中心に、南側に猪苗代湖、東側に安達太良連峰、西側には雄国沼《おぐにぬま》湿原をもつ猫魔火山のカルデラがある。

福島県 P135

## 15 佐渡

周囲約280kmで日本海側最大の島。隆起でできた山地は標高1000mを越し、地殻変動の歴史が随所で見られる。金銀の産地、トキの生息地。

新潟県 P55 P142

佐渡島の大野亀

## 16 苗場山麓

気候変動と中津川の働きにより、約40万年かけてつくられた日本有数の河岸段丘が特徴。溶岩からなる苗場山や鳥甲山《とりかぶとやま》の柱状節理も必見。

新潟県・長野県 P79 P134

# 日本のジオパーク

2008(平成20)年に、アポイ岳、洞爺《とうや》湖有珠山《うすざん》、糸魚川、南アルプス(中央構造線エリア)、山陰海岸、室戸、島原半島の7地域が日本ジオパーク第1号として認定されて以来、ほぼ毎年認定地域が増え、現在46地域に及んでいる。その内容を紹介。名称は「ジオパーク」を省略して表記。

◯色:ユネスコ世界ジオパーク
●色:日本ジオパーク

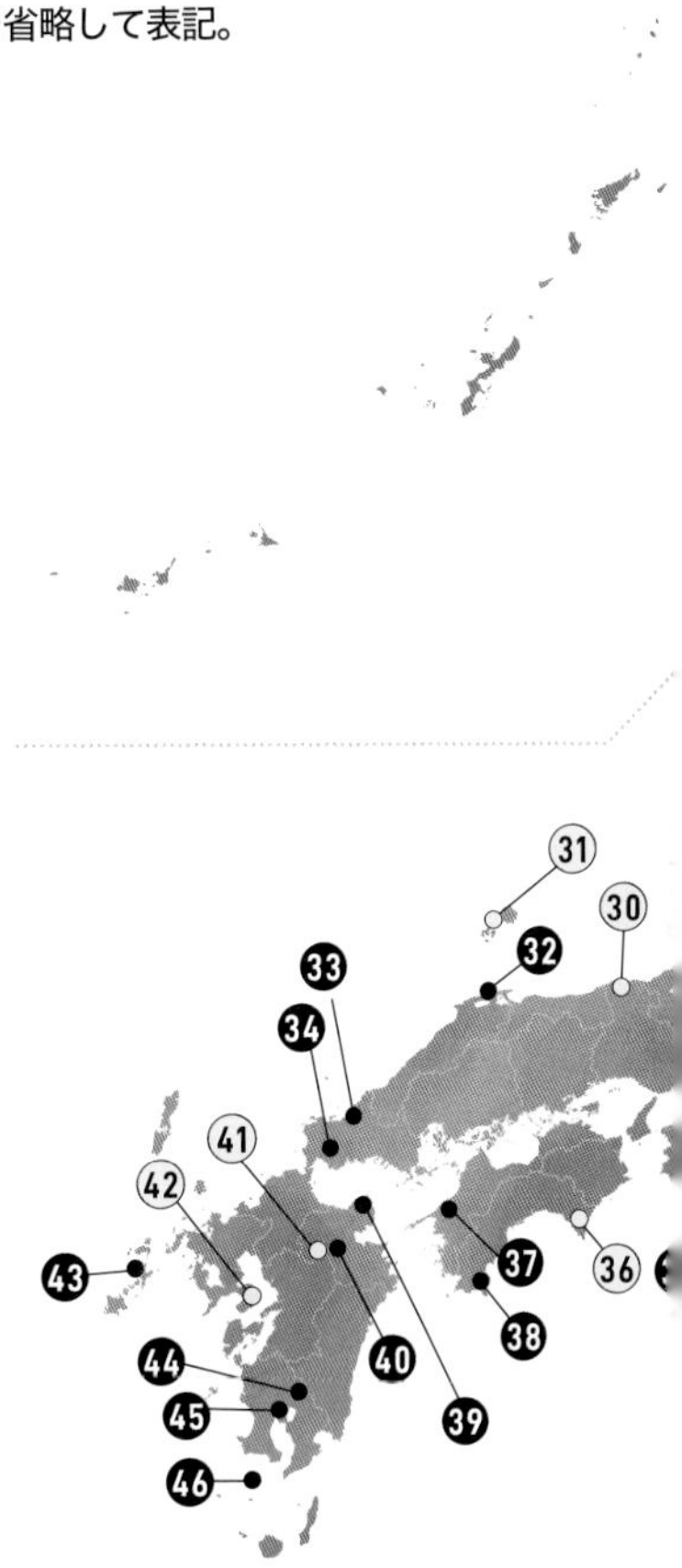


## ❶ 白滝

噴火が生んだ黒曜石溶岩や、遠軽《えんがる》市街を見下ろす巨岩の瞰望《がんぼう》岩、火砕流が生んだ草原や火山噴火による溶結凝灰岩を流れる川や滝などがある。

北海道 P51 P142

## ❷ 十勝岳

300万年間続いた火山噴火が生んだ雄大な十勝岳連峰や、果てしなく続く丘と田園風景が特徴。溶岩流や火砕流、泥流などの痕跡が残る。

北海道

## ❸ とかち鹿追《しかおい》

北には大雪山国立公園があり、100万～1万年前の火山活動による複数の溶岩ドームや川が堰き止められてできた然別《しかりべつ》湖、風穴地帯などがある。

北海道 P86 P130

## ❹ 三笠

約1億年前の地層からは、この地が海だった時代に生息していたアンモナイトの化石が産出。石炭も豊富で炭鉱の町として栄えた歴史が残る。

北海道 P123 P143

## ⑤ 洞爺《とうや》湖有珠山《うすざん》

約11万年前の巨大噴火でできたカルデラの洞爺湖と約2万年前の火山活動でできた有珠山など、火山活動による大地の変化が見どころ。

北海道 P70

## ⑥ アポイ岳

地下深部のマントルの一部が地上に現れたかんらん岩が特徴のアポイ岳。世界的にも注目されており、高山植物や陸繋島のエンルム岬なども必見。

北海道 P50

## ❼ 下北

付加体や海底火山の痕跡が残り、波や寒冷地特有の雪や氷の侵食でできた岩の地形が圧巻。恐山や仏ヶ浦、大間崎、尻屋崎など見どころが多い。

青森県 P83 P99

仏ヶ浦

## ❽ 八峰白神《はっぽうしらかみ》

世界遺産の白神山地の一部を有し、銀山や油田に恵まれた地。柱状節理の椿海岸、黒砂の中浜海岸のほか、白亜紀のマグマの痕跡も見られる。

青森県・岩手県・宮城県

### ㉜ 島根半島・宍道《しんじ》湖中海

山塊が東西67kmにわたり雁行状に連なる島根半島と、連結潟湖として日本最大級の汽水湖の宍道湖・中海。一帯は国土創生の神話の里でもある。

島根県 P55

### ㉝ 萩

大きなカルデラから小さな単成火山まで、1億年に及ぶ多様な火成活動の変遷が見られる。須佐湾のホルンフェルスや笠山のスコリア丘は必見。

山口県 P54

### ㉞ Mine秋吉台

目玉はカルスト台地の秋吉台。東大寺の大仏に使われた銅を産出した長《なが》登銅山跡やカルスト台地を一望できる冠山など見どころは豊富だ。

山口県 P110

### ㉟ 南紀熊野

付加体と前弧海盆堆積体、火成岩体の3つの地質帯が露出し、褶曲地層や橋杭岩が必見。滝や巨石などをご神体とする熊野信仰の聖地でもある。

奈良県・和歌山県
P66 P82 P94

### ㊱ 室戸

プレート運動でできた付加体の地質構造や、地震隆起と海水準変動によって形成された海成段丘、亜熱帯や海岸植物群落が生む景観が特徴。

高知県 P67 P79

### ㊲ 四国西予《せいよ》

リアス海岸や河成段丘、カルスト台地など多様な地形が点在。約3億年前の浅海でできた石灰岩ほか、4億年分の地質を一つの町で体感できる。

愛媛県 P27

### ㊳ 土佐清水

深海でできた付加体を土台に、1700万年前頃に浅海に溜まった地層が見られる竜串《たつくし》海岸、約1300万年前のマグマ活動を示す足摺《あしずり》岬などがある。

高知県

### ㊴ おおいた姫島

約30万年前以降の火山活動によって生まれた4つの小島が砂州でつながった姫島を中心に、海域を含む東西14km、南北6kmのエリア。

大分県 P131

### ㊵ おおいた豊後《ぶんご》大野

約9万年前、阿蘇の巨大噴火の火砕流で埋没した大野地区。その際の溶結凝灰岩や柱状節理が、原尻や沈堕《ちんだ》の滝、滞迫《たいさこ》峡などの絶景を生んだ。

大分県

### ㊶ 阿蘇

数十万年にわたる火山活動で生まれた世界有数の巨大カルデラ内にある中岳は、国内有数の活火山。周囲では特殊な火山景観や植物が見られる。

熊本県 P71 P131

### ㊷ 島原半島

普賢岳《ふげんだけ》をはじめとする雲仙火山や、そこに連なる穏やかな丘陵地帯、雲仙火山の裾野が海に伸びた傾斜地など、火山活動を示す景観で成り立つ。

長崎県 P71

### ㊸ 五島列島（下五島エリア）

約2200～1700万年前に、大陸の砂と泥が川や湖で堆積した地層が基礎となり、その後の火山活動で溶岩台地が形成された。生態系も多様。

長崎県 P95

### ㊹ 霧島

20km×10kmの範囲に20あまりの火山と火口湖が集中する火山の博物館。地表に現れている地形は約30万年前からの火山活動で形成された。

宮崎県・鹿児島県

### ㊺ 桜島・錦江《きんこう》湾

約2万9000年前の巨大噴火でできた姶良《あいら》カルデラに海水が流れ込んで錦江湾となり、桜島は約2万6000年前に起きた噴火で誕生した。

鹿児島県 P71

### ㊻ 三島村・鬼海《きかい》カルデラ

海底カルデラと3島からなる。黒島のほか、巨大噴火の痕跡が残る竹島と硫黄島の間には、7300年前に大噴火した鬼界《きかい》カルデラが眠る。

鹿児島県

# 日本のジオパーク

## ⑰ 糸《いと》魚《い》川《がわ》

日本列島がアジア大陸から離れるときにできた巨大な裂け目、フォッサマグナが5億年以上の歴史を伝える。ヒスイ産地で、親不知《おやしらず》の景観も貴重。

新潟県 P26 P58

## ⑱ 立山黒部

広大な扇状地や沖積平野、豪雪地帯の立山連峰や山岳部に残る氷河が特徴。3000m級の北アルプスと深い富山湾との高低差は4000mに及ぶ。

富山県 P26 P59 P83 P86 P90 P95

## ⑲ 浅間山北麓

1783(天明3)年の大噴火を伝える鬼押出し溶岩や浅間山溶岩樹型、火砕流や土石流と侵食がつくった吾妻《あがつま》峡など、火山による景観が圧巻。

群馬県 P70

## ⑳ 下仁田《しもにた》

ダイナミックな地殻変動を示す跡倉クリッペや地層が逆転した宮室《みやむろ》の逆転層、風穴や屏風のような妙義山など、地殻変動の驚異が点在する。

群馬県 P35 P59 P94

## ㉑ 秩父

4つのエリアからなる。長瀞《ながとろ》の岩畳では、数多くの地質現象が見られ、ようばけなど6つの露頭は、太古の昔に秩父が海であったことを物語る。

埼玉県 P59

## ㉒ 筑波山地域

筑波山は非火山の山で、ダイナミックなプレート運動の証。霞ヶ浦西方に位置する出島半島南岸には、縄文海進でできた侵食崖が発達している。

茨城県 P31 P98

## ㉓ 銚子

白亜紀の浅海堆積物である犬吠埼、ジュラ紀の堆積岩でできた犬岩、長さ約10㎞にわたる海食崖の屏風ヶ浦はいずれも国の天然記念物。

千葉県 P82 P98

## ㉔ 箱根

火山ガスを噴き出す大涌谷や一帯の山々、カルデラ北部に広がる仙石原湿原などがある箱根地域から真鶴《まなづる》方面まで、火山活動を示す景観が続く。

神奈川県 P62

## ㉕ 伊豆大島

約5万年前に始まった海底噴火で誕生した。若く活発な火山島で、海岸線では火山噴出物と水とのせめぎあいでできる独特の風景が見られる。

東京都 P135

## ㉖ 伊豆半島

南の海底火山群が本州に衝突してできた伊豆半島。地殻変動や火山活動、風化や侵食でできた海食洞やスコリア丘、砂嘴など多彩な地形の宝庫。

静岡県 P63 P87

## ㉗ 南アルプス(中央構造線エリア)

約200万年前から隆起をはじめた南アルプスでは、日本最大級の断層である中央構造線や、糸魚川ー静岡構造線などの露頭が見られる。

長野県 P30 P34 P66 P91

## ㉘ 白山《はくさん》手《て》取川《どりがわ》

日本海に面した白山市全域を範囲とする。日本がアジア大陸東端部にあった頃の地層や、日本海形成過程で噴出した火山岩類が分布する。

石川県 P119

## ㉙ 恐竜渓谷ふくい勝山

法恩寺山などの火山や岩屑なだれなどがつくり出した地形のほか、白亜紀前期の恐竜の化石が数多く産出。日本有数の恐竜化石の宝庫。

福井県 P118

## ㉚ 山陰海岸

山陰海岸国立公園を中心に、東西約120㎞内に、地磁気逆転を示す玄武洞や波風が形成した鳥取砂丘、荒波に侵食された浦富海岸などがある。

京都府・兵庫県・鳥取県 P87 P99

## ㉛ 隠岐《おき》

日本海と日本列島形成の歴史を記録した岩石や、環境変動が生み出した独自の植生、日本海の侵食海岸など、島後、島前ともに見どころが多い。

島根県 P27 P55 P67 P131

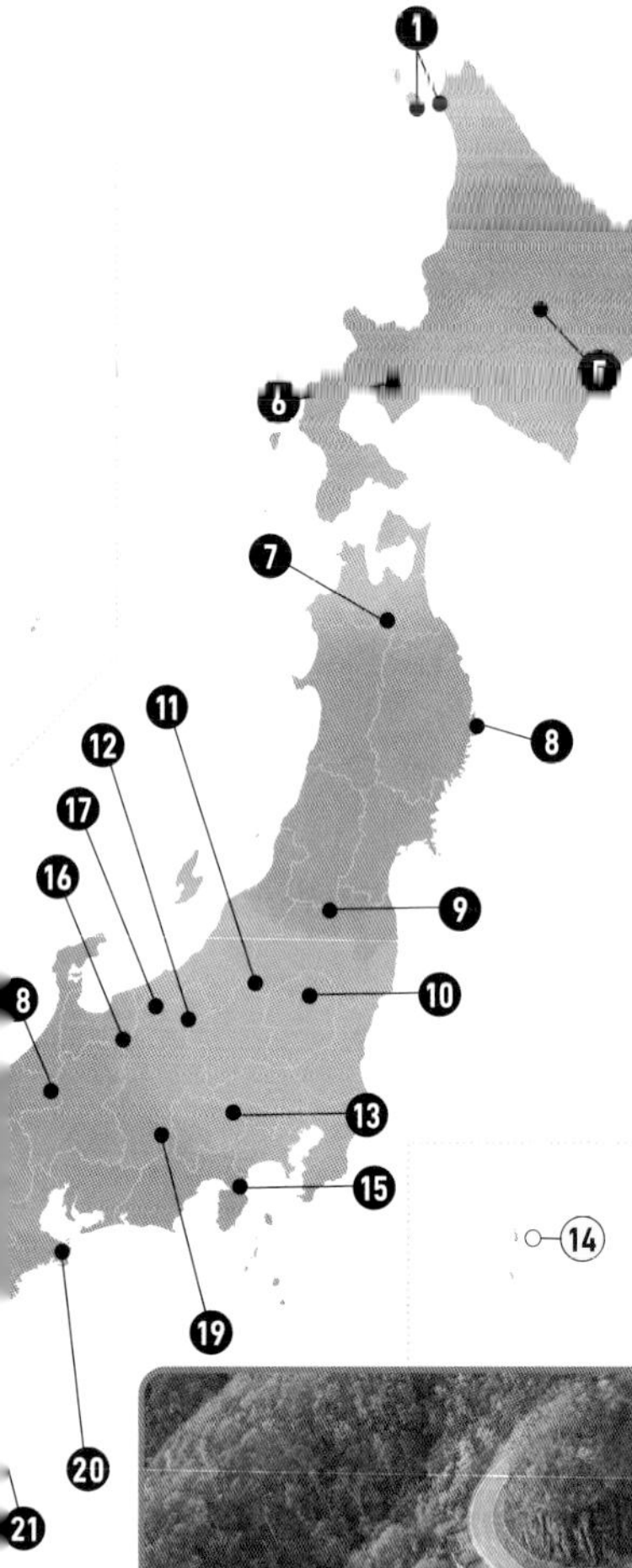


### 7 十和田八幡平

神秘的な十和田湖、渓流美が優れた奥入瀬《おいらせ》渓流、樹氷で有名な八甲田山系、広大な樹海や、湖沼と湿原が特徴の八幡平など見どころが豊富。

青森県・岩手県・秋田県

### 8 三陸復興

大断崖が続く北部の海岸とリアス海岸が特徴の南部からなる広大な公園。東日本大震災の被災地復興を目的に、2013年に再編成・改称された。

青森県・岩手県・宮城県 P78

### 9 磐梯朝日

山岳信仰で名高い出羽三山や朝日連峰に加え、磐梯山から猪苗代湖までの広範囲に及ぶ。火山活動がつくった迫力ある大地や大小の湖沼が圧巻。

山形県・福島県・新潟県

### 10 日光

大半が那須火山帯に属する山岳地。北関東最高峰の日光白根山や、古くから信仰の山として名高い男体山、今も火山活動が活発な茶臼岳などが分布。高原や湖沼のほか、日光東照宮などの文化遺産も有する。

福島県・栃木県・群馬県

### 11 尾瀬

2007年に日光国立公園から分割され、本州最大の高層湿原の尾瀬ヶ原や尾瀬沼、会津駒ヶ岳や帝釈山などを編入して、29番目の国立公園に。

福島県・栃木県・群馬県・新潟県
P147

日光いろは坂

### 12 上信越高原

大岩壁で有名な谷川岳、火山活動を続ける浅間山や草津白根山など、日本百名山に数えられる名峰を多くもつ。志賀高原などの高原美も見事。

群馬県・新潟県・長野県

### 国立公園プロフィール

狭い国土に多くの人口を抱え、昔から土地をさまざまな目的で利用してきた日本では、広大な国土を有するアメリカなどのように国立公園をすべて公園専用にするのは困難。そのため公園内には多くの私有地や公有地が含まれ、住人もいれば、農林業などの産業も行われている。自然と人々が一体となって自然を保護しているのが、日本の国立公園の特徴でもある。

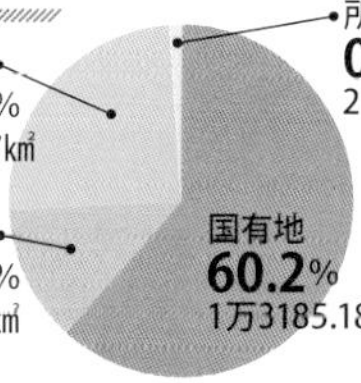

# 日本の国立公園

日本の国立公園は、美しい自然景観はもとより、野生の動植物や歴史文化を育む場所であるため、森林や農地、集落など、自然と人々の暮らしの融合も重要なポイント。自然景観の中には、日本列島の成り立ちに関連する重要な地形も含まれている。名称は「国立公園」を省略して表記。

◯色：ユネスコ世界自然遺産にも登録されている国立公園
（範囲は異なるが、世界自然遺産の一部に登録されているもの）

## ❶ 利尻礼文サロベツ

利尻富士とも呼ばれる秀麗な姿の利尻山と、高山植物の宝庫・礼文島、稚内市の砂丘や湖沼、サロベツ原野などからなる日本最北の国立公園。

北海道 P50

## ② 知床

流氷がつなぐ豊かな生態系や火山が生んだ山々と海岸の断崖が織りなす雄大な景観が特徴。ヒグマやオオワシなど多様な野生動物が生息。

北海道 P51

## ❸ 阿寒摩周

マリモで知られる阿寒湖のほか、屈《くっ》斜路《しゃろ》湖と摩周《ましゅう》湖は千島火山帯の活動で生まれたカルデラ湖であり、周囲を彩る針葉樹林が美しい景観を育む。

北海道

## ❹ 釧路湿原

日本最大の湿原。1980（昭和55）年に日本初のラムサール条約登録湿地、7年後に国立公園に。タンチョウなど希少動物や約700種の植物が生育。

北海道 P51

## ❺ 大雪山

北海道最高峰の旭岳を主峰とする大雪山は、北海道の屋根と呼ばれる国内最大の山岳公園。標高2000mを越える山には湿原や高山植物群落が発達する。

北海道 P86 P130 P146

大雪山旭岳

## ❻ 支笏洞爺《しこつとうや》

カルデラ湖の洞爺湖と支笏湖と羊蹄《ようてい》山や有珠《うす》山などの活火山からなる。定山渓《じょうざんけい》や登別《のぼりべつ》などの温泉地もあり、湖と森と火山が織りなす景観が見事。

北海道 P70

## 24 大山《だいせん》隠岐《おき》

中国地方最高峰の大山《だいせん》や三瓶山《さんべさん》などの山々と蒜山《ひるぜん》高原、地質と地形に富んだ隠岐諸島、島根半島海岸部で構成される、山と島と海の国立公園。

岡山県・鳥取県・島根県
P27 P55 P67

## 25 足摺《あしずり》宇《う》和海《わかい》

海岸段丘が発達した断崖絶壁が続き、亜熱帯性の海洋生物やサンゴの群生が見られる足摺地域と、入り江と島嶼景観が魅力の宇和海地域からなる。

愛媛県・高知県 P147

## 26 西海《さいかい》

柱状節理が発達した海食崖や溺れ谷地形が顕著。佐世保の九十九《くじゅうく》島から五島列島までは、約400の島々からなる外洋性多島海景観が見られる。

長崎県 P95

長串山公園

## 27 雲仙天草《うんぜんあまくさ》

島原半島は、火山活動が活発で、雲仙岳を中心に20以上の山々からなる山岳部。天草地域は、大小120の島々を含む地形美に富んだ海岸部。

長崎県・熊本県・鹿児島県 P71

## 28 阿蘇くじゅう

巨大なカルデラ地形を形成する阿蘇とドーム型火山が連なるくじゅう連山などの火山群が中心。周囲に広がる雄大な草原や湿原なども含まれる。

熊本県・大分県 P71

## 29 霧島錦江湾

約20の火山が連なり火口湖や噴気現象が見られる霧島地域と、噴煙を上げる桜島、滝や湖、サンゴ群集など自然豊かな錦江湾地域からなる。

宮崎県・鹿児島県 P71

## 30 屋久島

世界自然遺産に登録された島。海岸から九州最高峰の宮之浦岳までの植生の垂直分布や、ヤクスギを含む巨樹や巨木の原生的な天然林が特徴。

鹿児島県 P47

## 31 奄美群島

九州と沖縄の間の8つの有人島からなる。アマミノクロウサギなど多種多様な固有種が生息し、亜熱帯照葉樹林など多様な自然環境が際立つ。

鹿児島県

## 32 やんばる

石灰岩の海食崖など、琉球列島の形成過程を反映した地質や地形が顕著。ヤンバルクイナなど多種多様な固有種や希少動植物も生息・生育する。

沖縄県 P44

## 33 慶良間《けらま》諸島

大小30余りの島々と数多くの岩礁からなる島嶼群。ケラマブルーと呼ばれる透明度の高い海域には、多様なサンゴが高密度に生息している。

沖縄県 P146

渡嘉敷島の阿波連ビーチ

## 34 西表《いりおもて》石垣

原生的な亜熱帯性常緑広葉樹林に覆われた西表島にはイリオモテヤマネコなどの希少野生動物が生息。石垣島のアオサンゴ群は北半球最大規模。

沖縄県 P44 P45

石垣島の川平湾

# 日本の国立公園

## ⑬ 秩父多摩甲斐

信濃川や富士川、多摩川、荒川などの源流がある奥秩父山塊では、古い地層が多く見られ、河川の侵食による急峻なV字谷の渓谷美も魅力。

埼玉県・東京都・山梨県・長野県

P111

## ⑭ 小笠原

東京都心から南約1000kmにある、大陸と陸続きになったことがない海洋島。独自に進化した動植物の生態系や亜熱帯島ならではの景観が貴重。

東京都 P40 P41

## ⑮ 富士箱根伊豆

名峰富士山を中心に、温泉地として名高い箱根地域、地形の変化に富んだ伊豆半島、火山活動が活発な伊豆七島の4地域で構成されている。

東京都・神奈川県・山梨県・静岡県

P62 P63 P87

## ⑯ 中部山岳

白馬岳や立山、槍ヶ岳など3000m級の急峻な高峰が連なる山岳公園。氷河が削ったU字谷や火山がつくった湖や溶岩台地など景観が多彩。

新潟県・富山県・長野県・岐阜県

P59 P83 P90 P107

上高地の河童橋

## ⑰ 妙高戸隠連山

妙高山や飯綱山などの火山、戸隠山などの非火山、堰止湖でナウマンゾウの化石発掘で有名な野尻湖、天の岩戸伝説の戸隠神社などを有する。

新潟県・長野県 P147

## ⑱ 白山

御前峰《ごぜんがみね》、大汝峰《おおなんじみね》、剣《けん》ヶ《が》峰《みね》の3峰と周囲の山々を中心とした南北40km、東西30kmの公園。約250種の高山植物が生育する自然豊かな環境。

富山県・石川県・福井県・岐阜県

吉野山の中千本

## ⑲ 南アルプス

日本で2番目に高い標高3193mの北岳をはじめ3000m級の高峰を10座以上有する山岳地帯。高山帯には約2万年前の氷河地形が残る。

山梨県・長野県・静岡県

P30 P66 P91

## ⑳ 伊勢志摩

背後に自然豊かな森が広がる伊勢神宮を中心とした内陸部と、複雑な地形と地質、入江と岬が点在するリアス海岸の海岸部の2エリアからなる。

三重県 P35 P78

## ㉑ 吉野熊野

山岳地帯と熊野川の渓谷、海岸部で構成される。桜や金峯山寺で有名な吉野山、修験道の道場大峯山脈、熊野三山などの山岳霊場も含まれる。

三重県・奈良県・和歌山県

P66 P94

## ㉒ 山陰海岸

洞門や洞窟、海食崖や岩礁など、変化に富んだ約75kmのリアス海岸。多様な岩石から成り立つため「海岸地形の博物館」とも呼ばれる。

京都府・兵庫県・鳥取県 P87

鳥取砂丘

## ㉓ 瀬戸内海

段々畑や白砂青松の海岸線と3000余の島々からなる内海の多島景観が対象。国内で最も広い国立公園。

兵庫県・和歌山県・岡山県・広島県・山口県・徳島県・香川県・愛媛県・福岡県・大分県 P35 P99

**【主な参考文献】**

『イラストで学ぶ　地理と地球科学の図鑑』(創元社)/『絵でわかる日本列島の誕生』(講談社)/『NHKスペシャル 激動の日本列島誕生の物語』(宝島社)/『週刊地球46億年の旅』(朝日新聞出版)/『縄文海進　海と陸の変遷と人々の適応』(富山房インターナショナル)/『新詳資料　地理の研究』(帝国書院)/『新詳地理資料COMPLETE』(帝国書院)/『日本ユネスコ協会連盟 世界遺産年報2014』(朝日新聞出版)/『地球科学入門』(講談社)/『地層のきほん』(誠文堂新光社)/『地層の見方がわかるフィールド図鑑』(誠文堂新光社)/『日本列島5億年史』(洋泉社)/『日本列島5億年の秘密がわかる本』(ONE PUBLISHING)/『日本の古生物大研究 どこで見つかった? 絶滅した生き物』(PHP研究所)/『日本のジオパーク』(ナカニシヤ出版)/『日本の地形・地質』(文一総合出版)/『日本列島ジオサイト　地質百選』(オーム社)/『日本列島の誕生』(岩波新書)/『日本列島の20億年　景観50選』(岩波書店)/『日本列島20億年　その生い立ちを探る』(神奈川県立生命の星・地球博物館)/『ニュートン科学の学校シリーズ　古生物の学校』(ニュートンプレス)/『ニュートン科学の学校シリーズ　地球の学校』(ニュートンプレス)/『Newton大図鑑シリーズ 古生物大図鑑』(ニュートンプレス)/『北陸の自然をたずねて』(築地書館)
※その他、各市町村・各ジオパーク・各国立公園HP、及び各大学・博物館の論文などを参照しています。

# ジオスポットさくいん

本書で紹介しているジオスポットなどを五十音順に掲載しています。

見る・知る・学ぶ ジオパーク・国立公園で ぐぐっとわかる

# 日本列島


2024年6月15日初版印刷
2024年7月 1日初版発行

編集人　明石理恵
発行人　盛崎宏行
発行所　JTBパブリッシング
〒135-8165　東京都江東区豊洲5-6-36
豊洲プライムスクエア11階

編集、乱丁、落丁のお問合せはこちら
https://jtbpublishing.co.jp/contact/service/

JTBパブリッシング お問合せ



©JTB Publishing 2024
無断転載禁止　Printed in Japan



244549　808890
978-4-533-16057-8　C2044



おでかけ情報満載　https://rurubu.jp/andmore


監修者

川上紳一（かわかみしんいち）

1956年、長野県北佐久郡軽井沢町生まれ。名古屋大学理学部地球科学科卒業、同大学院理学研究科地球科学専攻修了。1987年岐阜大学教育学部助手、同大教授を経て、2016年より岐阜聖徳学園大学教育学部教授。専門は縞々学、地球形成論、比較惑星学。
世界各地の地質調査を行う一方、小中学生・高校生・市民向けに多くの講演活動やブリタニカ国際年鑑などの執筆など、地学・天文学の普及に尽力。著書に『新装版　縞々学：リズムから地球史に迫る』（東京大学出版会）、『生命と地球の共進化』（日本放送出版協会）、『全地球凍結』（集英社）、翻訳書に『サイエンス・パレット003　地球——ダイナミックな惑星』（丸善出版）他、多くの学術書・共著がある。


写真協力（五十音順）

iStock／足寄動物化石博物館／アフロ／天草市立御所浦恐竜の島博物館／アマナイメージズ／Alamy／Wikipedia／伊豆大島ジオパーク推進委員会事務局／いわき観光まちづくりビューロー／いわき市アンモナイトセンター／岩手県立博物館／おおいた姫島ジオパーク推進協議会／大鹿村中央構造線博物館／大船渡市立博物館／大室山登山リフト／小笠原村観光局／隠岐ジオパーク推進機構／奥飛騨温泉観光協会／蒲郡市生命の海科学館／川上紳一／川だけ地形地図https://www.gridscapes.net/／葛生化石館／ゴールデン佐渡／国立科学博物館／埼玉県立自然の博物館／山陰海岸ジオパーク推進協議会事務局／ジオパーク下仁田協議会／四国西予ジオパーク推進協議会／白滝ジオパーク推進協議会事務局／総産研 地質調査総合センター／立山黒部ジオパーク協会／丹波市教育委員会／鳥海山・飛島ジオパーク推進協議会事務局／ツーリズムおおいた／富山県教育委員会／富山県入善町役場／南紀エリアスポーツ合宿誘致推進協議会／農と縄文の体験実習館／野尻湖ナウマンゾウ博物館／白山市観光文化スポーツ部／pixta／日立市郷土博物館／福島県文化財センター 白河館／三笠ジオパーク推進協議会事務局／三笠市立博物館／瑞浪市化石博物館／南アルプス(中央構造線エリア) ジオパーク協議会／美濃加茂市観光協会／妙高市環境生活課／むかわ町穂別博物館／由利本荘市役所／若狭三方縄文博物館


【ご利用にあたって】
●本書に掲載している情報は、原則として2024年4月末日現在のものです。発行後に変更となる場合があります。なお、本書に掲載された内容による損害等は弊社では補償しかねますので、あらかじめご了承くださいますようお願いいたします。
●制作にあたりましてご協力いただきました皆様に、厚くお礼申し上げます。


編集・制作
ライフスタイルメディア編集部
佐々木まどか

編集・執筆
エイジャ
（小野正恵／笹沢隆徳／新間健介）

アートディレクション・デザイン
中嶋デザイン事務所

デザイン・DTP
Office鐵（鉄井政範）

イラスト・地図
アトリエ・プラン／サイトウシノ／
ペイジ・ワン(三好南里)／マカベアキオ

校閲
鷗来堂

印刷所
大日本印刷